Die Kunstseide

und andere seidenglänzende Fasern

Von

Dr. techn. Franz Reinthaler

a. o. Professor an der Hochschule für Welthandel, Wien

Mit 102 Abbildungen im Text

Berlin
Verlag von Julius Springer
1926

ISBN-13: 978-3-642-90296-3   e-ISBN-13: 978-3-642-92153-7
DOI: 10.1007/978-3-642-92153-7

Vorwort.

Diese Schrift, die Frucht einer mehr als zwölfjährigen Beschäftigung mit der Untersuchung von künstlichen Seiden, ist nicht für den in der Fabrikation tätigen Fachmann bestimmt, sondern wendet sich an alle jene, die sich aus beruflichen oder sonstigen Gründen über das behandelte Gebiet unterrichten wollen, jedoch nicht die Zeit aufbringen, die ausgezeichneten, aber umfangreichen Werke von Süvern (Die künstliche Seide, 1921) und Becker (Die Kunstseide, 1912) durchzuarbeiten. Jentgens Werk, „Laboratoriumsbuch für die Kunstseide- und Ersatzfaserstoff-Industrie, 1923" setzt bereits Vertrautheit mit den Herstellungsverfahren voraus.

Das Hauptgewicht wurde auf die Beschreibung der Eigenschaften der verschiedenen Kunstseidenarten und ihre Untersuchung gelegt, während die Herstellungsverfahren, die in den ersten zwei Büchern und in Aufsätzen der Zeitschrift „Faserstoffe und Spinnpflanzen" bzw. deren Fortsetzung „Die Kunstseide" sehr eingehend behandelt werden, eine gedrängtere Darstellung erfahren haben. Wie jede junge, noch in der Entwicklung begriffene Industrie umgibt sich auch die Kunstseidenfabrikation mit dem Schleier des Geheimnisses, dessen Nichtaufdeckung gegenwärtig dem Eingeweihten noch so viele Vorteile bringt, daß ihn wissenschaftlich-literarischer Ehrgeiz nicht leicht locken kann. Trotz dem erwähnten Schrifttum wäre es mir daher nicht möglich gewesen, dem auf die Fabrikation bezüglichen Teil meiner Aufgabe nachzukommen, wenn ich nicht die liebenswürdige Unterstützung einiger Herren aus der Praxis gefunden hätte. Den Herren Direktoren C. Bottler, Dr. K. Kietaible, Minck und E. Urban, sowie dem Herrn Generalkonsul E. Polacco sei daher auch an dieser Stelle herzlichst gedankt. Zu ganz besonderem Dank bin ich dem bekannten Erfinder Herrn Dr. Leon Lilienfeld für die Überlassung von neuen Kunstseidenmustern und sonstigem Material verbunden. Aufrichtigen Dank schulde ich ferner der Verlagsbuchhandlung Julius Springer für die werktätige Anteilnahme, womit sie das Entstehen des trefflich ausgestatteten Buches verfolgte, sowie meiner lieben Frau Herma für die treue Hilfe beim Lesen der Korrekturen und bei der Anfertigung des Sachregisters.

Da ich mit Rücksicht auf das Buch absichtlich auf jede Veröffentlichung von Untersuchungsergebnissen in Zeitschriften verzichtet habe, wird auch der Fachmann manches Neue darin finden. Ferner war ich bemüht, bei strenger Wahrung der wissenschaftlichen Grundlage des Werks die Darstellung so zu halten, daß ihr auch der technologisch weniger Geschulte leicht folgen kann. Besonders für den Textilkaufmann ist es ja sehr wichtig, einen tieferen Einblick in den Werdegang der Kunstseide zu erhalten, namentlich mit Rücksicht auf die mannigfachen Ursachen für das Entstehen fehlerhafter Ware.

Da die Schrift einen möglichst kleinen Umfang erhalten sollte, konnte eine Beschreibung der Technik der mikroskopischen Untersuchung nicht gebracht werden; dafür gibt es ja das prachtvolle Werk von Prof. Dr. A. Herzog, Die mikroskopische Untersuchung der Seide und der Kunstseide, 1924.

Zum Schluß möchte ich die Herren Fachgenossen bitten, das unter schwierigen Verhältnissen entstandene, anspruchslose Buch einer nachsichtigen Beurteilung zu unterziehen und mich auf die trotz aller Sorgfalt unvermeidbaren Irrtümer freundlichst aufmerksam zu machen.

Wien, im Januar 1926.

Prof. Dr. techn. F. Reinthaler.

Inhaltsverzeichnis.

Abkürzungen.

m	=	Meter.
cm	=	Zentimeter.
mm	=	Millimeter.
μ	=	Mikromillimeter (0,001 mm).
cm²	=	Quadratzentimeter.
kg	=	Kilogramm.
g	=	Gramm.
t	=	Tonne.
l	=	Liter.
hl	=	Hektoliter.
dn	=	Denier (0,05 g).
π	=	3,141 593.
D.R.P.	=	Deutsches Reichspatent.
E.P.	=	englisches (britisches) Patent.
F.P.	=	französisches Patent.

I. Einleitung.

Der edelste Textilrohstoff ist die Seide. Ihre hervorragenden Eigenschaften und ihr hoher Preis haben schon früh den Gedanken gezeitigt, eine künstliche Seide herzustellen. Diese Aufgabe zerfällt in zwei Teile: 1. Herstellung des (zunächst ungeformten) Seidenfibroins, der Grundmasse der Naturseide, und 2. die Formung des Fibroins zu Fäden. Da das Fibroin zu den bekanntlich außerordentlich verwickelt zusammengesetzten Eiweißstoffen gehört, ist in absehbarer Zeit nicht einmal an eine rein wissenschaftliche Synthese zu denken; und selbst wenn diese gelingen sollte, wäre bis zur Ausarbeitung eines wirtschaftlichen Großverfahrens noch ein weiter Weg. Das Seidenfibroin gehört eben, wie die meisten Eiweißstoffe, zu den nicht kristallisierbaren Stoffen, den Kolloiden, die ihrer Erforschung von Natur aus großen Widerstand entgegensetzen. Wenn es beim Kautschuk grundsätzlich gelungen ist, diese Schwierigkeiten zu überwinden, so ist zu bedenken, daß dieser nur aus zwei chemischen Grundstoffen (Kohlenstoff und Wasserstoff) besteht, während das Fibroin auch noch Sauerstoff und Stickstoff enthält. Die vorläufige Unmöglichkeit, das Seidenfibroin künstlich zu erzeugen, fällt deshalb so schwer ins Gewicht, weil gerade die wertvollen inneren Eigenschaften der Seide, wie die große Festigkeit, Elastizität und Dauerhaftigkeit von ihrer chemischen Zusammensetzung abhängen. Hingegen ist die bestechendste Eigenschaft der Naturseide, ihr hoher Glanz, wohl fast ausschließlich eine Folge der äußeren Beschaffenheit der Fäden, ihrer glatten, das Licht gut zurückwerfenden Oberfläche. Der Gedanke lag daher nahe, statt des unzugänglichen Fibroins einen anderen kolloiden Stoff in diese Form zu bringen.

Schon Réaumur brachte 1834 die allerdings nur theoretische Anregung, Gummilösungen oder Firnisse in Fäden von genügender Feinheit auszuziehen. Audemars benützte 1855 als erster eine Lösung der seit 1847 bekannten Nitrozellulose in einem Gemisch von Alkohol und Äther (Kollodium) zur Herstellung eines Seidenersatzes (erstes Kunstseidenpatent! E. P. 283). Allerdings ging er infolge einer merkwürdigen Gedankenverbindung von dem wenig geeigneten Bast des Maulbeerbaums aus und setzte dem Kollodium eine Kautschuklösung zu; auch benützte er noch keine Spinnröhrchen, sondern stellte den Faden durch Eintauchen und Hochheben einer Stahlspitze her. Spinndüsen wurden erst 1862 von Ozanam in Vorschlag gebracht. Die von Schweizer schon 1857 entdeckte Löslichkeit der Zellulose in Kupferoxydammoniak wurde erst 1882 von Weston nutzbar gemacht, der solche Lösungen zur Herstellung von Glühlampenfäden verwendete. Den ersten nachweisbaren Erfolg hatte aber I. W. Swan, der Kollodium

durch feine Öffnungen in ein Fällbad auspreßte und den entstandenen
Fäden durch Behandeln mit Ammoniumsulfid ihre Eigenschaft, explosionsartig zu verbrennen, benahm. Swan muß daher als der eigentliche Erfinder der Kunstseide gelten. Auf einer 1884/85 in London
veranstalteten Ausstellung sollen sogar Gewebe aus diesem neuen Textilstoff ausgestellt gewesen sein.

Das große Verdienst aber, zuerst Kunstseide fabrikmäßig hergestellt zu haben, gebührt unstreitig dem Grafen Hilaire de Chardonnet (1. V. 1839—11. III. 1924), der 1884 sein erstes Patent nahm.
Das gleißende Gespinst erregte auf der Pariser Weltausstellung 1889
großes Aufsehen. Doch wurde erst 1891 in seiner Fabrik in Besançon
Kunstseide in größerem Maßstabe nach dem Nitrozelluloseverfahren
hergestellt. Die tägliche Erzeugung betrug zunächst nur 50 kg, während
große Fabriken in Belgien 1912 3000 kg als Tagesproduktion aufwiesen.
Heute arbeiten nur noch wenige Fabriken nach dem Nitrozelluloseverfahren, doch ist es nicht ausgeschlossen, daß es später, bei billigeren
Spirituspreisen, wieder mehr zu Ehren kommt.

Bemerkenswerterweise ist es auch dem Erfinder des zweiten zu
industrieller Bedeutung gelangten Kunstseideverfahrens, dem Fran-
zosen Despaissis, nicht gegönnt gewesen, eine im F. P. 203741
vom 9. V. 1890 beschriebene Methode, die auf der Anwendung von
Kupferoxydammoniak als Lösungsmittel für Zellulose beruht, fabrikmäßig durchzuführen, so daß sie anscheinend sogar in Vergessenheit
geriet. Als Grundlage des heutigen Kupferoxydammoniakverfahrens,
insbesondere der allerdings schon vor dem Kriege wieder aufgegebenen
Glanzstofferzeugung, muß vielmehr das auf den Decknamen Pauly[1]
lautende D.R.P. 98642 vom 1. XII. 1897 bezeichnet werden, zu dem
dann später noch eine Reihe von Zusatzpatenten von Fremery, Urban
und Bronnert hinzukamen. Die erste Glanzstoffabrik wurde im Jahre
1898 in Oberbruch bei Aachen errichtet. Andere Abarten des Kupferoxydammoniakverfahrens, die hauptsächlich auf den Patenten von
Thiele, Linkmeyer, Foltzer, Langhaus, Dreaper, Friedrich
und Borzykowski beruhen, konnten sich anfangs weniger zur Geltung
bringen. Die Blütezeit des Kupferoxydammoniakverfahrens war aber
nur von kurzer Dauer und heute wird nur noch in wenigen Fabriken eine
allerdings sehr feinfädige Kupferseide hergestellt.

Das gegenwärtig wichtigste Verfahren, auf das schätzungsweise
etwa 90 % der gesamten Kunstseidenerzeugung entfallen, beruht auf
der von den englischen Forschern Cross, Bevan und Beadle im
Jahre 1892 aufgefundenen Viskosereaktion, die 1898 zuerst von Stearne
für die Kunstseidenfabrikation herangezogen wurde. In Deutschland
erwarb Graf Donnersmark (Sydowsaue) die betreffenden Patente und
bildete das Verfahren weiter aus, ohne aber besondere Erfolge zu erzielen. Die Donnersmarkschen Patente gingen dann auf die „Vereinigten Glanzstoff-Fabriken" über, denen es auf Grund ihrer bei der
Glanzstofferzeugung gesammelten Erfahrungen gelang, das Viskose-

---

[1] Da die Erfindung bzw. Nacherfindung vom Fremery und Urban her-
rührt, ist es ganz unangebracht, die Kupferseide als Paulyseide zu bezeichnen.

verfahren zur gegenwärtig wirtschaftlichsten Fabrikationsmethode auszugestalten.

Natürlich entstanden auch im Ausland Viskoseseidenfabriken, darunter die jetzt größten europäischen Werke, die 1904 gegründete Courtaulds, Ltd. in Coventry in England. Als wichtiger technischer Fortschritt ist die 1922 zuerst erfolgte Herstellung von Viskoseseide mit hohlen Einzelfädchen („Celta") zu nennen.

Der Umstand, daß alle diese genannten aus Zellulose bestehenden Kunstseidenarten im nassen Zustand selten mehr als 40 % ihrer Trockenfestigkeit aufweisen, führte zur Erzeugung der aus essigsaurer Zellulose bestehenden Azetatseide. Versuchsweise schon 1909 oder auch schon früher hergestellt, wurde sie in den Vereinigten Staaten schon vor dem Krieg und in England 1920 eine regelmäßige Handelsware. Infolge der höheren Herstellungskosten kann aber die Azetatseide trotz ihrer Vorzüge die Viskoseseide nicht verdrängen und bleibt mehr auf die reichen Länder beschränkt, wo sie allerdings stetig an Boden gewinnt. Da in der Viskoseseidenfabrikation gewaltige Kapitalien angelegt sind, wird die Einführung einer neuen Kunstseide, die zwar bessere Eigenschaften, aber keine wesentlich geringeren Gestehungskosten aufweist, immer nur allmählich erfolgen können. Eine große Rolle spielen hierbei auch Erfindungen auf dem Gebiet der Herstellung wichtiger Hilfsstoffe, wodurch erst manche gute neue Kunstseide praktische Bedeutung gewinnt. Dies gilt besonders von der durch ihre Alkalifestigkeit sogar der Naturseide überlegenen Zelluloseätherseide Dr. Lilienfelds, die, obgleich schon 1913 erfunden, erst jetzt, nachdem billige Alkylierungsmittel verfügbar sind, vor der fabrikmäßigen Herstellung steht.

Versuche, aus anderen Rohstoffen als Zellulose Kunstseide herzustellen, haben bisher noch keinen Erfolg gezeitigt. Weder die verschiedenen Pflanzenschleime, wie Lichenin, Karraghin und Agar-Agar, noch Kautschuk (E. P. 205532, 1922) haben sich bewährt; ebensowenig Naturseidenabfälle, Kasein und sonstige tierische Eiweißarten. Nur aus Gelatine wurde eine Zeitlang nach Patenten von A. Millar (D.R.P. 88225, 1895) ein als Vanduraseide bezeichnetes Gespinst erzeugt. Da diese Kunstseide aber trotz Härtung der Gelatine äußerst wasserempfindlich und daher nur in der Masse färbbar war, konnte sie sich trotz ihrer Billigkeit nicht behaupten. Schließlich gibt es über die Verarbeitung von pflanzlichen und tierischen Rohstoffen auf Kunstseide noch eine Reihe von mitunter sehr absonderlich anmutenden Patenten; sehr unterhaltlich ist z. B. das F. P. 444462, das aus allen nur denkbaren Stoffen, wie Fleisch, Blut, Milch, Harn, Gras und Früchten mittels Induktionsströmen künstliche Fäden herzustellen gestattet.

Was die sogenannte Glasseide betrifft, so versteht man darunter die feinen seidenglänzenden Fäden, die man durch Ausziehen von in der Hitze erweichtem, oft auch gefärbtem Glas herstellt. Mögen aber die Einzelfädchen auch feiner als Naturseide sein, so können sie doch niemals die Sprödigkeit des Glases verleugnen; wenn daher auch gelegentlich Krawatten, ja selbst Damenkleider für Ausstellungszwecke hergestellt worden sind, so kommt dem gesponnenen Glas für die Textilindustrie doch keine praktische Bedeutung zu. Hingegen dient es in Form von Glaswolle, Glaswatte und Filz vielfach zum Filtrieren von stark sauren Flüssigkeiten.

Zum Schluß sei noch auf die Bestrebungen hingewiesen, im Handelsverkehr den Namen „Kunstseide" (artificial silk, soie artificielle, seta artificiale) durch eine Bezeichnung zu ersetzen, die einerseits das künstliche Erzeugnis nicht durch einen Vergleich mit der überlegenen Naturseide belastet, sondern ausdrückt, daß hier kein Ersatz, sondern ein eigener Textilstoff vorliegt, und die andererseits im Interesse des Käufers eine Verwechslung mit Maulbeerseide ausschließt. Aus diesen Gründen war in Deutschland schon früher der Name „Glanzstoff" verwendet worden, während jetzt in den Vereinigten Staaten die Bezeichnung „rayon" eingeführt wurde.

II. Eigenschaften der Zellulose.

Wie schon gesagt, werden sämtliche gegenwärtig im Handel befindliche Arten von Kunstseide aus Zellulose hergestellt. Die Kenntnis der Eigenschaften[1]) dieser Substanz bildet daher die unerläßliche Voraussetzung für das Verständnis der einzelnen Fabrikationsprozesse. Bekanntlich ist der Pflanzenkörper aus einzelnen mikroskopisch kleinen Bausteinen, den Zellen, zusammengesetzt; diese sind aber nicht massiv, sondern stellen allseits geschlossene Hohlräume von den verschiedensten Formen dar, in denen sich wässerige und schleimig-eiweißartige Flüssigkeiten (Zellsaft und Plasma) befinden. Die Wände dieser Zellen bestehen nun aus einer Substanz, die man Zellulose oder Zellstoff nennt. Die Zellwände sind aber meist noch mit verschiedenen anderen Stoffen (Inkrusten) durchsetzt, so daß man zur Gewinnung von reiner Zellulose auf eine verhältnismäßig kleine Zahl von Rohstoffen beschränkt ist. Merkwürdigerweise sind das alle Faserstoffe, denn das Hollundermark spielt ja technisch keine Rolle. Es kommen also in Betracht: Baumwolle, Flachs, Ramie und Brennesselfaser, alle in entsprechend gereinigtem und gebleichtem Zustand; außerdem besonders Holzzellulose, weniger Zellstoff aus Stroh. Diese genannten Stoffe stellen technisch reine Zellulose[2]) vor, wobei aber zu bemerken ist, daß sie in ihren Eigenschaften nicht vollständig miteinander übereinstimmen, was bei der Kunstseidenfabrikation sehr ins Gewicht fällt. Vollkommen chemisch reine Zellulose läßt sich wahrscheinlich überhaupt nicht herstellen, weil

---

[1]) Schwalbe: Die Chemie der Cellulose. 1918. — Heuser: Lehrbuch der Cellulosechemie, 1923.

[2]) Heuser schlägt vor, die Bezeichnung „Zellulose" nur für die in allen Pflanzen gleiche chemische Substanz $(C_6H_{10}O_5)_n$ anzuwenden, während die aus Holz, Stroh usw. auf technischem Wege gewonnene, noch mit Verunreinigungen behaftete und meist auch schon abgebaute Zellulose als „Zellstoff" bezeichnet werden soll.

sie durch die Chemikalien, die die Fremdstoffe entfernen sollen, doch auch mehr oder weniger angegriffen wird.

Die gereinigte Zellulose zeigt noch die Struktur des Ausgangsmaterials (Baumwoll- oder Holzzellstoffasern); sie ist von reinweißer Farbe, von nichtkristallinischer (kolloider) Beschaffenheit, hat das spezifische Gewicht 1,5 g und ist in keinem rein physikalisch wirkenden Lösungsmittel löslich. Wenn sich die Zellulose auch praktisch wie ein Kolloid verhält, so kommt ihr doch ein kryptokristalliner, also mikroskopisch nicht erkennbarer Feinbau zu, der zunächst infolge der Doppelbrechung der Pflanzenfasern nur vermutet und dann durch die röntgenspektrographischen Untersuchungen von Debye und Scherrer 1916 einwandfrei nachgewiesen wurde. Übrigens ist es schon 1893 Gilson[1]) gelungen, mikroskopisch sichtbare Zellulosekristalle zu erhalten. Über den chemischen Aufbau der Zellulose weiß man noch sehr wenig; nach der Formel $C_6H_{10}O_5$ setzt sich ein Molekül aus 6 Atomen Kohlenstoff, 10 Atomen Wasserstoff und 5 Atomen Sauerstoff zusammen. Doch ist dieser Komplex von 21 Atomen noch nicht das Zellulosemolekül selbst, sondern dieses besteht aus einer größeren, aber noch unbekannten Zahl dieser Atomgruppen. Die chemische Formel der Zellulose ist daher zu schreiben $(C_6H_{10}O_5)_n$; frühere Forscher gaben dem Faktor n hohe Werte (z. B. Skraup 34), während R. O. Herzog und Karrer die Formel $(C_{12}H_{20}O_{10})_2$ annehmen. Durch Einwirkung von Säuren unter bestimmten Bedingungen geht die Zellulose unter Aufnahme von Wasser in Traubenzucker $C_6H_{12}O_6$ über, wovon man bei der Gewinnung des Holzspiritus Gebrauch macht.

Bei gewöhnlicher Temperatur und geschützt vor der Einwirkung von Feuchtigkeit, Luft und Licht ist die Zellulose allem Anschein nach von unbegrenzter Haltbarkeit, wie sich aus den Jahrtausende alten Proben von Papier und Leinengeweben ergibt. Beim Erwärmen der Zellulose wird zunächst das hygroskopisch gebundene Wasser, das z. B. bei Baumwolle zu 6—8 $^0/_0$ vorhanden ist, ausgetrieben. Zur Bestimmung des Wassergehalts trocknet man meist bei einer Temperatur von 100—110 ^{0}, weil sich die Zellulose bei höherer Temperatur, namentlich bei längerer Einwirkung, zu zersetzen beginnt. Reine Baumwollzellulose bleibt aber nach neueren Untersuchungen sogar bei mehrstündigem Erhitzen auf 200 ^{0} unverändert. Doch kommt es sehr viel auf die Dauer des Erhitzens an. So verlor z. B. gebleichtes Baumwollgarn, das 336 Stunden auf 93 ^{0} erhitzt wurde, wobei es hellgraubraun wurde, infolge Oxyzellulosebildung den 3. Teil seiner Festigkeit (Versuche von Knecht[2]). Sowohl gegen kaltes als auch kochendes Wasser ist die Zellulose bekanntlich äußerst beständig; Baumwollzellulose kann sogar unter einem Druck von 4,7 Atm. (Temperatur = 150 ^{0}) mit Wasser erhitzt werden, ohne sich merklich zu verändern. Bei 20 Atm. (213 ^{0}) tritt nach Robinoff allerdings schon eine starke Zersetzung der Zellulose ein. Äußerst wichtig ist das Verhalten der Zellulose gegenüber Säuren und Alkalien. Man kann kurz sagen, daß Säuren, besonders die sogenannten Mineral-

---

[1]) Molisch: Mikrochemie der Pflanze. S. 333. 1921.
[2]) Fuel. 3, S. 106—108.

säuren, wie Schwefelsäure, Salzsäure und Salpetersäure auf die Zellulose
zerstörend wirken, während Alkalien, wie Natronlauge und Kalilauge, dies
nicht tun, sondern unter Umständen die Festigkeit von Zellulosegebilden
noch zu erhöhen vermögen. Natürlich kommt es hier auf die Konzentration (Stärke) der Säure oder des Alkalis, auf die Temperatur und die
Einwirkungsdauer an. Während aber Natronlauge und Kalilauge in ihrem
Verhalten zu Zellulose fast ganz gleich sind, zeigen die einzelnen Säuren
beträchtliche Unterschiede. Die Salzsäure greift die Zellulose schon im
verdünnten Zustand und bei gewöhnlicher Temperatur stark an, während
die weniger dissoziierte Schwefelsäure harmloser ist. Bei den Säuren ist
im Gegensatz zu den Laugen besonders die Dauer der Einwirkung wichtig.
Wird z. B. auf ein Baumwollgewebe 36 %ige Schwefelsäure eine Stunde
lang einwirken gelassen[1]) und dann gut ausgewaschen, so kann keine
Festigkeitsabnahme beobachtet werden. Andererseits können Spuren
von Schwefelsäure, die durch ungenügendes Auswaschen im Gewebe
zurückgeblieben sind, dieses im Verlauf einiger Monate vollständig zer-
mürben. Stärkere Schwefelsäure wirkt schon weit energischer auf
Zellulose ein. Schwefelsäure von bestimmter Konzentration, etwa
65—70 %ig, übt bei kurzer Einwirkung (einige Sekunden) eine stark
quellende Wirkung auf Zellulose aus. Man macht Anwendung davon
bei der Herstellung des echten Pergamentpapiers, indem man un-
geleimtes Papier aus Baumwoll- und Hanffasern durch kalte Schwefelsäure von der angegebenen Stärke hindurchgehen läßt, die anhaftende
Säure durch Abpressen mittels Walzen und sorgfältiges Waschen mit
Wasser entfernt und trocknet. Die einzelnen Fasern quellen nämlich
unter Bildung von Zellulosehydrat gallertartig auf und verkleben miteinander, wodurch das Papier, nicht aber die Zellulose als solche
eine bedeutende Festigkeitszunahme erfährt. Auch bei der Veredelung
von Baumwollgeweben nach dem Heberlein-Verfahren (Glasbatist
usw.) spielt die pergamentisierende Wirkung der Schwefelsäure neben
dem Merzerisieren mit Natronlauge eine Rolle. Aber auch die Einwirkung von verdünnten Säuren bei höherer Temperatur auf Zellulose findet technische Anwendung, und zwar beim sogenannten
Karbonisieren, das zu verschiedenen Zwecken, z. B. zur Herstellung
von Kunstwolle (Extrakt) aus halbwollenen Hadern benutzt wird. Die
Lumpen werden mit Salzsäuregas (Chlorwasserstoff) behandelt, wodurch die Baumwollzellulose in Hydrozellulose umgewandelt wird, die
sehr leicht zerreiblich ist und daher durch Ausklopfen leicht entfernt
werden kann. Die Wolle selbst wird durch die Säure nur wenig angegriffen.

Gegen verdünnte Alkalilösungen (Laugen) ist die Zellulose, besonders die Baumwollzellulose, äußerst widerstandsfähig. Man benützt
diesen Umstand zur Reinigung von Baumwollgarnen und Geweben,
sowie von Baumwollabfällen, indem man sie unter einem Druck von
3 Atm. mit etwa 2 %iger Natronlauge kocht (Hochdruckbäuche). Dadurch werden die Verunreinigungen, wie Fette, wachsartige Sub-

---

[1]) Schwalbe: Die Chemie der Cellulose. S. 58. 1918.

stanzen und Stickstoffverbindungen (Eiweißstoffe) in Lösung gebracht. Wichtig ist aber, daß der Sauerstoff der Luft dabei ferngehalten wird, weil sonst auch die Zellulose unter Bildung von Oxyzellulose angegriffen wird. Eine große technische Bedeutung hat die Einwirkung von kalter, etwa 24 %iger Natronlauge (30° Bé) auf Baumwolle erlangt. Taucht man nämlich ein Baumwollgarn oder Gewebe auf einige Minuten in eine solche Lauge und entfernt dann die anhaftende Flüssigkeit durch Abpressen und Auswaschen mit Wasser, so findet infolge Aufquellens der einzelnen Baumwollhaare eine Einschrumpfung des Materials statt; zugleich ist die Festigkeit und das Aufnahmsvermögen für Farbstoffe sehr erhöht worden (25 % Farbstoffersparnis bei dunklen Tönen). Es bildet sich nämlich Alkalizellulose (siehe S. 50), die durch Wasser in Hydratzellulose und Ätznatron zerlegt wird. Es ist leicht einzusehen, daß man bei Geweben durch örtliches Einwirkenlassen (Aufdrucken) von Lauge verschiedene Effekte (Kreppeffekt) wird erzielen können, indem sich nämlich die mit Lauge durchtränkten Stellen gleichmäßig zusammenziehen, während die nicht getroffenen Stellen sich kräuseln. Wird aber die erwähnte Schrumpfung dadurch verhindert, daß man das Garn oder Gewebe im gespannten Zustand der Einwirkung der Lauge aussetzt, dann ergibt sich ein weiterer Effekt, nämlich ein schöner, seidenähnlicher und dabei waschechter Glanz. Wir haben also in derart behandelter Baumwolle einen Seidenersatz vor uns, der aber jüngeren Datums ist als die Kunstseide. Denn wenn auch die Wirkungsweise der kalten konzentrierten Natronlauge auf Baumwollzeug schon im Jahre 1844 durch den englischen Forscher J. Mercer, nach dem das Verfahren benannt wurde, beobachtet und später zur Herstellung von Kreppeffekten verwertet wurde, während die erste Kunstseide nach Chardonnet 1887 auf den Markt kam, wird das Merzerisieren unter Streckung zur Erzielung des Seidenglanzes erst seit 1896 fabrikmäßig ausgeübt.

Nachdem wir nun die Wirkungsweise der Säuren und Alkalien auf die Zellulose kennen gelernt haben, interessiert uns auch deren Verhalten zu den Salzen, die bekanntlich durch die Einwirkung von Säuren auf Metalle, Oxyde oder Hydroxyde entstehen. Im allgemeinen sind solche Salze, die durch Vereinigung einer starken Säure mit einer starken Base entstehen, z. B. Kochsalz aus Salzsäure und Natronlauge, ohne schädlichen Einfluß auf die Zellulose, während solche Salze, die sich aus einer starken Säure mit einer schwachen Base bilden, z. B. schwefelsaures Aluminium oder Magnesiumchlorid, besonders bei höherer Temperatur die Zellulose in leicht zerreibliche Hydrozellulose umwandeln, weil durch Zersetzung dieser Salze (hydrolytische Spaltung) Säure frei wird. Man benützt dieses Verhalten ebenfalls beim Karbonisieren (Ätzspitzenfabrikation).

Wie schon früher erwähnt, gibt es keine Flüssigkeit, in der man Zellulose ohne jede chemische Veränderung derselben auflösen könnte, um sie unverändert aus der Lösung wieder zu gewinnen. Am weitesten abgebaut wird das Zellulosemolekül beim Auflösen in konzentrierter Schwefelsäure, wobei sich vergärbarer Zucker bildet, am wenigsten beim Lösen in Kupferoxydammoniak. Dieses ist eine dunkelblaue Flüssig-

keit, die auf verschiedene Weise hergestellt werden kann; z. B. durch
Einwirkenlassen von Ammoniak (Salmiakgeist) und Luft auf Kupfer-
späne. Auch eine konzentrierte Lösung von Zinkchlorid in Wasser besitzt eine quellende und lösende Wirkung auf Zellulose, die aber für die
Kunstseidenfabrikation nicht in Betracht kommt. Wie man in neuerer
Zeit gefunden hat, löst sich die Zellulose bei höherer Temperatur auch in
konzentrierten Lösungen gewisser Salze; so wurden, wie R. O. Herzog
und F. Beck[1]) bei der Nachprüfung der Angaben P. v. Weimarns
gefunden haben, 5 g Baumwollwatte von 100 cm³ hochkonzentrierter
Calciumrhodanidlösung (781 g im Liter) bei 100⁰ in 2 Stunden gelöst.
Da eine solche Lösung aber bei gewöhnlicher Temperatur zu einer
Gallerte erstarrt, ist sie für die Kunstseidenfabrikation nicht brauchbar.
Alle diese Zelluloselösungen sind aber eigentlich keine wahren Lösungen,
wie es z. B. eine Kochsalzlösung ist, sondern es sind sogenannte kolloide[2])
Lösungen, wie etwa eine Leimlösung. Die aus den Lösungen durch
chemische Agenzien wieder ausgefällte Zellulose wird als Zellulosehydrat bezeichnet. Diese ist nicht zu verwechseln mit der früher erwähnten Hydrozellulose, die gar keine Festigkeit hat und deren
Bildung daher bei der Kunstseidenfabrikation soviel als möglich vermieden werden muß. Die chemisch nicht einheitliche Hydrozellulose
ist die erste Stufe beim Abbau der Zellulose durch verdünnte Säuren.
Sie besteht nach Heuser[3]) aus zwei Bestandteilen: aus einem redu-
zierend wirkenden, selbst vielleicht nicht einheitlichen Stoff und aus
reiner Zellulose. Durch Erwärmen der rohen Hydrozellulose mit verdünnter Natronlauge geht der reduzierende Anteil mit gelber Farbe in
Lösung und Zellulose bleibt zurück. Ebenso schädlich ist die Umwandlung der Zellulose in Oxyzellulose, die, wie schon der Name an-
deutet, durch Einwirkung von Oxydationsmitteln entsteht. Sie ist
ebenfalls chemisch nicht einheitlich. Auf die Bildung von Oxyzellulose
ist der zerstörende Einfluß des zu starken Bleichens mit Chlorkalk
zurückzuführen. Hydro- und Oxyzellulose unterscheiden sich vom
Zellulosehydrat, abgesehen von ihrer leichten Zerreiblichkeit, auch dadurch, daß sie reduzierende Eigenschaften besitzen. Sie schlagen ähnlich wie Traubenzucker beim Erwärmen mit einer alkalischen Kupfersalzlösung [Fehlingsche Lösung[4])] Kupfer in Form von rotem Kupferoxydul nieder. Dessen Menge bildet dann ein Maß für den Gehalt der
Zellulose an schädlicher Hydro- und Oxyzellulose, was namentlich bei
dem für die Kunstseidenfabrikation bestimmten Sulfitzellstoff sehr

---

[1]) Herzog, Prof. R. O. u. Beck: Über die Auflösung von Cellulose in Salzen
der Alkalien und Erdalkalien. Hoppe-Seylers Zeitschr. f. physiol. Chem. 1920,
S. 287—292.

[2]) Ostwald, W.: Die Welt der vernachlässigten Dimensionen. Einführung
in die moderne Kolloidchemie. — Pöschl, V.: Einführung in die Kolloidchemie.

[3]) Lehrbuch der Cellulosechemie. S. 121. 1923.

[4]) Die Fehlingsche Lösung erhält man durch Mischen (unmittelbar vor dem
Gebrauch) der nachstehenden Lösungen zu gleichen Raumteilen.

I. 34,6 g Kupfervitriol,	II. 173 g Seignettesalz,
500 cm³ Wasser.	50 g Ätznatron,
	500 cm³ Wasser.

wichtig ist. Nach dem Vorschlag des Zelluloseforschers Schwalbe versteht man unter „Kupferzahl" die Anzahl Gramm Kupfer, die von 100 g trockener Handelszellulose aus Fehlingscher Lösung abgeschieden werden[1]). Je kleiner die Kupferzahl, desto besser der Rohstoff. Bemerkenswerterweise hat die Oxyzellulose ein größeres Reduktionsvermögen als die Hydrozellulose. Nach Robinoff (Über die Einwirkung von Wasser und Natronlauge auf Baumwollzellulose, Berlin 1912) ergeben sich folgende Kupferzahlen:

Makobaumwollzellulose	0,04
Zellulose aus amerikanischer Baumwolle	0,27
Verbandwatte	0,32
Hydrozellulose aus Baumwolle mit 3%iger Schwefelsäure	5,80
Oxyzellulose aus Baumwolle und Chlorkalk	10,09

Da die Zellulose beim Behandeln mit Fehlingscher Lösung sowohl bei gewöhnlicher als auch bei höherer Temperatur eine gewisse Menge Kupfer absorbiert, das sich auch durch heißes Wasser nicht vollständig auswaschen läßt, erhält man bei der Bestimmung der Kupferzahl zu hohe Werte. Für ganz genaue Analysen bestimmt man daher in einem besonderen Versuch[2]) die durch Einlegen der Zellulose in kalte verdünnte Fehlingsche Lösung absorbierte und auch durch heißes Wasser nicht auswaschbare Kupfermenge, die man auf 100 g Zellulose umgerechnet, als „Zellulosezahl" bezeichnet. Zieht man diese von der Kupferzahl ab, so erhält man die „wahre (korrigierte) Kupferzahl".

III. Das Nitrozelluloseverfahren.

Nachdem wir nun die wichtigsten Eigenschaften der Zellulose kennen gelernt haben, wenden wir uns gleich der ältesten, von Swan herrührenden Methode der Kunstseidenerzeugung zu, dem Nitrozelluloseverfahren. Dessen Prinzip ist sehr einfach. Die Zellulose ist in einem Gemisch von Alkohol und Äther ganz unlöslich. Durch chemische Einwirkung von Salpetersäure kann man aber die Zellulose in eine Nitrozellulose[3]) umwandeln, die in dem genannten Lösungsmittel gut löslich ist. Die Nitrozellulose wurde zuerst von Braconnot im Jahre 1833 dargestellt, unabhängig von ihm hat dann Schönbein 1846 dieselbe Entdeckung gemacht und weiter ausgebaut. Solche Nitrozelluloselösungen heißen Kollodium und dienen u. a. auch zur Herstellung von photographischen Platten für Strichreproduktionen. Bei der Chardonnetseidenfabrikation wird nun besonders dickflüssiges Kollodium durch enge Öffnungen ausgepreßt, und zwar entweder in die Luft (Trockenspinnen) oder in eine Flüssigkeit (Naßspinnen). In beiden Fällen tritt dann ein Festwerden des ausgepreßten Flüssigkeitsfadens ein, beim Trockenspinnen durch Verdunsten des Lösungsmittels, beim

---

[1]) Bezüglich der genauen Vorschrift siehe Schwalbe-Sieber: Die chemische Betriebskontrolle in der Zellstoff- und Papierindustrie. S. 230. 1922.

[2]) Schwalbe: Chemie der Cellulose. S. 634. 1918.

[3]) Es gibt auch unlösliche Nitrozellulose (Schießbaumwolle).

Naßspinnen dadurch, daß der Nitrozellulose das Lösungsmittel durch die Koagulationsflüssigkeit entzogen wird. Man erhält also derart Fäden aus Nitrozellulose, die durch schönen Glanz, große Festigkeit und Wasserbeständigkeit ausgezeichnet sind. So waren die ersten Erzeugnisse Chardonnets beschaffen. Aber sie waren auch mit einer sehr üblen und gefährlichen Eigenschaft behaftet, die man sofort erkennt, wenn man sich vergegenwärtigt, daß das feuergefährliche Zelluloid durch Mischen von Kollodiumwolle mit Kampfer hergestellt wird. Ein Textilstoff, der explosionsartig verbrennt, ist natürlich unmöglich verwendbar, und daher werden die gebildeten Fäden einer Nachbehandlung unterzogen, die darauf hinaus läuft, die explosive Nitrozellulose wieder in harmlose Zellulose rückzuverwandeln, was man als Denitrieren bezeichnet. Wir können also folgende Fabrikationsstadien unterscheiden:

1. Vorbehandlung der Zellulose.
2. Überführen der Zellulose in Nitrozellulose (Nitrieren).
3. Herstellung der Spinnlösung durch Auflösen der Nitrozellulose im Alkohol-Äthergemisch.
4. Filtrieren und Entlüften der Spinnlösung.
5. Das Reifenlassen der Spinnlösung.
6. Das Spinnen.
7. Das Waschen und Trocknen der auf den Spinnspulen befindlichen Nitrozellulosefäden.
8. Das Spulen und Zwirnen der Nitrozellulosefäden.
9. Das Denitrieren.
10. Das Bleichen.
11. Vollendungsarbeiten.
12. Wiedergewinnung des Lösungsmittels.

Für das Nitrozelluloseverfahren kommt als Rohstoff nur Baumwolle in Betracht, denn die ursprünglich von Chardonnet verwendete Sulfitzellulose hat sich nicht bewährt. Die Baumwolle wird zunächst samt den etwa erbsengroßen Samen geerntet, von deren Oberhaut die einzelnen Haare entspringen. Das Trennen dieser etwa 15—40 mm langen Fasern von den ölhaltigen Samen wird als Entkörnen oder Egrenieren bezeichnet und geschieht durch Maschinen verschiedener Konstruktion. Diese lassen aber auf den Samen noch eine geringe Menge von kürzeren Fasern zurück, die in den Baumwollsaatölfabriken durch besondere Entfaserungsmaschinen gewonnen werden. Dieses kurzstapelige Fasermaterial heißt Linters und kommt in verschiedenen Qualitäten, deren Preis mit dem der Rohbaumwolle schwankt, in den Handel. In den Vereinigten Staaten unterscheidet man 4 Qualitäten: 1. First cut linters, 2. Second cut linters, 3. Run of mill (1 und 2 gemischt) und 4. Hull shavings. Die Linters sind nicht verspinnbar, sondern dienen als Rohstoff in der Watte- und Papierfabrikation, sowie in der chemischen Industrie der Zellulose (Schießbaumwolle, Zelluloid, Zelluloseazetat, Kunstseide usw.).

Aber selbst nach dem Lintern bleiben noch ganz kurze Fasern, besonders die sogenannte Grundwolle, an den Baumwollsamenschalen haften. Erfreulicherweise ist es einer deutschen Firma, den „Bremer

Baumwollwerken", gelungen, auch diese früher verloren gegangenen
Fasern zu gewinnen. Die Baumwollsamen werden in den Ölmühlen nach
dem Reinigen und Lintern mittels eigener Maschinen (Huller und Separatoren) von den etwa 45 $^0/_0$ des Gewichts ausmachenden Schalen befreit.
Von diesen werden dann durch eine der genannten Firma geschützte
Schlagstiftmühle die Fasern abgetrennt. Die so erhaltene, eine gelblichgraue kurzfaserige Masse bildende Rohfaser kommt dann in die
Bremer Fabrik, wo sie durch eine chemische Behandlung (Laugenkochung) von den Nichtzellulosestoffen befreit wird. Die gebleichte
Fasermasse wird schließlich durch eine Langsiebentwässerungsmaschine
in die Form einer 1 mm dicken Pappe von reinweißem Aussehen gebracht und gelangt als Virgofaserhalbstoff in den Handel. Bei der
mikroskopischen Untersuchung dieses für die Erzeugung von Feinpapier und Kunstseide verwendeten Produkts konnte die große
Reinheit desselben (wenig Epidermiszellen) festgestellt werden. Der
Durchschnittspreis betrug 1912 50 M. für 100 kg. Von sonstigen Rohstoffen kämen vielleicht noch Abfälle (Kämmlinge) von kotonisierter
Ramie in Betracht, doch sind die zur Verfügung stehenden Mengen wohl
zu klein. Man hat auch die gereinigten Fasern des Ginsters und der
Maisstengel, sowie die chemisch gewonnene Zellulose der Baumwollsamenschalen und Reisschalen vorgeschlagen, ohne aber anscheinend
Erfolge damit zu erzielen. In neuerer Zeit sind wiederholt Versuche
gemacht worden, die Sulfitzellulose, die jetzt hauptsächlich zur Papier-
und Viskoseseidenfabrikation Verwendung findet, durch einen chemischen Reinigungsprozeß auch für die Chardonnetseidenerzeugung brauchbar zu machen, doch scheinen diese Bestrebungen wegen der hohen
Kosten nicht zum Ziel geführt zu haben[1]). Die Nitrozellulosefabriken
verwenden als Rohstoff fast ausschließlich gebäuchte und gebleichte
Linters, die sie sich entweder selbst aus den rohen Linters herstellen
oder von den sogenannten Aufbereitungsanstalten oder Nitrierbaumwollfabriken beziehen. Da die Baumwolle auch nach dem Abkochen mit
Lauge noch immer mehr oder weniger gelblich bis braun gefärbt ist,
muß man den Farbstoff durch Bleichen zerstören. Das geschieht entweder mit verdünnter Chlorkalklösung und darauf folgende Behandlung
mit verdünnter Salzsäure oder durch die elektrolytische Bleiche.
Chemisch laufen beide Verfahren auf dasselbe hinaus. Die bleichende
Wirkung wird nämlich in beiden Fällen durch die unterchlorige Säure
(HOCl) hervorgerufen, die im Chlorkalk an Calcium und in der elektrolytisch hergestellten Bleichflüssigkeit an Natrium gebunden ist. Das
unterchlorigsaure Natrium wird mittels eigener Apparate (Bleichelektrolyseure), die allerdings ziemlich teuer sind, durch Elektrolyse
von Kochsalzlösung gewonnen. Das Bleichen selbst muß mit möglichst
schwachen Lösungen vorgenommen werden, weil sonst auch die Zellulose unter Bildung von Oxyzellulose angegriffen wird. Es wird dann
noch nacheinander mit Wasser, verdünnter Sodalösung, Wasser und

---

[1]) Hingegen ist es während des Krieges gelungen, aus diesem früher für ungeeignet erachteten Rohstoff einwandfreies Pyroxylin für Munitionszwecke herzustellen.

verdünnter Schwefelsäure behandelt, zum Schluß mit heißem Wasser kräftig ausgewaschen, durch Abschleudern entnäßt und dann vollständig getrocknet.

Wir kommen nun zum Nitrieren[1]). Die Zellulose bildet infolge ihres Alkoholcharakters mit verschiedenen Säuren chemische Verbindungen, die man als Zelluloseester bezeichnet. Am längsten bekannt sind die Salpetersäureester der Baumwollzellulose (Zellulosenitrate), die früher infolge einer irrigen chemischen Auffassung Nitrozellulosen genannt wurden, eine Bezeichnungsweise, die trotz ihrer Unrichtigkeit aus verschiedenen Gründen auch heute noch fast ausschließlich angewendet wird. Eine wirkliche Nitroverbindung, wie z. B. Nitrobenzol (Mirbanöl, $C_6H_5 \cdot NO_2$), läßt sich im Gegensatz zu einem Salpetersäureester nicht verseifen, d. h. durch Behandeln mit Lauge oder Säure in ihre Ausgangsstoffe zerlegen. Eine bestimmte Menge Zellulose kann je nach den Reaktionsbedingungen verschiedene Mengen von Salpetersäureresten binden; daher gibt es verschiedene Arten von Nitrozellulose, über deren Formeln man aber durchaus noch nicht ganz einig ist. Wie man aus der schematischen Gleichung

$$C_6H_{10}O_5 + 2\,HNO_3 = C_6H_8O_3(NO_3)_2 + 2\,H_2O$$
Zellulose Salpetersäure Zellulosedinitrat Wasser

ersieht, wird bei diesem chemischen Vorgang Wasser gebildet, das die Salpetersäure, die nur in konzentriertem Zustand wirksam ist, verdünnt. Daher verwendet man die Salpetersäure nie allein, sondern immer gemischt mit Schwefelsäure, die das entstandene Wasser bindet und außerdem die Reaktionsdauer abkürzt. Dieses Säuregemisch nennt man Nitriersäure, den Vorgang selbst das Nitrieren. Man weiß, daß die chemische Zusammensetzung und die Eigenschaften der entstandenen Nitrozellulose von verschiedenen Umständen abhängen, und zwar hauptsächlich:

1. Von der Art der Vorbehandlung der Baumwolle; wurde zu stark gebleicht, so bekommt man kein für Kunstseide geeignetes Kollodium.

2. Von der Zusammensetzung der Nitriersäure; enthält diese nur sehr wenig Wasser, so ergibt sich ein Produkt von höherem Stickstoffgehalt, das im Alkohol-Äthergemisch unlöslich und außerordentlich explosiv ist, die bekannte Schießbaumwolle (Pyroxylin).

3. Von der Temperatur; für Kunstseidekollodium ist etwa 40° am geeignetsten.

4. Von der Dauer der Einwirkung; je länger nitriert wird, desto dünnflüssiger wird bei gleicher Konzentration das Kollodium.

Da das Nitrieren von Zellulose außer bei der Kunstseidenfabrikation auch in anderen Industrien, wie bei der Erzeugung von Zelluloid und Explosivstoffen durchgeführt wird, ist diese Reaktion schon sehr eingehend studiert worden[2]). Zu beachten ist, daß die Salpeter- und Schwefelsäure auch abbauend auf die Zellulose wirken, so daß auch geringe Mengen von Nitraten dieser Abbauprodukte entstehen, die später durch

---

[1]) Richtiger: Verestern mit Salpetersäure.
[2]) Siehe Heuser: Lehrbuch der Cellulosechemie. S. 30—40. 1923. — Häußermann: Die Nitrocellulosen. Braunschweig 1914.

Auskochen der Kollodiumwolle entfernt werden müssen. Ferner ist bemerkenswert, daß man für das Trockenspinnverfahren ein etwas wasserreicheres Nitriergemisch nimmt als für das Naßspinnverfahren. Die durch entsprechendes Nitrieren aus der Baumwolle erhaltene Kollodiumwolle (Celloxylin) ist chemisch kein einheitlicher Stoff, sondern ein Gemenge mehrerer Zellulosenitrate, deren Formeln von verschiedenen Forschern verschieden angegeben werden. In der Praxis hält man sich an den Stickstoffgehalt; je höher dieser ist, desto mehr NO_3-Reste sind in das Zellulosemolekül eingetreten. Für Kunstseidenkollodium beträgt der Stickstoffgehalt ungefähr 11,6 %, doch ist dieser allein nicht maßgebend. Äußerlich wird die Baumwolle durch das Nitrieren nur wenig verändert, es tritt also nicht etwa ein Auflösen ein; nur fühlt sich die Kollodiumwolle viel rauher an als Baumwolle und gibt beim Zusammendrücken ein knirschendes Geräusch von sich. Das Mikroskop zeigt, daß die Fasern ein knorriges Aussehen bekommen haben. Im trockenen Zustand ist die Kollodiumwolle, namentlich in größerer Menge, nicht ungefährlich zu handhaben, weil sie äußerst feuergefährlich ist. Angezündet, brennen kleine Mengen blitzschnell ab, bei größeren Quantitäten entsteht aber eine Explosionswirkung. Beim Erwärmen über 120 ° tritt Zersetzung ein; unreine Nitrozellulose zersetzt sich schon bei niedrigerer Temperatur. Im Wasser ist die Kollodiumwolle ganz unlöslich, sie zieht auch weniger Feuchtigkeit an als die Baumwolle. Das gebräuchlichste Lösungsmittel ist ein Gemisch von etwa 60 Raumteilen Äther und 40 Teilen Alkohol (95 %iger Spiritus).

Der Äther, genauer gesagt der Äthyläther, wird in chemischen Fabriken aus Spiritus durch Einwirkenlassen von Schwefelsäure oder nach einem neueren Verfahren von aromatischen Sulfosäuren hergestellt; nach der alten Erzeugungsweise wird er meist als Schwefeläther bezeichnet, obwohl er keinen Schwefel enthält. Er bildet eine farblose, wegen des niedrigen Siedepunkts von 35 ° (Alkohol = 78 °) äußerst flüchtige Flüssigkeit von eigenartigem Geruch. Bekannt ist seine Anwendung zur Narkose; in den Chardonnetseidenfabriken müssen daher die Arbeiter durch gute Ventilation gegen die schädlichen Ätherdämpfe geschützt werden. Ein anderes, aber nur als Zusatz verwendbares Lösungsmittel für Kollodiumwolle ist der Methylalkohol (CH_3OH), auch Holzgeist genannt, der durch Erhitzen von Holz bei Luftabschluß fabrikmäßig gewonnen wird. Neuestens wird er auch von der Bad. Anilin- und Sodafabrik durch Einwirkung von Kohlenoxyd auf Wasserstoff synthetisch hergestellt. Er ist in seinen Eigenschaften dem gewöhnlichen Alkohol (Äthylalkohol C_2H_5OH) sehr ähnlich, ist aber viel flüchtiger (Sdp. 66 °) und sehr giftig.

Was die praktische Durchführung des Nitrierens anbetrifft, so geschieht diese in einer eigenen Abteilung der Fabrik, dem Nitrierhaus. Dort wird in großen gußeisernen Behältern durch Mischen von Salpetersäure und Schwefelsäure das Nitriergemisch hergestellt. Das Nitrieren der vorher vollständig getrockneten Baumwolle findet in den sogenannten Nitriertöpfen statt. Diese bestehen aus säurefestem Steinzeug, haben eine konische Form und sind zum Ablassen der Säure unten mit einem Ablaßstutzen mit vorgeschaltetem Filtersieb versehen. Über jedem etwa 200 Liter fassenden, mit einem Deckel aus Steinzeug versehenen Nitriertopf befindet sich ein Abzug zum Entfernen der Säuredämpfe. Eine Kippvorrichtung erleichtert das Entleeren der nitrierten Baumwolle. Um ein gleichmäßiges Produkt zu erhalten, werden immer nur kleine Mengen Baumwolle mit der 25—30fachen Säuremenge auf einmal nitriert, so daß eine größere Zahl von Nitriertöpfen notwendig ist. Die Angaben über die Nitrierdauer schwanken zwischen einer halben bis zu vier Stunden. Die Temperatur wird bei etwa 40⁰ gehalten. Von Zeit zu Zeit muß mit einer Aluminiumgabel umgerührt werden. Nach beendeter Reaktion wird die Säure abgelassen und das Nitriergut durch Abschleudern in Zentrifugen mit Aluminiumtrommel von der Hauptmenge der anhaftenden Säure befreit. Da das Nitriergemisch durch das bei der chemischen Reaktion gebildete Wasser verdünnt wurde, wird

Abb. 1. Mahl- und Waschholländer.

es durch Zusatz von konzentrierter Säure wieder auf die ursprüngliche Stärke gebracht und von neuem verwendet. Nach einiger Zeit wird aber die gebrauchte Nitriersäure trotzdem unverwendbar, weil sie sich mit organischen Verunreinigungen und Stickstoffdioxyd anreichert. Sie wird dann meist an die chemische Fabrik abgegeben, von der sie bezogen worden ist. In manchen Betrieben hat man auch besonders gebaute Schleudertrommeln, in denen auch das Nitrieren selbst vorgenommen werden kann. Diese Nitrierzentrifugen sind so eingerichtet, daß die Säure während des Nitrierens im Umlauf ist.

Die Kollodiumwolle gelangt jetzt in das Waschhaus. Dort wird sie zunächst in hölzernen (pitch-pine) Bottichen einer Vorwäsche unterzogen und dann durch sogenannte Holländer, die bekanntlich in der Papierfabrikation eine so große Rolle spielen, zu einem feinen Brei zerkleinert und mit kaltem Wasser gründlich gewaschen. Abb. 1 zeigt einen Mahl- und Waschholländer der Firma Krafft & Söhne, Düren. Er bildet einen länglich-ovalen Trog, der durch eine Längswand in einen endlosen, in sich geschlossenen Kanal umgewandelt wird. Die Zerkleinerung der Kollodiumwolle geschieht durch die Messerwalze und das unter ihr befindliche Grundwerk, das ebenfalls aus einer Reihe von parallelen scharfen Messern besteht. Das säurehaltige Waschwasser fließt ununterbrochen durch eine Siebtrommel ab. Beim Nitrieren hat durch die Einwirkung der Schwefelsäure auf die Zellulose auch eine geringe Bildung von Zelluloseschwefelsäureestern stattgefunden; diese Verbindungen sind zum Unterschied von der Nitrozellulose wenig beständig und würden später beim Lagern der Nitroseide durch ihre unter Bildung von freier Schwefelsäure vor sich gehende Zersetzung ein Verderben der Kunstseide bewirken (Hydrozellulosebildung). Daher müssen diese Zelluloseschwefelsäureester durch Kochen mit Wasser unter Druck zerlegt werden, was man als Stabilisieren bezeichnet. Manchmal ist die Nitrozellulose durch Eisen- oder Bleisalze gelblich oder grau gefärbt, welchen Übelstand man durch Behandeln mit verdünnter Salzsäure beseitigt. Nach dem Waschen wird dann die Hauptmenge des Wassers bis auf einen Rest von 25—28 % durch Abschleudern entfernt. Früher wurde die Kollodiumwolle auch noch durch warme Luft getrocknet, doch ist man wegen der damit verbundenen Gefahren davon abgekommen, um so mehr als die Lösung im feuchten Zustand leichter eintritt. Nur für die in Wasser gesponnene Nitroseide mußte die Kollodiumwolle getrocknet werden, weil sich sonst beim Verspinnen milchig-weiße Fäden von geringer Festigkeit ergeben.

Wir kommen jetzt zur Herstellung der Spinnlösung im Kollodiumhaus. In Alkohol oder Äther allein löst sich die Kollodiumwolle nicht auf, wohl aber in einem Gemisch beider Flüssigkeiten. Wegen der großen Flüchtigkeit des Lösungsmittels erfolgt das Auflösen in geschlossenen Stahlblechtrommeln, die innen mit verzinntem Kupferblech ausgekleidet sind und in Drehung versetzt werden. Die Lösung vollzieht sich anfangs rasch, dann immer langsamer und ist erst in 20 Stunden vollendet. Damit eine Spinnlösung für die Kunstseidenfabrikation brauchbar sei, muß sie verschiedene Bedingungen erfüllen. Sie muß vor allem eine zähflüssige Beschaffenheit haben, so daß sich die Flüssigkeitsfäden, die man durch Auspressen aus engen Öffnungen erhält, durch Ausziehen noch weiter verfeinern lassen. Diese Zähflüssigkeit oder Viskosität[1]) wächst im allgemeinen mit der Konzentration der Lösung. Sie hängt aber auch in hohem Grade von der Größe des Moleküls der gelösten Zellulose bzw. Nitrozellulose ab. Sind die einzelnen im Lösungsmittel frei beweglichen Moleküle relativ sehr groß, dann können sie sozusagen nur schwerfällig und langsam aneinander vorbeikommen, die innere Reibung und damit die Viskosität ist groß. Wird aber das ursprünglich sehr große, vielleicht aus Tausenden von Atomen bestehende Zellulosemolekül in verhältnismäßig kleine Komplexe gespalten, so bekommt man eine bei gleichem Zellulosegehalt weniger zähflüssige Lösung. Ein gutes Beispiel für den Zusammenhang zwischen Molekulargröße und Viskosität bildet auch die Stärke $(C_6H_{10}O_5)_n$, die wie die

---

[1]) Vergleiche auch E. C. Worden und L. Rutslein: Die Viskosität der Nitrozellulose, Kunststoffe 1921, S. 25.

Zellulose ein sehr großes, kompliziert gebautes Molekül besitzt. Macht man sich z. B. aus Kartoffelstärke durch Kochen mit wenig Wasser einen recht steifen Kleister, so kann man das Gefäß umkehren, ohne daß dieser sofort ausfließt, so groß ist hier die Viskosität; erwärmt man aber diesen Kleister mit etwas Salzsäure, so wird die Masse immer dünnflüssiger und zum Schluß wie Wasser. Das große Stärkemolekül ist eben zu immer kleineren Molekülen, zu Dextrinen und schließlich Traubenzucker ($C_6H_{12}O_6$) abgebaut worden. Aber ebenso, wie wir trotz allen Fortschritten der Chemie nicht imstande sind, den Traubenzucker in Stärke rückzuverwandeln, was bekanntlich den Pflanzen gar keine Schwierigkeiten macht, ebensowenig können wir zu stark zerkleinerte Zellulosemoleküle wieder zu Molekülen von genau der ursprünglichen Größe zusammensetzen. Nun ist aber die Festigkeit der Kunstseide (bzw. der Zellulose) um so größer, je größer deren Moleküle sind, und deshalb muß man also trachten, das Zellulosemolekül nicht weiter abzubauen, als es zur Herstellung einer genügend konzentrierten Spinnlösung eben notwendig ist. Diese Bemerkungen sind deshalb wichtig, weil sie auch für die andern Verfahren der Kunstseidenerzeugung Geltung haben.

Das durch Auflösen der nitrierten Baumwolle im Alkohol-Äthergemisch erhaltene zähflüssige Kollodium ist aber durch unlösliche Substanzen verunreinigt, die entfernt werden müssen, weil sie sonst die feinen Öffnungen der Spinndüsen verstopfen würden. Zu diesem Zwecke dienen besonders gebaute Filterpressen von rundem Querschnitt; die mit dem Kollodium in Berührung kommenden Teile sind aus Bronze, weil Eisen angegriffen wird. Die filtrierenden Schichten bestehen aus einer etwa 1 cm dicken Lage von Baumwollwatte, die beiderseits von Seidengaze und einem verzinnten Metalltuch eingeschlossen ist. Man schickt das Kollodium durch mehrere Filterpressen hindurch; durch die Glasrohrstutzen, die in die Verbindungsrohre eingebaut sind, kann man die fortschreitende Klärung der Lösung mit dem Auge verfolgen. Die Kollodiumlösungen, die für das Naßspinnverfahren nach Lehner bestimmt sind, brauchen nur ungefähr 10—15 %ig zu sein und sind daher leichter zu filtrieren als die etwa 20—25 %igen Lösungen für das Trockenspinnverfahren nach Chardonnet. In letzterem Falle braucht man viel stärker gebaute Filterpressen, die bei einem Druck von etwa 70 Atm. arbeiten; der nötige Druck wird durch hydraulische Kollodiumpressen erzeugt.

Aber auch die filtrierte Kollodiumlösung ist noch nicht ohne weiteres zum Verspinnen geeignet. Es sind nämlich zahlreiche Luftbläschen in ihr enthalten, die Fadenbrüche verursachen würden. Am einfachsten geschieht die Entfernung der Luftblasen, das Entlüften, durch längeres Stehenlassen der Spinnlösung; dabei geht gleichzeitig eine Art Reifungsprozeß vor sich, indem die Nitrozellulose die Eigenschaft erlangt, sich beim Verspinnen aus dem Lösungsmittel rasch abzuscheiden. Man erklärt sich das durch die Annahme, daß die Nitrozellulosemoleküle sich wieder zu größeren Komplexen vereinigen, die nach dem früher Gesagten weniger löslich sind.

Was nun die Verarbeitung der filtrierten und entlüfteten Spinnlösung anlangt, so wurde schon in der Einleitung hervorgehoben, daß die

Erzeugung der Kunstseide mit der Bildung des echten Seidenfadens eine große Ähnlichkeit aufweist. Die Seidenraupe besitzt zwei röhrenförmige, vielfach gewundene Drüsen, die das Fibroin, eine zähflüssige eiweißähnliche Masse, erzeugen; aus jeder Drüse wird die Seidenmasse in Form eines runden, noch weichen und dehnbaren Fadens ausgepreßt und sofort mit einer dünnen Schichte einer als Serizin oder Seidenleim (Bast) bezeichneten klebrigen Substanz überzogen. Dann gelangen die beiden Fibroinfädchen in einen gemeinsamen Kanal, wodurch ein Zusammenkleben zu einem einzigen Faden bewirkt wird. Jeder solche Kokonfaden besteht daher aus zwei Fibroinfädchen von etwa 0,012 mm Dicke, die durch den Seidenbast zusammengehalten werden. Beim Abhaspeln der Kokons werden dann 3—20 Fäden miteinander vereinigt, wodurch man Rohseide oder Grège erhält.

Beim künstlichen Spinnprozeß haben wir ähnliche Verhältnisse. Auch hier wird der durch Auspressen der Spinnlösung erhaltene Faden durch Ziehen noch weiter verfeinert. Es wäre nämlich gar nicht möglich, die Spinnlöcher so eng zu machen, daß ihr Durchmesser mit der Dicke des gebildeten Fadens übereinstimmt, weil sonst zum Auspressen ein zu hoher Druck notwendig wäre und sich die Öffnungen oft verstopfen würden. Natürlich ist auch in Betracht zu ziehen, daß die Dicke des frisch gesponnenen Einzelfadens durch das Trocknen ganz bedeutend abnimmt. Die Erhärtung des noch weichen Fadens geschieht aber nur beim Chardonnetverfahren[1]) an der Luft (Trocken- oder Verdunstungsspinnen), bei Kupfer- und Viskoseseide wird die Spinnlösung in eine Flüssigkeit, das Fällbad, eingepreßt (Naß- oder Fällungsspinnen). Die Spinnapparate sind natürlich sehr verschieden gebaut und können beim Naßspinnverfahren nach oft nur geringfügigen Abänderungen meist für verschiedene Spinnlösungen und Fällbäder benutzt werden, was für die Fabriken wirtschaftlich von großer Bedeutung ist. Am einfachsten sind die Maschinen für das Trockenspinnverfahren zusammengesetzt; sie bestehen der Hauptsache nach aus einem Zuleitungsrohr für die Spinnlösung, woran sich die Spinnröhrchen mit den Spinndüsen befinden. Diese enthalten feine Öffnungen von etwa 0,08 mm Durchmesser, durch die die einzelnen Fädchen ausgepreßt werden; da diese für sich zu schwach sind, werden ähnlich wie bei Grègegewinnung 10—24 und mehr solcher Primärfäden durch einen Fadensammler zu einem stärkeren Faden vereinigt, der dann durch einen hin- und hergehenden Fadenführer in sich kreuzenden Windungen auf hölzerne Spulen aufgewickelt wird. Das Erhärten des Fadens beruht also auf dem Verdunsten des Lösungsmittels, besonders des Äthers. Da dieses nicht immer gleichmäßig vonstatten geht, muß man möglichst enge Düsenöffnungen anwenden, so daß nicht so stark gestreckt zu werden braucht. Allerdings erfordert dieses Verfahren Druckkräfte von 40—50 Atm. Daher müssen auch die aus Glas hergestellten Spinnröhrchen und Düsen sehr starkwandig sein. Die Spinnmaschinen sind teilweise mit Glas verschalt, die

---

[1]) Grundsätzlich können alle Kunstseiden trocken gesponnen werden, deren Masse in leicht flüchtigen organischen Lösungsmitteln gut löslich ist.

gebildeten Alkohol-Ätherdämpfe werden abgesaugt und fortwährend
warme, trockene Luft zugeführt.

Eine Lebensfrage für die Nitrokunstseidenfabrikation ist die wenigstens teilweise Wiedergewinnung des teuren Lösungsmittels. Beim
Trockenspinnverfahren beruht diese Wiedergewinnung darauf, daß man
die mit den Alkohol- und Ätherdämpfen beladene Luft durch Ventilatoren absaugt und mit Flüssigkeiten von hohem Siedepunkt, die Alkohol
und Äther aufzulösen vermögen (Schwefelsäure, Ölsäure, Amylazetat,
Kresol), in möglichst innige Berührung bringt. Durch Destillation wird
dann der Äther-Alkohol vom Absorptionsmittel wieder getrennt. Heute
beherrscht das von I. H. Brégeat[1]) erfundene Kresolverfahren das
Feld. Das aus dem Steinkohlenteer stammende Rohkresol, ein zwischen
185 und 210 ⁰ siedendes flüssiges Gemisch von ortho-, meta- und para-
Kresol (Methylphenol, $C_6H_4 \cdot CH_3 \cdot OH$) hat deshalb ein besonders großes
Absorptionsvermögen für Alkohol, Äther und Azeton, weil diese mit den
Kresolen lockere Molekülverbindungen[2]) bilden. Nach der Absorption
des Lösungsmittels wird Natronlauge oder Kalkmilch zugesetzt, wodurch die Säurecharakter aufweisenden Kresole in nichtflüchtige Na-
trium- oder Kalziumsalze übergeführt werden. Nachdem man das
Lösungsmittel durch Dampf abgetrieben und durch Kühlung wiedergewonnen hat, werden aus den Kresolsalzen durch Einwirkung von
Kohlensäure (vom Kalkbrennen) die freien Kresole wieder abgeschieden.
Soda kann durch gelöschten Kalk wieder in Ätznatron zurückverwandelt
werden. Das Kresolgemisch muß aber von Zeit zu Zeit erneuert werden,
da es infolge Polymerisation oder Oxydation durch den Luftsauerstoff
allmählich verharzt. Meistens werden übrigens die absorbierten flüchtigen
Lösungsmittel direkt vom Kresol abdestilliert; mit übergegangene Wasser-
und Kresoldämpfe werden durch eine Kondensationskolonne abgeschieden. Ein Teil des Alkohols wird auch von der frisch gesponnenen
Kollodiumseide selbst zurückgehalten, weshalb man die voll bewickelten
Spulen systematisch mit Wasser wäscht und durch Destillieren des so
erhaltenen verdünnten Spiritus den Alkohol zurückgewinnt. Trotz alle-
dem beträgt der Verlust an Lösungsmittel bis zu 10 %.

Der Hauptvorteil des Trockenspinnverfahrens besteht darin, daß
die Fäden wegen des schnellen Erhärtens von den Spinndüsen rasch
abgezogen werden können, was bei gleicher Düsenzahl in derselben Zeit
eine größere Produktion erlaubt als das Naßspinnverfahren nach Lehner. Dessen Fabrikationsweise ist die einzige, die neben dem Verfahren
von Chardonnet für die Herstellung von Nitroseide praktische Bedeutung erlangt hat. Ursprünglich verwendete Lehner eine Kollodiumlösung, der auch Kopalharz, Leinöl und essigsaures Natron und später
statt diesen Substanzen in Eisessig aufgelöste Naturseidenabfälle zugesetzt wurden. Von diesen Zusätzen ist man aber wieder abgekommen,
weil sie die Qualität des Fadens nur verschlechtern. Beim Naßspinnverfahren werden die Kollodiumfäden in Wasser oder ein Salzbad[3])

---

[1]) F. P. 502882 u. 502957, E. P. 127309, schweiz. P. 98478, 1921.
[2]) Weißenberger, G.: Über die chemischen Grundlagen des Kresolver-
fahrens. Kunststoffe 1924, S. 34.   [3]) E. P. 198392, 1922.

(z. B. Natriumsulfatlösung) eingepreßt, das dem Kollodium Alkohol und Äther entzieht. Die Spinnlösung ist hier weniger konzentriert, nur etwa 10—15%ig, daher ist kein so hoher Druck notwendig und die Spinnmaschinen brauchen nicht so stark gebaut zu sein. Die Düsen haben viel weitere Öffnungen als beim Trockenspinnverfahren, nämlich bis zu 0,5 mm statt 0,08 mm und sind natürlich unter Wasser angebracht. Zunächst tritt ein ziemlich dicker Flüssigkeitsstrahl aus, der dann durch den Zug der rotierenden Spulen gestreckt und so verfeinert wird. Reines Wasser würde allerdings zu energisch als Erstarrungsbad wirken, der Faden würde bald zu fest werden und könnte infolgedessen nicht genügend gestreckt werden. Man regelt daher die Erneuerung des Fällbades, das sich ja an Alkohol und Äther immer mehr anreichert, so, daß es immer einen kleinen Prozentsatz davon enthält, wodurch das Erstarren des Fadens langsamer vor sich geht. Selbstverständlich findet auch hier eine teilweise Wiedergewinnung des Lösungsmittels statt. Interessanterweise hat die größte belgische Kunstseidenfabrik (Tubize), die bisher ausschließlich nach dem Trockenspinnverfahren arbeitete, im Jahre 1914 versuchsweise auch das Naßspinnverfahren aufgenommen. Nach der Patentschrift (D.R.P. 273936, 1914) wird im Gegensatz zum bisher üblichen Naßspinnen nicht wasserfreie, sondern feuchte Nitrozellulose mit einem Wassergehalt von etwa 25% in einem Gemisch von 60 Teilen Alkohol und 40 Teilen Äther aufgelöst und bei einer die Siedetemperatur des Äthers (35,5°) fast erreichenden, aber nicht überschreitenden Temperatur in 25- bis 50volumprozentigem Alkohol versponnen. Es entstehen bei einer Abzugsgeschwindigkeit von 40—50 m in der Minute glasklare Fäden, die, wie die Patentschrift hervorhebt, im Gegensatz zu allen andern Nitroseiden, keine unregelmäßigen, sondern mehr oder weniger kreisrunde und elliptische Querschnittsformen aufweisen, was ich auch bei der mikroskopischen Untersuchung eines kleinen Musters bestätigt fand (Abb. 69).

Wenn dieses Verfahren trotzdem wieder aufgegeben wurde, so lag dies daran, daß ein kreisrunder Querschnitt der Einzelfädchen einige Eigenschaften der Kunstseide, wie Deckkraft und scheinbares spezifisches Gewicht ungünstig beeinflußt (siehe bei Völligkeit, S. 90) und weil naßgesponnene Nitroseide niemals die Festigkeit einer trocken gesponnenen haben kann. Chardonnet[1]) selbst sagt hierüber: „Unter sonst gleichen Umständen können die durch Fällung (Koagulierung) erhaltenen Gespinste weder die gleiche Festigkeit noch dieselbe Transparenz aufweisen wie die durch Verdunstung gebildeten Seiden, da Fällung zugleich Diskontinuität bedeutet." Diese wichtige Feststellung gilt natürlich auch für alle anderen künstlichen Seiden (Azetat- und Ätherseide), die sowohl trocken als auch naß gesponnen werden können.

Der weitere Arbeitsgang der Nitroseidenfabrikation ist bei beiden Verfahren im wesentlichen der gleiche. Die auf den Spinnspulen befindliche Kunstseide kommt nun in die Spulerei, wo mittels Spulmaschinen ein Umspulen auf kleinere hölzerne Zwirnspulen vorgenommen wird. Da der Kunstseidenfaden zunächst gar keine oder nur eine ganz schwache

---

[1]) Sur les coupes des soies artificielles. Comptes Rendus Bd. 167. S. 489. 1918.

Drehung besitzt, ist er von sehr lockerer Beschaffenheit und daher für viele Verwendungszwecke nicht genügend widerstandsfähig. Daher findet jetzt in der Zwirnerei ein Zwirnen der Fäden statt, wozu man sogenannte Etagenzwirnmaschinen benützt. Diese heißen deshalb so, weil die Spindeln in 2 oder 3 übereinander liegenden Etagen angeordnet sind. Die gezwirnte Kunstseide wird hier auf Pappspulen in Kreuzwickelung aufgewunden. Abb. 2 zeigt eine Zweietagenzwirnmaschine von O. Kohorn & Co. in Chemnitz; ihre Arbeitsweise ist aus Abb. 3 ersichtlich.

Die auf der Walzenspinnmaschine gesponnenen Spulen d werden nach dem Auswaschen und Trocknen entsprechend angefeuchtet und auf die Spindeln a der Zwirnmaschine gesteckt. Um den Wirtel jeder Spindel läuft eine Schnur b, die von der Weißblechtrommel c angetrieben wird, wodurch die Spindeln sich etwa 3000 mal in der Minute drehen. Der Zwirnteller e hält die Spule auf der Spindel fest. Durch die Drehung der Spindel wird der zunächst noch ungedrehte Faden f von der Spinnspule abgeschleudert und ihm die gewünschte Drehung erteilt. Der Faden gelangt zunächst zu dem horizontal hin- und hergehenden Fadenführer g, von dort zur Messingwalze h, um auf der Zwirnspule i, die auf dem Holzzylinder k aufgesteckt ist, in sich kreuzenden Windungen aufgewickelt zu werden. Der Antrieb der Zwirnspulen erfolgt mittels Reibung durch die Messingwalzen. In der oberen „Etage" findet sich die ganze Anordnung wiederholt. Die zweimalige Wiederholung ergibt dann die Dreietagenzwirnmaschine, bei der aber der Antrieb der Spindeln derart erfolgt, daß ein endloser Riemen, der über die ganze Maschine hinwegläuft und durch Spannrollen auf gleicher Spannung gehalten wird, am Wirtel jeder einzelnen Spindel vorbeistreicht und dadurch die Spindeln in Umdrehung versetzt. Die Leistungsfähigkeit einer Zweietagenzwirnmaschine mit 256 Spindeln beträgt für 8 Stunden Arbeitszeit bei einer Zwirngeschwindigkeit von 18 m in der Minute etwa 35 kg trockene Seide von 150 Deniers. Der Antrieb erfordert 4 PS.

Abb. 2.   Zweietagenzwirnmaschine
(O. Kohorn & Co., Chemnitz-Wien).

Die gezwirnte Seide kommt jetzt in die Haspelei oder Weiferei, um dort in Strangform gebracht zu werden. Manche Fabriken, wie seinerzeit Jülich, spulen übrigens nicht um, sondern haspeln die Spinnspulen direkt ab. Man verwendet meistens den Kreuzhaspel, weil dieser Strähne liefert, die sich bei den späteren Operationen nicht so leicht verwirren. Den Hauptteil der Maschine bildet ein um eine horizontale Achse rotierendes langes Gestell aus Holzlatten, Krone genannt, dessen Querschnitt ein regelmäßiges Sechseck von meist 110 ccm Umfang ist. Die Pappspulen mit der gezwirnten Seide werden auf der sogenannten Ablaufbank aufgesteckt und die Fäden an der Krone befestigt. Das Gestell wird dann in Drehung versetzt und die Fäden werden durch einen hin- und hergehenden Fadenführer in sich kreuzenden Windungen aufgewickelt. Wenn der Strang dann aus einem Faden von bestimmter Länge (900—1000 m) besteht, bleibt die Maschine von selbst stehen. Ebenso geschieht dies, wenn ein Faden gerissen oder eine Spule leergelaufen ist.

Die so in Strangform gebrachte Kollodiumseide muß jetzt eine äußerst wichtige Behandlung durchmachen, das Denitrieren. Dieses hat, wie schon früher gesagt, den

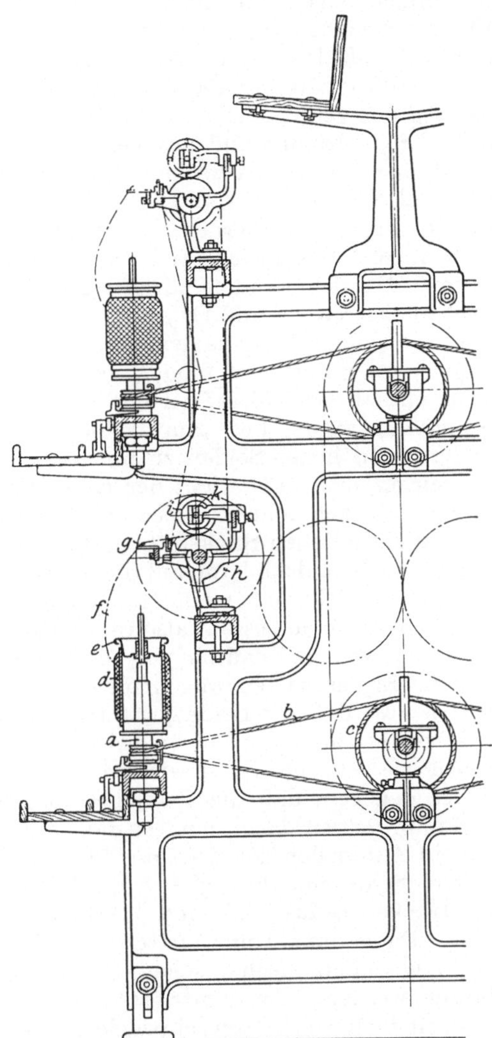

Abb. 3. Zweietagenzwirnmaschine (O. Kohorn & Co., Chemnitz-Wien).

Zweck, dem Erzeugnis die Feuergefährlichkeit und den harten Griff zu nehmen. Chemisch läuft das Denitrieren darauf hinaus, daß die in der Nitrozellulose enthaltenen Salpetersäurereste (NO_3) entfernt werden, wodurch man wieder Zellulose erhält. Da die Salpetersäure ein Oxydationsmittel ist, das heißt, unter Zersetzung leicht Sauerstoff abgibt, behandelt man die Kollodiumseide mit Lösungen von Reduktionsmitteln, das sind Substanzen, die gern Sauerstoff aufnehmen. Am geeignetsten haben sich Natriumsulfhydrat (NaSH) und das billigere Kalziumsulfhydrat [$Ca(SH)_2$] erwiesen. Schwefelnatrium (Na_2S) ist nicht geeignet, weil es die regenerierte Zellulose zu stark angreift. Das Kalziumsulfhydrat erhält man durch Einleiten von Schwefelwasserstoff (H_2S) in Kalkmilch [$Ca(OH)_2$]; es kommt als konzentrierte Lösung von gelber Farbe in den Handel. Zum Denitrieren wird sie auf etwa $5\,^0/_0$ verdünnt und mit verschiedenen, von den Fabriken geheim gehaltenen Zusätzen versehen. Die Temperatur hält man auf ungefähr 40^0 und es muß die Kollodiumseide mittels starker Glasstäbe im Bad fleißig umgezogen werden, damit die Denitrierung gleichmäßig vonstatten geht, sonst würde sich die Seide später nicht gleichmäßig färben lassen. Da sich nämlich nicht reines Zellulosehydrat bildet, sondern auch etwas Hydro- und Oxyzellulose, die den Faden schwächen, nimmt man die Seide schon aus dem Bad, wenn der Stickstoffgehalt von etwa $11{,}6\,^0/_0$ auf mindestens $0{,}05\,^0/_0$ gesunken ist. Durch die in der Nitroseide enthaltene äußerst geringe Menge von gebundener Salpetersäure ist man imstande, diese Kunstseidenart auf chemischem Wege von den andern künstlichen Seiden zu unterscheiden (S. 126). Durch das Denitrieren nimmt das Gewicht der Kollodiumseide um fast $30\,^0/_0$ ab. Für große Fabriken lohnt es sich, die in den ausgebrauchten Denitrierbädern enthaltenen Stickstoff- und Schwefelverbindungen wieder nutzbar zu machen, doch kann auf die nicht ganz einfachen chemischen Vorgänge hier nicht näher eingegangen werden.

Die Nitroseide besteht also in diesem Stadium der Fabrikation nicht mehr aus einem Gemisch von Zellulosenitraten und hat daher auch andere Eigenschaften angenommen. Und zwar gute und schlechte. Gut ist es, daß die Seide jetzt im trockenen Zustand nicht mehr so feuergefährlich ist und statt des roßhaarähnlichen Griffes sich fast so weich wie gekochte Naturseide anfühlt. Ein schwerwiegender Nachteil ist es dagegen, daß die Festigkeit bedeutend geringer geworden ist, nicht nur im trockenen, sondern ganz besonders auch im nassen Zustand, wo ein Aufquellen der Zellulosefäden erfolgt. Hat z. B. die nicht denitrierte Seide eine Festigkeit von 150 g, so hat die denitrierte Seide im trockenen Zustand eine Festigkeit von 110 g und naß von nur 25 g. Daher muß beim Weiterbehandeln der denitrierten Kollodiumseide bei allen mechanischen Operationen mit großer Sorgfalt verfahren werden. Die denitrierte und gewaschene Seide ist nicht, wie man glauben würde, von reinweißem Aussehen, sondern gelblich gefärbt. Sie muß daher noch vorsichtig gebleicht werden. Hierüber ist dasselbe zu sagen wie über das Bleichen der Baumwolle, nur daß hier die Bleichmittel in noch größerer Verdünnung angewendet werden müssen, um die Festigkeit des Fadens nicht allzusehr zu schädigen. Die elektrolytische Bleiche dürfte auch hier das Feld beherrschen. Sehr geeignet wäre wegen seiner schonenden Wirkung auch das Natriumperborat ($NaBO_3$), das aber für die allgemeine Verwendung noch zu teuer ist. Nach dem Bleichen muß selbstverständlich jede Spur des Bleichmittels ausgewaschen werden, dann wird die Seide abgeschleudert und im gespannten Zustand in eigenen Trockenräumen durch bewegte warme Luft getrocknet. Da die Kunstseide im vollkommen trockenen Zustand aus der Luft Feuchtigkeit anzieht, trocknet man sie nur bis zu einem Wassergehalt von etwa $10\,\%$. Die derart hergestellte Seide gelangt als rohweiß in den Handel. Gefärbte Kunstseide wird nur auf besondere Bestellung geliefert. Bezüglich des Appretierens der Kunstseide, das den Zweck hat, Glanz und Griff zu verbessern, siehe Viskoseseide, S. 66.

Nach dem Appretieren findet eine Sortierung der Kunstseide nach der Qualität (I, II und III oder A, B und C) und der Feinheit des Fadens statt. Letzteres bezeichnet man als Titrieren. Bekanntlich ist es aus verschiedenen Gründen unmöglich, die Feinheit eines Garnes oder Zwirnes direkt durch dessen Durchmesser (Dicke) anzugeben; daher gewinnt man dadurch ein Maß für die Fadenstärke, daß man feststellt, wieviel Längeneinheiten einem bestimmten Gewicht oder wieviel Gewichtseinheiten einer bestimmten Länge entsprechen. Die erste Methode wird bei solchen Garnen und daraus hergestellten Zwirnen angewendet, die durch ein wirkliches Spinnverfahren, d. h. durch paralleles Zusammenlegen und Drehen von mehr oder weniger kurzen Einzelfasern (Baumwolle, Flachs, Wolle, Seidenabfälle, Stapelfaser usw.) erhalten werden. Die dabei erhaltene Zahl heißt Nummer und ist um so größer, je feiner das Garn ist. Bei gehaspelter Natur- bzw. Tussahseide (Rohseide, Organsin, Trama) und bei Kunstseide schlägt man den umgekehrten Weg ein, indem man die Feinheit des Fadens durch das Gewicht einer bestimmten Länge desselben ausdrückt und als Titer bezeichnet. Der Titer einer Kunstseide hängt in leicht ersichtlichem Sinn ab: 1. vom spez. Gewicht der Fasersubstanz, 2. vom Feuchtigkeitsgehalt, 3. von der Zahl der Einzelfädchen, 4. von der Dicke der Einzelfädchen und 5. von der Drehung des Fadens. Leider herrscht auch beim Titrieren keine völlige Einheitlichkeit, indem die abgemessene Länge und die als Denier bezeichnete Gewichtseinheit nicht überall gleich sind. Doch hat sich immerhin der legale oder internationale Titer am meisten durchgesetzt. Dieser wird auch als „neuer Turiner Titer" bezeichnet und gibt an, wieviel ein 450 m langer Faden in Deniers (den, dn, ds) zu 0,05 g wiegt. Natürlich gibt er zugleich das Gewicht eines 9000 m langen Fadens in Gramm an. Um also den legalen Titer der Kunstseide zu bestimmen, braucht man nur eine beliebige, aber möglichst große Länge L mittels eines Haspels abzumessen und das Gewicht P mittels einer genauen Wage zu bestimmen. Der Titer berechnet sich dann zu $\dfrac{9000\,P}{L}$ den. In der Praxis benützt man aber eigene Garnsortierwagen, die der Hauptsache nach aus einem Haspel mit einer Zählvorrichtung für die Umdrehungen und aus einer Hebelwage mit Quadrantenskala bestehen. Die Apparate sind für bestimmte Fadenlängen eingerichtet, so daß jede Rechnung entfällt und der Titer sofort abgelesen werden kann. In den Chardonnetseidenfabriken werden die Strähne alle von gleicher Länge, meist 900 m, gemacht und dann nach dem Gewicht sortiert. Dies geschieht am raschesten mittels der automatischen Titriermaschine von C. Hamel A.-G. in Chemnitz.

Ihre Wirkungsweise ist der Hauptsache nach folgende. Um eine feststehende, kreisförmige Platte (Tisch) dreht sich konzentrisch ein etwa 3 cm breiter Ring. Auf diesem ständig rotierenden Ring befinden sich 22 oder 27 zweiarmige Hebel. Diese bestehen aus horizontalen, mit dem längeren Ende nach dem Mittelpunkt des Ringes gerichteten Stahlstäbchen, an derem nach außen zu gelegenen Ende Haken zum Aufhängen der Stränge befestigt sind. Das äußerste Ende des längeren (inneren) Hebelarms liegt auf einem beweglichen Ring. Außerdem ist auf dem längeren Hebelarm ein zylindrisches Laufgewicht verschiebbar angebracht, wodurch der Hebel zu einer Wage wird. Wenn ein Strähn auf den Haken des kürzeren Hebelarms aufgelegt wird, befindet sich das Laufgewicht am weitesten vom Drehpunkt des Hebels entfernt und wird durch eine Reihe von kurzen Leitschienen, die mit dem Tisch fest verbunden sind, allmählich an den Drehpunkt herangerückt, bis schließlich der äußere, mit der Seide belastete Hebelarm das Übergewicht bekommt und sich senkrecht nach abwärts neigt. Dadurch gelangt der Strang aber in den Bereich eines vom unteren Teil der Maschine nach oben außen verlaufenden langen Abnehmerarmes, durch dessen eigenartige hakenförmige Krümmung der Strähn von der Wage abgestreift und aufgesammelt wird. Durch besondere Vorrichtungen werden dann Hebel und Laufgewicht wieder in die ursprüngliche Lage gebracht. Die Strähne mit dem höchsten Titer werden zuerst, die mit dem feinsten zuletzt auf diese Abnehmer, deren 21 oder 26 vorhanden sind, übertragen. Die die Maschine bedienende Arbeiterin hat nur die Strähne an einer bestimmten Stelle der Maschine auf die Hebelhaken aufzulegen und kann die vierfache Menge dessen bewältigen, was eine geübte Verwägerin mit der Titrierwage leisten kann. Seit übrigens die Spinnpumpen (Titerpumpen) eingeführt sind, hat man es viel besser in der Hand, Kunstseide von einem bestimmten Titer zu erzeugen.

Das Kollodiumverfahren weist gegenüber den beiden später zu besprechenden Herstellungsmethoden zwei große Vorzüge auf. Während nämlich die Kupferoxydammoniakzellulose- und die Viskoselösungen einer baldigen Zersetzung unterliegen und daher gleich verarbeitet werden müssen, ist das Kollodium bei Abschluß von Luft von langer Haltbarkeit. Noch wichtiger ist, daß sich bei der Herstellung der Nitroseide sehr wenig Abfall ergibt, weil die zunächst gebildeten Fäden aus Nitrozellulose sehr fest und widerstandsfähig sind, so daß nicht so viele Fadenbrüche auftreten wie bei den anderen Verfahren. Die Nachteile sind hauptsächlich wirtschaftlicher Natur und sollen später besprochen werden.

IV. Das Kupferoxydammoniakverfahren.

Die unleugbaren Erfolge des im Prinzip bis zum Jahre 1900 geschützt gewesenen Kollodiumverfahrens einerseits, andererseits dessen wirtschaftliche Nachteile gaben schon frühzeitig Anlaß, neue Fabrikationsmethoden ausfindig zu machen. Und es ist in der Tat gelungen, durch das Kupferoxydammoniakverfahren[1]) die Herstellung der Kunstseide zu verbilligen. Das Prinzip ist hier noch einfacher als bei der Nitroseide. Zellulose wird in Kupferoxydammoniak aufgelöst und die so erhaltene Lösung nach dem Filtrieren und Entlüften in eine Flüssigkeit versponnen, die die Zellulose aus dem Lösungsmittel wieder ausfällt. Es wird also auf diese Weise der Umweg über die Nitrozellulose vermieden, man braucht keine so teuren Hilfsstoffe wie Salpetersäure, Alkohol, Äther und Denitrierungsmittel und das ganze Verfahren gestaltet sich viel einfacher. Anfangs allerdings nur in der Theorie, denn bei der praktischen Durchführung der neuen Methode ergaben sich ungeahnte technische Schwierigkeiten, die erst nach und nach überwunden werden konnten. Die Herstellung des auch als Kupferseide bezeichneten Erzeugnisses geht in folgenden Hauptstadien vor sich.

1. Vorbehandlung der Zellulose (meist Linters).
2. Herstellung des Kupferoxydammoniaks.
3. Auflösen der Zellulose.
4. Filtrieren der Zelluloselösung.
5. Entlüften der Spinnlösung.
6. Verspinnen in Natronlauge und Waschen der Fäden.
7. Entkupfern und Waschen der Fäden.
8. Trocknen der Kupferseide.
9. Vollendungsarbeiten (Umspulen, Zwirnen, Haspeln, Säubern und Titrieren).
10. Wiedergewinnung des Kupfers und Ammoniaks.

Wie bei der Herstellung der Kollodiumseide wird auch beim Kupferoxydammoniakverfahren als Rohstoff Baumwolle bevorzugt, was gegenüber der Viskoseseide eine Verteuerung der Fabrikation bedeutet. Einige Fabriken verarbeiteten allerdings auch den billigen Virgofaserhalbstoff (S. 11) und erzielten recht gute Erfolge damit. Als während des Weltkriegs die Linters knapp wurden, verwendete man Sulfitzellulose. Die Vorbehandlung der Zellulose hat außer ihrer Reinigung den Zweck, ihre Löslichkeit in Kupferoxydammoniak zu erhöhen, ohne daß aber aus den schon früher erwähnten Gründen das Molekül zu weit abgebaut werden darf, weil sonst ganz dünnflüssige Lösungen erhalten würden, die nicht verspinnbar sind. Zunächst werden die Linters mit der 10fachen Menge einer Lösung, die 5 $^0/_0$ Ätznatron (NaOH) und 8 $^0/_0$ Kristallsoda ($Na_2CO_3 \cdot 10\,H_2O$) enthält, in einem Druckkessel bei 2,5 Atm. 3 Stunden gekocht, was man als Bäuchen bezeichnet. Das ist also eine viel energischere Behandlung als beim Kollodiumverfahren. Es findet dadurch, wie man annimmt, eine sogenannte Hydratisierung (Aufnahme von chemisch gebundenem Wasser) der Baumwollzellulose statt, wodurch die Löslichkeit in Kupferoxydammoniak erhöht wird. Nach dem Bäuchen werden die Linters in einem Holländer gründlich gewaschen und durch Schleudertrommeln entnäßt. Hierauf wird mit

---

[1]) Foltzer-Woodhouse: Artificial Silk and its Manufacture. London 1921. — Jentgen: Alte und neue Verfahren zur Herstellung von Kupferseide. F. u. Sp. 1924. Nr. 5.

elektrolytisch hergestellter Natriumhypochloritlösung gebleicht, wieder in einem Holländer gewaschen und zentrifugiert. Die Baumwolle wird aber jetzt nicht mehr getrocknet, sondern im feuchten Zustand aufbewahrt, wodurch sie leichter in Lösung zu bringen ist.

Wir kommen nun zur Herstellung der Kupferoxydammoniaklösung. Wohl jeder kennt den Kupfervitriol, jene blauen Kristalle von vollständiger Symmetrielosigkeit, die aus schwefelsaurem Kupfer und Wasser bestehen ($CuSO_4 \cdot 5\,H_2O$). In Wasser ist der Kupfervitriol leicht zu einer grünlichblau gefärbten Flüssigkeit löslich. Läßt man nun zu einer solchen Lösung langsam Ammoniaklösung (Salmiakgeist) fließen, so scheidet sich eine bläulichgrün gefärbte Masse aus, die basisch schwefelsaures Kupfer darstellt.

$$2\,CuSO_4 + 2\,NH_4OH = (NH_4)_2SO_4 + Cu_2(OH)_2SO_4$$
Kupfersulfat   Ammoniaklösung   Ammoniumsulfat   bas. Kupfersulfat

Setzt man noch weiter Ammoniak hinzu, so löst sich der gebildete Niederschlag wieder auf und es entsteht eine nach Ammoniak riechende Lösung, deren Farbe im Gegensatz zur ursprünglichen Kupfervitriollösung rein dunkelblau ist. Diese Flüssigkeit ist aber kein geeignetes Lösungsmittel für Zellulose, sondern man muß so vorgehen, daß man das basische Kupfersulfat durch Filtrieren von der Flüssigkeit trennt und dann in konzentriertem Ammoniak auflöst. Auf diese etwas umständliche Weise gewinnt man eine Flüssigkeit, die äußerlich von der vorerwähnten nicht zu unterscheiden ist, aber die wichtige Eigenschaft hat, Zellulose aufzulösen. Über die chemische Zusammensetzung dieser nach ihrem Entdecker auch als Schweizersche Flüssigkeit bezeichnete Lösung sind die Forscher noch nicht ganz einig; man nimmt an, daß in ihr sogenannte Kupraminbasen, etwa von der Zusammensetzung $[Cu(NH_3)_4](OH)_2$ (Kupraminhydroxyd) enthalten sind. Eine Lösung von gleicher Wirkung kann man auch erhalten, wenn man eine eiskalte Lösung von Kupfervitriol mit verdünnter Natronlauge versetzt und den entstandenen Niederschlag von Kupferhydroxyd nach dem Abfiltrieren und Auswaschen in Ammoniak auflöst. Ferner kann man auch eine Lösung von Kupferkarbonat in Ammoniak verwenden.

Im Fabrikbetrieb wird die Kupferoxydammoniaklösung meist auf andere Weise hergestellt. Man geht von reinem metallischen Kupfer (Elektrolytkupfer) aus, auf das man Ammoniak, Wasser und Luft einwirken läßt. In der Luft ist natürlich der Sauerstoff der wirksame Bestandteil; den sich abspielenden chemischen Vorgang kann man sich der Einfachheit halber in folgende drei Reaktionen zerlegt denken:

1. $Cu + O = CuO$
Kupfer   Sauerstoff   Kupferoxyd

2. $CuO + H_2O = Cu(OH)_2$
Kupferoxyd   Wasser   Kupferhydroxyd

3. $Cu(OH)_2 + 4\,NH_3 = [Cu(NH)_4](OH)_2$
Kupferhydroxyd   Ammoniak   Kupraminhydroxyd

In Wirklichkeit finden diese drei Reaktionen durchaus nicht getrennt, sondern auf einmal statt, denn wie allgemein bekannt, ist das Kupfer an der Luft, wenn nicht zugleich Ammoniak oder eine Säure, wie Essig-

säure (Grünspanbildung) oder Kohlensäure (Patina) mit einwirkt, sehr
beständig. Da man gefunden hat, daß das Kupferoxydammoniak um so
mehr Zellulose zu lösen vermag, je mehr Kupfer es enthält, ist das Be-
streben darauf gerichtet, möglichst kupferreiche Lösungen für die
Kunstseidenerzeugung herzustellen. Das ist aber nur bei niedriger Temperatur, etwa unter 5^0 möglich, weil sonst eine Zersetzung des Kupferoxydammoniaks unter Abscheidung von Kupferhydroxyd eintritt. Daher muß man bei der Herstellung und Aufbewahrung des Kupferoxydammoniaks künstliche Kühlung anwenden. Beim Erzeugen des Kupferoxydammoniaks ist die Kühlung um so notwendiger, als die Auflösung des Kupfers unter Wärmeentwicklung vor sich geht, was leicht
erklärlich ist, weil ja das Kupfer sozusagen zu Kupferoxyd verbrannt wird.

Sehr frühzeitig schon hat man darnach getrachtet, durch Beimischen
verschiedener Stoffe entweder das Lösungsvermögen des Kupferoxydammoniaks für Zellulose oder dessen Haltbarkeit zu erhöhen. Ersteres
scheint man durch Zusatz von Natronlauge erreicht zu haben, letzteres
bewirken einige Fabriken durch Zugabe von Rübenzucker (Sandzucker).
Dieser wird in diesem Fall durch Zusatz von Kupfervitriol oder Soda
vergällt.

Es folgt nun die Herstellung der zum Verspinnen dienenden Kupferoxydammoniakzelluloselösung. Das Auflösen der noch feuchten
gebleichten Linters geschieht bei niedriger Temperatur und unter
kräftigem Umrühren. Man stellt 6—8 %ige Zelluloselösungen her, wobei es, wie schon früher gesagt, sehr viel auf die Art der Vorbehandlung
der Baumwolle ankommt. Je zellulosereicher die Spinnlösung ist, desto
festere Kunstseide bekommt man.

Auf ganz andere Weise stellen die nach dem Streckspinnverfahren
arbeitenden Kupferseidenfabriken ihre Spinnlösung her. Zunächst wird
durch Versetzen einer eiskalten Kupfervitriollösung mit Natronlauge
blaues Kupferhydroxyd ausgefällt, das nach dem Auswaschen auf
Filterpressen abgepreßt wird. Die pastenartige Masse wird dann in
einem Holländer mit feingemahlener Zellulose (Linters) zusammen-
gebracht, die das Kupferhydroxyd absorbiert; die blaue Fasermasse
(Kupferzellulose) wird auf Filterpressen abgepreßt, worauf die entstandenen Preßkuchen durch eine Art Fleischhackmaschine zerkleinert
und durch eine Siebplatte hindurch in Fadenform ausgepreßt werden.
Die Kupferzellulose wird dann in einer Lösetrommel mit Ammoniak zu-
sammengebracht, wobei sich die Kupferoxydammoniakzelluloselösung
bildet. Zur Erhöhung der Haltbarkeit setzt man Zucker, milchsaures
Ammonium oder Weinstein zu oder auch ein Reduktionsmittel, wie
Natriumhydrosulfit ($Na_2S_2O_4$) oder Natriumbisulfit ($NaHSO_3$); alle
diese Stoffe sollen die Oxydation der Zellulose hintanhalten. Ein Zusatz von etwas Natronlauge macht die Spinnlösung dünnflüssiger und
erleichtert das Filtrieren. Benützt man statt Baumwollzellulose Holzzellulose (Sulfitzellstoff) als Rohstoff, dann verwendet man nicht
Kupferhydroxyd, sondern basisches Kupferkarbonat, das man durch
Zusatz von Sodalösung zur Kupfervitriollösung erhält.

Von den Eigenschaften der Kupferoxydammoniakzelluloselösung[1] ist nun für das Verständnis der Kunstseidenfabrikation Folgendes wichtig. Wird die Lösung ohne Kühlung längere Zeit aufbewahrt, so wird sie immer dünnflüssiger und zum Verspinnen untauglich, weil ein Zerfall der Zellulosemoleküle in allzu kleine Atomkomplexe stattfindet; ferner muß der Zutritt der Luft von der Lösung abgehalten werden, da diese den Luftsauerstoff unter Bildung von Oxyzellulose aufnehmen würde, die bekanntlich brüchige Fäden ergibt. Gießt man die Zelluloselösung in verdünnte Schwefelsäure, so wird die Zellulose als farblose, gallertartige Masse (Zellulosehydrat) abgeschieden. Die Erklärung dafür liegt auf der Hand. Die Schwefelsäure beraubt eben die Zellulose ihres Lösungsmittels, indem sie das Kupferoxydammoniak in der Weise zersetzt, daß sich Ammoniumsulfat und Kupfersulfat bilden, die keine Lösungsmittel für Zellulose sind. Wie immer, wenn sich Säuren mit Basen vereinigen, tritt eine Wärmeentwicklung bzw. Temperaturerhöhung auf. Diese Art der Ausfällung der Zellulose lag den ersten Verfahren der Herstellung von Kupferseide zu Grunde. Die Schwefelsäure wurde ziemlich stark, etwa 500 g im Liter verwendet, weil bei dieser Konzentration eine Art pergamentisierender Wirkung auf die Zellulose eintritt, die für die Festigkeit des Fadens günstig ist. Verdünntere Säure hatte sich wegen der Hydrozellulosebildung nicht bewährt. Aber auch die Alkalien besitzen ein Koagulationsvermögen für Kupferoxydammoniakzelluloselösungen, weil sie die Kupraminbase unter Abspaltung von Ammoniak zersetzen. Läßt man die Zelluloselösung in eine etwa 25%ige Natronlauge einfließen, so scheidet sich unter Entweichen von Ammoniak ebenfalls eine durchscheinende gallertartige Masse aus, die aber grünlichblau gefärbt ist, weil sie eine Kupferverbindung enthält. Man nennt dieses Produkt Kupfernatronzellulose. Wird dieses mit Wasser gewaschen, so wird Ätznatron herausgelöst und es hinterbleibt blaue Kupferzellulose. Aus dieser kann man das Kupfer nur durch Behandeln mit verdünnten Säuren entfernen; dazu würden sich Ameisensäure und Essigsäure sehr gut eignen, weil sie die Zellulose im Gegensatz zu den Mineralsäuren nicht schädigen; der Billigkeit halber nimmt man aber 2%ige Schwefelsäure. Damit ist das Wesen eines neueren Kupferoxydammoniakverfahrens angedeutet, dessen Produkte eine größere Festigkeit und Wasserbeständigkeit aufweisen.

Nachdem also jetzt die theoretischen Grundlagen des Kupferoxydammoniakverfahrens dargelegt worden sind, soll als Beispiel der praktischen Ausführung eine kurze Beschreibung der Fabrikationsweise der „Vereinigten Glanzstoff-Fabriken A.-G. in Elberfeld"[2], des ältesten und weitaus größten Unternehmens zur Erzeugung von Kupferseide, gegeben werden. Als Rohstoff werden normaler weise nur Linters verwendet. Diese müssen zunächst gereinigt und gebleicht werden, worüber bereits S. 25 das Nötige gesagt worden ist.

[1] Vgl. Messmer, E.: Über Cellulosekupferamminlösungen. Liebigs Ann. d. Chem. Bd. 435, S. 1—144. 1923.

[2] 1913 wurde das Verfahren aufgegeben und nur noch Viskoseseide erzeugt.

Es muß nun die Kupferoxydammoniaklösung hergestellt werden. Dazu dient der Oxydationszylinder (Abb. 4)[1]), ein etwa 10 hl fassender stehender Zylinder A aus Kesselblech, der von einem zylindrischen Kühlmantel E umgeben ist. Oben befindet sich die durch einen verschraubbaren Deckel verschließbare Füllöffnung (Mannloch) B für das durch eine Schneidemaschine entsprechend zerkleinerte Elektrolytkupfer. Der zwischen den Kupferspänen befindliche Raum wird durch 20 %ige Ammoniakflüssigkeit ausgefüllt, die durch C eintritt. Ein Zusatz einer geringen Menge von Milchsäure, die natürlich in milchsaures Ammonium umgewandelt wird, soll die Auflösung des Kupfers beschleunigen. Unten ist an den Oxydationszylinder ein Rohr r angeschlossen, durch das gekühlte Luft mit einem Überdruck von 1,5 Atm. eingepreßt wird. Die überschüssige Luft, hauptsächlich aus Stickstoff bestehend und mit Ammoniakdämpfen beladen, entweicht durch eine oben angebrachte Öffnung. Etwas Ammoniak wird durch den Luftsauerstoff infolge der katalytischen Wirkung des Kupfers zu salpetriger Säure oxydiert, die sich mit dem Kupfer zu Kupfernitrit

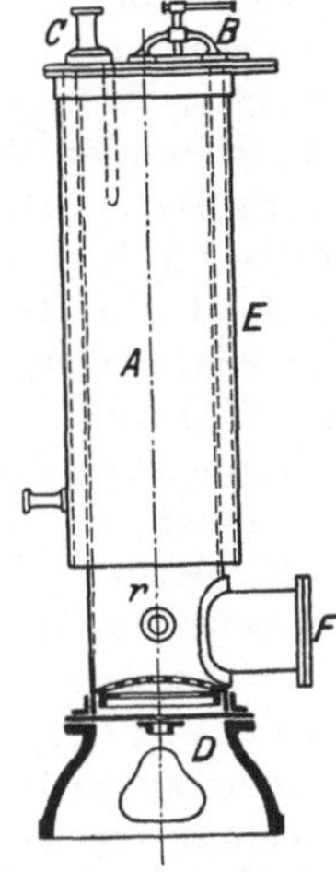

Abb. 4. Oxydationszylinder.

vereinigt. Das entweichende Ammoniak läßt man natürlich nicht verloren gehen, sondern gewinnt es zurück, indem man die austretende Preßluft in verdünnte Schwefelsäure leitet, wo es nach der Gleichung

$$\text{H}_2\text{SO}_4 \ + \ 2\,\text{NH}_3 \ = \ (\text{NH}_4)_2\text{SO}_4$$
Schwefelsäure Ammoniak Ammoniumsulfat

in Form von Ammoniumsulfat absorbiert wird. Aus diesem wird es dann durch Erwärmen mit gelöschtem Kalk oder ausgebrauchtem alkalischen Fällbad wieder in Freiheit gesetzt:

$$(\text{NH}_4)_2\text{SO}_4 \ + \ \text{Ca(OH)}_2 = 2\,\text{NH}_3 \ + \ \text{CaSO}_4 . 2\,\text{H}_2\text{O}.$$
Ammoniumsulfat Kalk Ammoniak Gips

Da der Gipsschlamm so gut wie wertlos ist, bildet er einen oft sehr lästigen Abfall. Nach etwa 18 Stunden wird bei D das fertige Kupferoxydammoniak abgelassen, während das Mannloch F zum Reinigen des Apparats dient. Die durch den Kühlmantel des Oxydationszylinders fließende Kalziumchloridlösung von etwa -12^0 sorgt dafür, daß die Temperatur im Innern des Apparats nicht über $+4^0$ steigen kann. Die Stärke der Lösung prüft man durch elektrolytische Bestimmung des Kupfergehalts; ihre Dichte beträgt 1,004, hingegen die des verwendeten Ammoniaks 0,925. Freies Ammoniak soll möglichst wenig vorhanden sein, weil es die Güte der Seide beeinträchtigt. Die Aufbewahrung des Kupferoxydammoniaks findet in gekühlten Gefäßen (Montejus) statt, aus denen es durch Druckluft leicht entnommen und durch isolierte Rohre weitergeleitet werden kann.

---

[1]) Nach Foltzer-Woodhouse: Artificial Silk and its Manufacture, S. 36. 1921.

Die Herstellung der Spinnlösung durch Auflösen der Baumwolle in Kupferoxydammoniak geschieht mittels eigener Lösetrommeln, die sich im Keller befinden. Ein solcher, meist als Mischmaschine oder Mixer bezeichneter Apparat besteht aus einem liegenden, etwa 40—50 hl fassenden Zylinder aus Kesselblech, der in seiner Längsachse von einer sich drehenden Welle durchzogen wird, an der Rührarme befestigt sind. Dieses Rührwerk macht etwa 50—60 Umdrehungen in der Minute. Auch hier ist ein Kühlmantel vorhanden, so daß die Temperatur nicht über 4^0 steigen kann. Oben hat der Mixer einen senkrechten Einwurfsschacht zum Einbringen der gebäuchten und gebleichten Baumwolle (etwa 8 kg auf 100 Liter Lösung). Nach etwa 6—8 Stunden ist die Auflösung der Zellulose vollendet und man hat nun eine dunkelblaue, fadenziehende Flüssigkeit vor sich, deren Viskosität durch ein Viskosimeter geprüft wird. Meist sind Ausflußviskosimeter im Gebrauch, bei denen die Zeit festgestellt wird, die eine bestimmte Menge der Lösung braucht, um durch eine enge Öffnung auszufließen. Auch andere, empirische Proben werden mit der Spinnlösung vorgenommen, um ihre Eignung zum Verspinnen zu prüfen.

Genau so wie beim Kollodiumverfahren bekommt man auch hier zunächst keine ganz homogene Lösung, sondern es sind kleine feste Teilchen darin enthalten (Plasma- und Kutikulareste der Baumwolle), die durch Filtrieren der Spinnlösung mittels eiserner Filterpressen entfernt werden müssen. Man wendet gewöhnlich drei solche Apparate hintereinander an; die erste Filterpresse hat die gröbste, die dritte das feinste Filtergewebe aus Stahl- oder Nickeldraht. Dichtere Gewebe aus Kupfer-, Messing- oder Bronzedraht können nicht verwendet werden, weil sie durch das Ammoniak angegriffen würden. Kupferoxydammoniakzelluloselösungen können daher nicht so klar filtriert werden wie Kollodium und erfordern infolgedessen weitere Spinndüsen. Die Bewegung der Spinnflüssigkeit geschieht mittels Druckluft von 3—4 Atm. Über den Filterpressen sind Abzüge angebracht, die zum Absaugen der beim Öffnen und Reinigen der Presse entweichenden Ammoniakdämpfe dienen.

Das im Oxydationszylinder O hergestellte Kupferoxydammoniak fließt in das Meßgefäß G und aus diesem durch das Rohr a zu der im Kellerraum befindlichen Mischmaschine M, durch deren Einwurfschacht b die vorbehandelte Zellulose eingefüllt wird. Die entstandene Zelluloselösung wird mittels Druckluft, die durch das Rohr d in den Mixer eintritt, durch das Rohr e und den Hahn f zur 1. Filterpresse F_1 und von hier durch Leitung g in den 1. Montejus R_1 getrieben. Wenn die Mischmaschine entleert ist, wird die Preßluft durch h_1 abgelassen. Die einmal filtrierte Lösung wird dann aus dem Reservoir R_1 mittels der durch k_1 eingeleiteten Druckluft durch das Rohr i und den Hahn f_2 der 2. Filterpresse F_2 zugeführt, worauf die überschüssige Luft durch h_2 abgelassen wird. Die doppelt filtrierte Spinnlösung gelangt dann in den 2. Montejus R_2, von dort zur 3. Filterpresse F_3 und durch das Rohr l zum Spinnkessel. A_1, A_2 und A_3 sind Abzüge mit eingebauten Ventilatoren V_1, V_2, V_3, um die beim Reinigen der Filterpressen entweichenden Ammoniakdämpfe abzusaugen.

Es folgt hierauf das auch beim Nitrozelluloseverfahren notwendige
Entlüften, die Entfernung der Luftblasen. Dies geschieht dadurch,
daß man die Spinnlösung in den Lagerkesseln und Spinnmontejus der
Einwirkung einer Luftverdünnung aussetzt. Auf diese Weise wird zugleich überschüssiges Ammoniak entfernt und die Viskosität erhöht.

Die entlüftete Spinnlösung gelangt jetzt durch eine mit einer Wärme-
isolierung versehene Rohrleitung in den Spinnkessel, einen ebenfalls
mit einer Kühlvorrichtung versehenen Behälter (Montejus), der die
Form eines liegenden Zylinders hat und die Erzeugung eines Vakuums
gestattet. Natürlich sind eine ganze Reihe von Spinnkesseln vorhanden,
von denen immer je zwei so zusammengestellt sind, daß im Falle von
Reparaturen der eine oder andere ausgeschaltet werden kann.

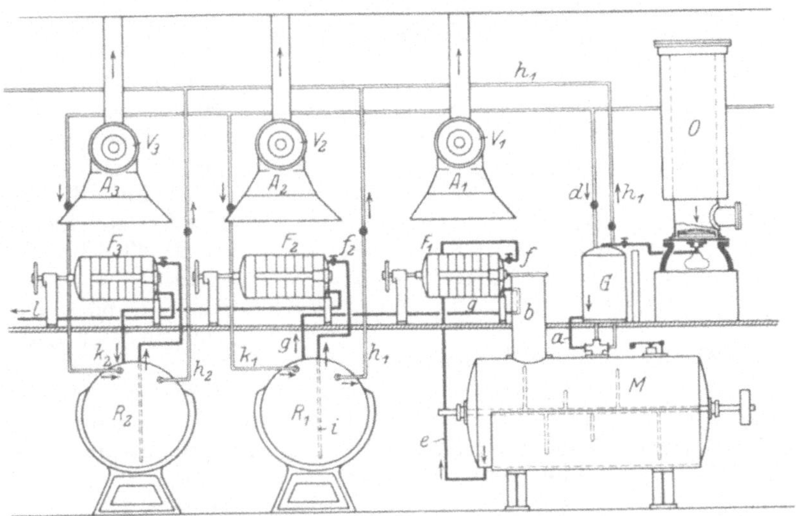

Abb. 5. Apparatur des Lösungsraums[1]).

Von den Spinnkesseln wird die Kupferoxydammoniakzelluloselösung in ebenfalls isolierten Rohrleitungen in den Spinnsaal be-
fördert. Von den genannten Hauptleitungen zweigen dann seitlich
die Speiseleitungen für die einzelnen Spinnmaschinen oder besser gesagt, Fadenziehmaschinen ab. Diese sind etwa 15 m lang und nach
dem vertikalen Längsschnitt symmetrisch gebaut, also doppelseitig
wirkend wie z. B. die Ringspinnmaschinen. Abb. 6 (aus Ost: Chemische Technologie 1920) gibt eine schematische Darstellung einer
Glanzstoff-Walzenspinnmaschine im Querschnitt (links) und von vorne.
Die Zeichnung ist natürlich nach rechts symmetrisch zu ergänzen.
Von dem durch einen Wassermantel gekühlten Hauptrohr a zweigen
seitlich mit dem Hahn o versehene Nebenrohre ab, die die Spinnlösung
dem sogenannten Spinnkamm b zuführen. Dieser bildet ein an einem

---

[1]) Aus Foltzer-Woodhouse, Artificial Silk and its Manufacture.

Ende geschlossenes Rohrstück (Abb. 7 *A*) mit etwa 20 kurzen seitlichen Rohrstutzen, an denen mittels starkwandiger Gummischlauchstücke *g* die gläsernen Spinnspitzen *B* befestigt werden, die am Ende die Kapillare (Seidenwurm) mit dem Glastellerchen *t* tragen. Diese Tellerchen (godets, assiettes) erleichtern dem Glasbläser die Herstellung eines glatten Randes der Kapillare und dem Spinner die Inbetriebsetzung der Maschine sowie das Wiederanschließen eines gerissenen Einzelfädchens. Die innere Weite der Kapillare (Düse) ist nicht für alle Titer gleich; so ergeben z. B. 23 Einzelfädchen aus Kapillaren mit 0,16 und 0,17 mm Durchmesser den Titer von 140—165 den. Für die gebräuchlichsten Titer beträgt der Durchmesser 0,12—0,20 mm bei einer Länge der Kapillare von 3—3,5 mm; für gröbere Titer sind die entsprechenden Zahlen 0,22—0,70 mm und 3—5 mm. Brausedüsen (S. 51) sind weniger geeignet, weil man die Kupferoxydammoniakzelluloselösung nie so rein bekommt wie die Viskose, so daß ein öfteres Wechseln der Düsen erforderlich ist, was beim Spinnkammsystem einfacher ist als bei den Brausedüsen. Der Spinndruck beträgt je nach der Düsenweite nur 1,5—2 Atm. Die bei der Viskoseseide beschriebenen Titerpumpen finden auch hier Anwendung. Wie Ost nachgewiesen hat, findet der Verzug der Einzelfädchen noch im flüssigen Zustand innerhalb der Kapillare selbst statt. Das Fällbad im Spinntrog *d* kann durch eingebaute Dampfrohre auf die notwendige Temperatur (etwa 50°) erwärmt werden und be-

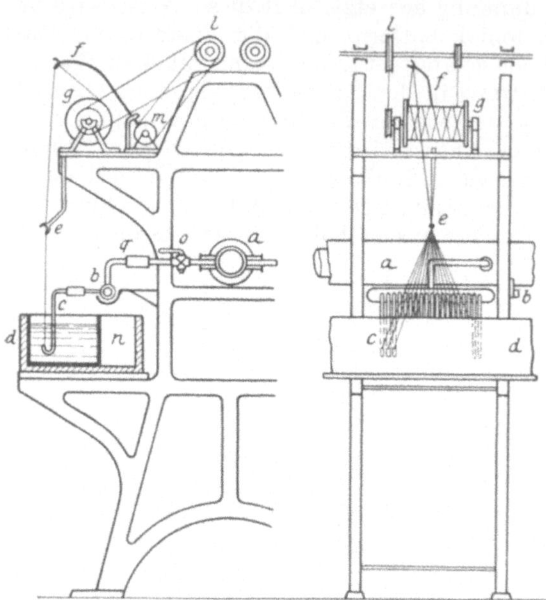

Abb. 6. Glanzstoff-Spinnmaschine.

Abb. 7. Spinnkamm und Spinnröhrchen.

findet sich in ständigem Umlauf. Ein feststehender Fadenführer e vereinigt die von den Spinnröhren c gebildeten (12—25, je nach dem Titer) Einzelfädchen zu dem eigentlichen Kunstseidenfaden, der mittels des hin- und hergehenden Fadenführers f auf der Glaswalze g in Kreuzwindungen aufgewickelt wird. Die hohlen Glasspulen, die in 50—60 Minuten voll bewickelt sind, haben einen Durchmesser von 16—20 cm und eine Länge von 25—30 cm. Sie können aber nur in dünner Schichte bewickelt werden, weil sonst das Auswaschen der überschüssigen Lauge nicht möglich wäre; man gewinnt daher auf je eine Spule nur etwa 50 g trockene Seide. Die als Fällbad verwendete, etwa $30 \, ^0/_0$ige Natronlauge enthält auch etwa $6 \, ^0/_0$ Zucker oder milchsaures Natrium und wird auf einer Temperatur von 50^0 gehalten. Das durch das Ätznatron ausgetriebene Ammoniak wird von der Spinnmaschine, die teilweise eingekapselt ist, abgesaugt und durch verdünnte Schwefelsäure absorbiert. Der Zucker des Fällbades bewirkt, daß die frischgebildeten Zellulosehydratfäden weniger Kupfer enthalten als ohne diesen Zusatz. Enthält die Spinnlösung Glukose, so wird infolge ihrer reduzierenden Wirkung ein Teil des Kupfers als rotes Kupferoxydul (Cu_2O) abgeschieden, wodurch das Fällbad rötlich und trübe wird. Das zur Entfernung der Natronlauge notwendige Waschen der bläulichgrünen, durchscheinenden Fäden geschieht z. B. auf die Weise, daß die vollbewickelten Glasspulen auf fahrbare Gestelle (Spulenwagen) gebracht und hierauf gleichmäßig mit Wasser berieselt werden. Das Entkupfern der Fäden kann nun entweder sogleich, durch Berieseln der Spulen mit $2 \, ^0/_0$iger Schwefelsäure erfolgen oder auch erst nach dem Zwirnen und Haspeln vorgenommen werden. Im letzteren Falle werden die Spulen nach dem Waschen mit Wasser mit einer verdünnten Lösung von Magnesiumsulfat (Bittersalz) berieselt, um noch vorhandene Spuren von Ätznatron zu neutralisieren:

$$2 \, NaOH \quad + \quad MgSO_4 \quad = \quad Mg \, (OH)_2 \quad + \quad Na_2SO_4$$
Ätznatron   Magnesiumsulfat   Magnesiumhydroxyd   Natriumsulfat.

Nachdem man noch einmal kurz mit Wasser gewaschen hat, werden die Spulen auf den Spulenwagen in die Trockenräume (Trockenkammer oder Trockenkanal) gefahren, wo durch bewegte Luft von 40—50^0 in etwa 20 Stunden das Trocknen bewerkstelligt wird. Dabei ziehen sich die Fäden nach allen Dimensionen zusammen und die dadurch entstehende Spannung bewirkt den hohen Glanz der Kunstseide. Nach dem Trocknen sind die Fäden natürlich noch grün gefärbt, da ja das an die Zellulose gebundene Kupfer, etwa $18 \, ^0/_0$, noch vorhanden ist.

Die weiteren Arbeiten der Glanzstofferzeugung sind dann analog der Nitroseidenfabrikation, nur daß dem Denitrieren das Entkupfern entspricht. Die großen, schweren Glasspulen kommen also zunächst auf die Spulmaschine, die den Faden auf kleine Holzspulen aufwickelt. Diese werden dann einer Zwirnmaschine vorgelegt, die ihr Produkt auf die Zwirnspulen aufwickelt. Letztere gelangen dann zum Kreuzhaspel, wo die Kunstseide in Strangform gebracht wird, in der sie der Einwirkung von Flüssigkeiten viel zugänglicher ist als im aufgespulten Zustand. Das nun folgende Entkupfern geschieht auf die Weise, daß die Strähne in $2\,^0/_0$ige Schwefelsäure eingehängt oder damit berieselt werden; die Säure löst das Kupfer in Form von Kupfersulfat rasch heraus. Aus diesem kann durch Elektrolyse das metallische Kupfer wieder in Plattenform abgeschieden und hierauf von neuem in Kupferoxydammoniak umgewandelt werden. Meistens wird aber das Kupfer auf die Art zurückgewonnen, daß man in die Kupfersulfatlösung möglichst rostfreies altes Eisen, z. B. die Ätznatronblechtrommeln, hineinwirft, das sich zu Eisenvitriol auflöst und das Kupfer als roten Schlamm (Zementkupfer) ausscheidet, der an Kupferhütten verkauft wird. Auch das in den Fällbädern enthaltene Kupfer wird wiedergewonnen. Nach dem Behandeln der Glanzstoffsträhne mit verdünnter Schwefelsäure wird gründlich mit Wasser gewaschen, durch eine schwache Seifenlösung (Marseiller- oder Monopolseife) und hierauf durch eine sehr verdünnte Ameisensäurelösung hindurchgezogen und schließlich bei 40—50⁰ getrocknet. Nach W. D. Dreaper (D.R.P. 394448, 1922) ist es zur Erzielung von lockeren und weichen Fäden (gleichviel welcher Kunstseidenart) wesentlich, daß die Strähne beim Trocknen so aufgehängt werden, daß sie eine beschränkte Bewegungsfreiheit haben. Besonders wirksam ist die Verwendung von sich drehenden haspelartigen Strähnhaltern, deren Umfang aber nur etwa der halben Stranglänge entspricht. Die Geschwindigkeit des warmen Luftstromes soll mindestens 5 m/sek betragen.

Erwähnenswert sind auch die Kontinüspinnmaschinen nach Dr. E. Boos, die so eingerichtet sind, daß die Fäden nach dem Erstarren nicht gleich aufgewickelt werden, sondern daß sie zunächst durch entsprechende Führungen weitergeleitet, wobei sie der Einwirkung der verschiedenen notwendigen Flüssigkeiten, wie Wasser, Säure usw. unterzogen werden. Zum Schluß werden die Fäden zum Trocknen über große, innen mit Dampf geheizte Walzen geführt und dann gleich auf Zwirnspulen aufgewickelt. Diese in Oberbruch in Gebrauch gewesenen Maschinen erinnern in ihrer Wirkungsweise einigermaßen an die Langsiebpapiermaschine, wo auch an einem Ende der Maschine der Faserbrei zufließt und an dem andern, weit entfernten Ende das fertige Papier aufgewickelt wird.

Außer dem Glanzstoffverfahren kam für Deutschland nur noch das ähnliche, aber 1920 ebenfalls aufgegebene Verfahren der Glanzfäden A.-G. in Berlin in Betracht, nachdem die Hanauer Kupferseidenfabrik schon vor dem Krieg stillgelegt worden war. Diese Kunstseiden bestanden alle aus dickeren Einzelfädchen (0,03 mm im Mittel) als die Naturseide. Hingegen ist es der Bemberg A.-G. in Barmen-Rittershausen durch ihr von Thiele[1]) herrührendes und dann weiter ausgestaltetes Streckspinnverfahren (D.R.P. 220051, 1907) schon im Jahre 1911 gelungen, Kupferseide mit noch etwas feineren Einzelfädchen als die der Naturseide herzustellen („Adlerseide“). Das Wesen dieses in unvollkommener Form aber schon vorher in England (Great Yarmouth) und Belgien (Hal) in Gebrauch gewesenen Verfahrens be-

---

[1]) Für naßgesponnene Nitroseide hatte schon Lehner (D. R. P. 58508, 1890) ein Streckspinnverfahren ausgearbeitet.

steht darin, daß die Spinnlösung aus verhältnismäßig weiten Düsenöffnungen (Brausedüsen aus Nickel) zunächst in ein schwach wirkendes, in der Fadenrichtung von unten nach oben strömendes Fällbad
(z. B. schwach angesäuertes warmes Wasser) ausgepreßt wird, so
daß die Fäden nicht gleich vollständig erstarren, sondern durch die
strömende Flüssigkeit gestreckt werden können. Das Fällbad muß
durch Auskochen oder Evakuieren (D.R.P. 203047) von gelösten
Gasen (Luft) befreit werden, da sonst durch auftretende Gasblasen
Fadenbrüche entstehen können. Vor dem Aufwickeln auf einen Haspel
werden dann die Fäden mit einer kräftig wirkenden Fällflüssigkeit
(Schwefelsäure) behandelt, wodurch das endgültige Festwerden ein-
tritt. Ein anfangs schwer zu behebender Übelstand war das teilweise
Zusammenkleben der halberstarrten Einzelfädchen zu dicken, steifen
Fäden. Nach dem D.R.P. 393947, 1922, soll durch Verwendung einer
Metallsalzlösung (z. B. 15%iger Eisenvitriollösung) als 2. Fällbad das
Zusammenkleben vermieden werden. Die braunen Fäden werden dann
durch verdünnte Schwefelsäure vom Eisen und Kupfer befreit. —
Ebenfalls nach dem Streckspinnverfahren arbeiten die 1921 gegründete
M. Hölken, Kunstseidenfabrik A.-G. in Barmen-Rittershausen
(Schweiz. P. 102712 und 102713, 1923; D.R.P. 388709, 1922 und
397340, 1922) und einige ausländische Fabriken, so daß es den Anschein
hat, daß das Kupferoxydammoniakverfahren nur noch in dieser,
feinstfädige Seide erzeugenden Form existenzfähig ist.

V. Das Viskoseverfahren.

Gegenwärtig wird im größten Maßstab Viskoseseide hergestellt. Sie
besteht ebenfalls aus Zellulose und zwar wird diese in Form der sogenannten Viskose[1]) versponnen. Diese wurde zuerst (1891) von den
englischen Forschern Cross, Bevan und Beadle durch Einwirkenlassen von Natronlauge und Schwefelkohlenstoff auf Zellulose in Form
einer orangegelben, zähflüssigen (viskosen) Masse erhalten. Der Schwefelkohlenstoff (CS_2) ist eine aus Schwefel und Kohlenstoff bestehende
chemische Verbindung, die durch direkte Vereinigung der beiden Ele-
mente bei genügend hoher Temperatur erhalten wird. Er bildet eine
farblose, stark lichtbrechende Flüssigkeit von eigenartigem Geruch,
die schwerer als Wasser ist ($D_4^{20} = 1 \cdot 2633$) und sich mit diesem nicht
mischt. Der Schwefelkohlenstoff siedet schon bei $46,5^0$, seine Dämpfe
sind giftig und mit Luft gemischt, außerordentlich explosiv. Im chemischen Sinn ist die Viskose eine Lösung des Natriumsalzes des Zellu-
loseesters der Dithiokarbonsäure in Wasser bzw. verdünnter Natronlauge. Dieser Ester wird aber häufiger als Zellulosexanthogensäure
bezeichnet, die Viskose selbst ist dann eine wässerige Lösung von zellulosexanthogensaurem Natrium. Für Leser mit einigen chemischen Kennt-
nissen sei auch die Formel hier kurz entwickelt. Die Dithiokarbonsäure

---

[1]) Margosches: Die Viskose.

(di = zwei, thio = Schwefel, carbon = Kohle) entsteht, wenn in dem Molekül der hypothetischen Kohlensäure $CO{<}^{OH}_{\ OH}$ zwei Sauerstoffatome (O) durch Schwefelatome (S) ersetzt werden: $CS{<}^{OH}_{\ SH}$. Die Säure selbst hat gar keine Bedeutung, wohl aber gewisse Salze derselben, die durch Einwirkung von Schwefelkohlenstoff auf Alkohole bei Gegenwart von viel Ätzalkali (Ätznatron oder Ätzkali) entstehen und die man ihrer gelben Farbe wegen als Xanthogenate bezeichnet. Z. B.

$$CS_2 \ + \ C_2H_5OH \ + \ NaOH \ = \ CS{<}^{O \cdot C_2H_5}_{\ \ SNa} \ + \ H_2O$$

Schwefelkohlenstoff   Äthylalkohl   Ätznatron   äthyldithiocarbonsaures Natrium   Wasser.

Da aber das gebildete Wasser das Xanthogenat wieder teilweise zerlegt, verwendet man statt Alkohol + Ätznatron Natriumalkoholat, das man durch Auflösen von Natrium, einem aus geschmolzenem Ätznatron durch Elektrolyse hergestelltem Metall, in Alkohol bekommt:

$$C_2H_5OH \ + \ Na \ = \ C_2H_5ONa \ + \ H$$

Alkohol   Natrium   Natriumalkoholat   Wasserstoff und

$$CS_2 \ + \ C_2H_5ONa \ = \ CS{<}^{O \cdot C_2H_5}_{\ \ SNa}$$

Schwefelkohlenstoff   Natriumalkoholat   Natriumxanthogenat.

Analog ist nun die Bildung der Viskose, wobei die Zellulose die Rolle des Alkohols spielt. Auch hier verläuft der Prozeß in zwei Stadien, indem zunächst durch Mischen der Zellulose mit starker Natronlauge Alkalizellulose (S. 50) gebildet wird. Über die Formulierung dieser Vorgänge stimmen die Ansichten der Zelluloseforscher nicht ganz überein; viefach findet man folgende vereinfachte Reaktionsgleichungen angegeben:

$$C_6H_{10}O_5 \ + \ NaOH \ = \ C_6H_9O_4 \cdot ONa \ + \ H_2O$$

Zellulose   Ätznatron   Alkalizellulose   Wasser und

$$C_6H_9O_4 \cdot ONa \ + \ CS_2 \ = \ CS{<}^{O \cdot C_6H_9O_4}_{\ \ \ SNa}$$

Alkalizellulose   Schwefelkohlenstoff   zellulosexanthogensaures Natrium

Wir kommen nun zu den für die Verarbeitung der Viskose wichtigen Eigenschaften derselben. Das unmittelbar aus Alkalizellulose und Schwefelkohlenstoff erhaltene Produkt wird als Xanthogenat bezeichnet und bildet, wenn die Alkalizellulose genügend abgepreßt wurde, eine knollige Masse von dunkelorangegelber Farbe, die durch Zusatz von verdünnter Natronlauge die Rohviskose gibt. Die Färbung rührt von schwefelhaltigen Verunreinigungen her, die durch Einwirkung der überschüssigen Natronlauge auf den Schwefelkohlenstoff entstehen; so bildet sich z. B. gemäß der Gleichung:

$$3\,CS_2 \ + \ 6\,NaOH = Na_2CO_3 \ + \ 2\,Na_2CS_3 \ + \ 3\,H_2O$$

Schwefelkohlenstoff   Ätznatron   Soda   Natriumsulfocarbonat   Wasser

Natriumsulfokarbonat; außerdem entstehen noch Sulfide, Polysulfide und andere schwefelhaltige Verbindungen, die beim Verspinnen der Viskose besonders durch die Schwefelwasserstoffentwicklung, die sie bewirken, schädlich sind. Beim Spinnen in ein saures Fällbad wird aus dem Natriumsulfokarbonat (Natriumtrithiokarbonat) die Trithiokarbonsäure freigemacht, die sofort in Schwefelkohlenstoff und Schwefelwasserstoff zerfällt:

$$Na_2CS_3 \; + \; H_2SO_4 \; = \; Na_2SO_4 \; + \; CS_2 \; + \; H_2S$$

Natriumthio-   Schwefel-   Natrium-   Schwefel-   Schwefel-
carbonat   säure   sulfat   kohlenstoff wasserstoff.

Es hat daher nicht an Versuchen gefehlt, der Rohviskose vor dem Verspinnen diese störenden Beimengungen wenigstens teilweise durch einen Reinigungsprozeß zu entziehen, doch haben die bis jetzt vorgeschlagenen Verfahren alle den Nachteil, daß sie die Herstellung der Viskoseseide zu sehr verteuern. Man sucht daher von Haus aus den Bildungsprozeß der Viskose so zu leiten, daß möglichst wenig Verunreinigungen entstehen.

Bemerkenswerter Weise bildet die Viskose eine noch unbeständigere Spinnlösung als die Kupferoxydammoniakzelluloselösung. Versetzt man frische Viskose mit starker Kochsalz- bzw. Ammoniumsulfatlösung oder Essigsäure, so bildet sich kein Niederschlag von Xanthogenat, wohl aber ist dies bei einer 24 Stunden alten Viskose der Fall. Je älter die Viskose wird, desto weniger Kochsalz oder Ammoniumsulfat braucht man zur Abscheidung des Xanthogenats. Nach mehr als 7 Tagen zersetzt sich die Viskose, indem sich eine Gallerte von Zellulosehydrat bildet. Je weniger Verunreinigungen vorhanden sind und je niedriger die Temperatur ist, desto später tritt diese Zersetzung ein. Durch Zusatz von Mineralsäure, wie Schwefelsäure oder Salzsäure, wird bei genügender Einwirkung jede Viskose unter Rückbildung von Zellulosehydrat zersetzt, wobei natürlich Temperaturerhöhung beschleunigend wirkt. Da man in der ersten Zeit der Viskoseseidenfabrikation Ammoniumsalzlösungen als Fällbad verwendete, konnte nach dem oben Gesagten frische Viskose nicht versponnen werden. Man mußte sie 4—5 Tage bei 15—20⁰ aufbewahren, damit die als Reifen bezeichneten chemischen Vorgänge eintreten konnten, für die Heuser[1]) folgende durch Versuche gestützte Erklärung gibt. Die Xanthogenatmoleküle der frisch bereiteten Viskose entsprechen dem Vierfachen des oben abgeleiteten Atomkomplexes, also der Formel

$$\left[\begin{array}{l} \diagup O \cdot (C_6H_9O_4) \\ CS \\ \diagdown SNa \end{array} \right]_4$$

Durch Aufnahme von Wasser (Hydrolyse, Verseifung) zerfallen die einzelnen Atomkomplexe einer nach dem andern in einen Zelluloserest, der an die intakten Atomkomplexe gebunden bleibt und in Dithiokar-

---

1) Lehrbuch der Cellulosechemie. S. 67—72. 1923.

bonsäure, die aber sofort in Ätznatron und Schwefelkohlenstoff zerfällt:

$$CS\diagup^{O \cdot C_6H_9O_4}_{\diagdown SNa} + H_2O = C_6H_9O_4 \cdot OH + NaOH + CS_2.$$

Es entstehen so mehrere Zwischenstufen bis zur vollständig reifen Viskose, der man die Formel $CS\diagup^{O \cdot (C_6H_9O_4)_4(OH)}_{\diagdown SNa}$ zuschreibt. Ob nicht außerdem Polymerisationserscheinungen auftreten, konnte noch nicht mit Sicherheit festgestellt werden. Im Zustand der Reife besitzt die Viskose die größte Neigung, bei Einwirkung von Salzlösungen oder Erwärmen auf 60—80° zu gerinnen (koagulieren). Die ausgeschiedene Masse besteht aber zunächst noch aus dem Xanthat, das durch verdünnte Natronlauge wieder in Lösung gebracht werden kann. Erst nach Einwirkung von Wärme (100°) oder von Mineralsäuren wird das Xanthat unter Bildung von Zellulosehydrat zersetzt. Versetzt man Viskose mit der wässerigen Lösung eines Schwermetallsalzes, so wird das Natrium des Xanthats durch das betreffende Metall ersetzt und es entsteht ein Niederschlag. So geben Salze des Zinks einen weißen, des Eisens einen braunroten, des Bleis und des Nickels einen roten Niederschlag. Diese Schwermetallxanthogenate zersetzen sich aber bald, wobei sich eine Schwefelverbindung des betreffenden Metalls bildet, die zwar beim Zink ebenfalls weiß, beim Eisen, Blei und Nickel aber schwarz ist. Es ist auch gelungen, die Viskose bzw. das zellulosexanthogensaure Natrium in die Form eines trockenen Pulvers zu bringen. Dieses wasserlösliche Produkt wird aber nicht zur Kunstseidenfabrikation, sondern zu anderen Zwecken, z. B. als Appreturmittel verwendet. Sonst macht man aus Viskose noch durchsichtige Blätter [Zelluloseglashaut. Cellophane[1])], die durch ihre Quellbarkeit in Wasser und die Verbrennungsprobe leicht von ähnlichen Folien (Zelluloid, Cellon, Gelatine) zu unterscheiden sind; ferner Flaschenverschlüsse, künstliche Schwämme (Zelluloseschwämme) und eine als „Monit" bezeichnete plastische Masse, die ähnlich wie Galalith zur Erzeugung von Knöpfen, Zigarrenspitzen usw. verwendet wird.

Trotzdem die Viskose schon seit 1892 bekannt ist, ist die erste brauchbare Viskoseseide doch erst im Jahre 1901 auf den Markt gekommen, ein Beweis für die großen technischen Schwierigkeiten, die zu überwinden waren. Auch die Viskoseseidenfabrikation läßt sich in ähnliche Einzelprozesse gliedern wie die früher besprochenen Verfahren:

1. Herstellung der Spinnlösung.
    a) Bildung der Alkalizellulose (Merzerisation).
    b) Bildung des Xanthogenats (Sulfidierung).
    c) Lösen des Xanthogenats in Natronlauge zu Rohviskose.

---

[1]) F. P. 573, 533, 1923.

d) Filtrieren der Viskose.

e) Reifenlassen der Viskose. (Kann unter Umständen entfallen.)

f) Entlüften der Spinnlösung.

2. Verspinnen der Viskose.

3. Nachbehandeln der Fäden.

a) Entschwefeln.

b) Bleichen.

Ein besonders vom wirtschaftlichen Standpunkt beachtenswertes Merkmal der Viskoseseidenfabrikation ist die fast ausschließliche Verwendung von Holzzellulose als Rohstoff, die bei den früher besprochenen Kunstseidenverfahren wegen der schlechteren Beschaffenheit der daraus erhaltenen Fäden nicht angängig ist. Die Holzzellulose ist, wie schon der Name sagt, die Zellulose des Holzes, die man durch Einwirkenlassen von verschiedenen Chemikalien von den sogenannten inkrustierenden Substanzen befreit hat. Man verwendet meist Fichten- oder Föhrenholz, das entrindet und zu daumengroßen Stücken zerkleinert wird. Dann wird es unter einem Druck von mehreren Atmosphären mit der Lösung des betreffenden Reinigungsmittels erhitzt, wodurch die Nichtzellulosestoffe zum größten Teil in Lösung gehen, während die Zellulose als faserige Masse zurückbleibt. Dieses Produkt wird außer anderen Operationen meist auch noch einem Bleichprozeß mittels Chlorkalk oder elektrolytisch hergestellter Bleichlauge unterzogen und falls es nicht an Ort und Stelle zur Papierfabrikation dient, in Pappenform gebracht und so versendet. Man unterscheidet hauptsächlich Sulfitzellstoff (Sulfitzellulose), der mittels Kalziumbisulfitlösung (Sulfitlauge) aus Fichtenholz gewonnen wird und Sulfatzellstoff aus Föhrenholz, bei dessen Herstellung Ätznatron und Schwefelnatrium wirksam sind, die aber in Form von Natriumsulfat in den Prozeß eintreten. Vom Sulfitzellstoff unterscheidet man außerdem noch, je nachdem, ob mit indirektem Dampf von 3—4 Atm. oder mit direktem Dampf von 5 bis 6 Atm. gekocht wird, Mitscherlich-Zellulose und Ritter-Kellner-Zellulose. Seit einiger Zeit sind auch Versuche im Gang, durch Einwirkung von elektrolytisch hergestelltem Chlor auf Holz Zellulose zu gewinnen (Chlorzellulose nach Cataldi). Die Holzzellulose wird also immer auf chemischem Wege gewonnen und ist wohl zu unterscheiden von dem durch bloß mechanisches Zerfasern (Schleifen) von Holz erhaltenen Holzschliff oder Holzstoff, der nur für minderwertiges Papier verwendet wird. Für die Kunstseidenfabrikation wird nur die billigere Sulfitzellulose (Ritter-Kellner) verwendet. Bekannt ist, daß man aus Holzzellstoff auch auf rein mechanische Weise Garne herstellen kann, entweder direkt (Licellagarne, Zellulon) oder auf dem Umweg über das Spinnpapier; diese Garne sind aber ziemlich grob und sehr empfindlich gegen Wasser.

Der Handelszellstoff ist selbst im gebleichten Zustand keine reine Zellulose, sondern enthält auch etwas Hydro- und Oxyzellulose (Kupferzahl!), ferner sogenanntes Holzgummi, Harz und Mineralsubstanzen (Asche). Unter dem unklaren Ausdruck „Holzgummi" versteht man die Substanzen (Pentosane, wie Mannan und Xylan, lösliche Teile von

Hydro- und Oxyzellulose usw.), die sich mit kalter Natronlauge (meist 5 $^0/_0$ig) aus den Zellstoffen ausziehen lassen und sich durch Neutralisieren oder Ansäuern des Auszugs mit Salzsäure als gummiartige Masse abscheiden. E. Hagglund und F. W. Klingstedt[1]) fanden bei der Untersuchung eines Sulfitzellstoffs, auf lignin-, aschen- und wasserfreien Zellstoff berechnet: 87 $^0/_0$ Zellulose, 6 $^0/_0$ Mannan, 4,5 $^0/_0$ Xylan und 2,5 $^0/_0$ Lävulan (ein aus Fruchtzuckerresten aufgebautes Polysaccharid). Außer der Holzzellulose wird aber, besonders in Amerika, auch Baumwolle in Form von Linters angewendet.

Nicht jeder Sulfitzellstoff ist für die Viskoseseidenfabrikation gleich gut geeignet. Vor allem darf die Pappe nicht zu dicht sein, damit sie gut saugfähig ist oder leicht zerfasert werden kann. Die chemische Prüfung erfolgt meist so, daß man nach Jentgens Vorschrift[2]) eine Probe mit 17—18 $^0/_0$iger Natronlauge behandelt; der vom Alkali befreite Rückstand, α-Zellulose genannt, soll 86—89 $^0/_0$ ausmachen. Beim Ansäuern des Laugenauszugs mit Essigsäure scheidet sich ein Niederschlag aus, β-Zellulose, deren Menge 6—8 $^0/_0$ beträgt. Die sogenannte γ-Zellulose (keine eigentliche Zellulose mehr) wird nach der Bestimmung des Wassergehalts (etwa 10 $^0/_0$) und des Aschengehalts (0,1—0,4 $^0/_0$) aus der Analyse berechnet und macht gewöhnlich 3 bis 5 $^0/_0$ aus.

Die Zellstoffpappe wird im lufttrockenen Zustand in etwa 12 : 4 mm große Blättchen zerschnitten. 10 g werden bei 20^0 C in einem Porzellanmörser mit 50 cm^3 17,5 $^0/_0$iger Natronlauge zu einem Brei zerrieben. Nach halbstündigem Stehenlassen in einem Wasserbad von 20^0 C mischt man 50 cm^3 destilliertes Wasser hinzu, filtriert mittels eines Büchner-Trichters, wäscht etwa 8 mal mit je 50 cm^3 kaltem Wasser, bringt den Faserbrei in den Mörser zurück und mischt ihn gründlich mit Wasser. Hierauf kommt die Masse wieder in den Trichter und wird so lange mit destilliertem Wasser ausgewaschen, bis das Waschwasser nicht mehr alkalisch reagiert. Erst dann wird die α-Zellulose mit verdünnter Essigsäure und mit heißem Wasser gewaschen, bei 105^0 C getrocknet und gewogen. Der Gehalt an Mineralstoffen der α-Zellulose wird durch Veraschen bei möglichst niedriger Temperatur bestimmt.

Das Filtrat von der α-Zellulose wird mit den Waschwässern in einem Becherglas vereinigt und mit Essigsäure angesäuert. Die braune Farbe der Flüssigkeit hellt sich auf und die β-Zellulose scheidet sich in feinen Flocken ab. Man erwärmt auf dem Wasserbad, bis sich der Niederschlag klar abgesetzt hat und filtriert durch ein gewogenes Filter oder einen Goochtiegel[3]). Nach dem Auswaschen der β-Zellulose mit heißem Wasser wird getrocknet und gewogen. Auch hier wird der Aschengehalt bestimmt. Manche Kunstseidenfabriken bestimmen auch die γ-Zellulose direkt und zwar durch Oxydation mittels überschüssiger Kaliumbichro-

---

[1]) Untersuchungen über die Kohlehydratbestandteile eines Sulfitzellstoffes. „Zellulosechemie" Bd. 5, S. 57—64. Beilage zu Papierfabrikant. 1924. Nr. 22.

[2]) Kunststoffe 1911, S. 165. — Schwalbe-Sieber: Die chemische Betriebskontrolle in der Zellstoff- und Papierindustrie, S. 221. Berlin: Julius Springer 1922.

[3]) Sehr empfehlenswert sind Filtertiegel aus Jenaer Geräteglas.

matlösung (90 g $K_2Cr_2O_7$ auf 1 Liter Wasser) in der Siedehitze. 1 g Kaliumbichromat entspricht rechnerisch 9,1375 g γ-Zellulose, doch ist es nach Bray und Andrews[1]) besser, den Wert der Bichromatlösung durch Einstellen auf Zellulose zu bestimmen, die aus Sulfitzellstoff nach dem Chlorierverfahren von Cross und Bevan hergestellt wird. Der Überschuß an Bichromat wird mittels Ferroammonsulfat [$FeSO_4$ $\cdot(NH_4)_2SO_4$] und Kaliumpermanganat ($KMnO_4$) titrimetrisch gemessen. Die genannten Forscher bestimmen auch die α-Zellulose durch Titration; sie braucht dann nicht alkalifrei ausgewaschen zu werden, sondern wird in 72%iger Schwefelsäure aufgelöst.

Gut eingerichtete Viskoseseidenfabriken stellen die Spinnlösung in einem besonderen, meist vierstöckigem Gebäude her. Zunächst muß die Alkalizellulose bereitet werden. Dies geschieht im obersten Stockwerk, wohin die im gebleichten Zustand bezogene Sulfitzellulose mittels Aufzugs und die gewöhnlich 18%ige Natronlauge mittels Pumpe gebracht wird. Da das gleichmäßige Mischen der Zellstoffpappe mit der gerade notwendigen Menge Lauge Schwierigkeiten bereitet, geht man so vor, daß man die Pappe mit Lauge tränkt und den Überschuß abpreßt. Soweit die Pappe nicht ohnehin schon in dem gewünschten Format geliefert wird, wird sie durch eine Schneidemaschine in Rechtecke von etwa 45 : 41 cm zerschnitten. Abb. 8 zeigt den ,,Patent-Schnellschneider Rekord" von Krause in Leipzig. Die Pappe wird in einer Stoßhöhe von 14 cm auf den Tisch der Maschine gelegt, durch die Schnellsatteleinrichtung eingestellt, durch einen Preßbalken stark zusammengepreßt und durch das schräg niedergehende Messer geschnitten. Der Kraftbedarf beträgt etwa 60 PS. Um immer Zellstoff von gleichem Feuchtigkeitsgehalt verarbeiten zu können, wird die geschnittene Pappe homogenisiert, d. h. 6—8 Tage auf Gestellen in einem besonderen Raum bei etwa 20° liegen gelassen, wodurch der ursprünglich 9—12% betragende Wassergehalt auf 6—9% sinkt. Die homogenisierten Pappen werden dann in die mit Lauge gefüllte Tauchwanne hineingestellt (etwa 1—1$^1/_2$ Stunden lang), nach dem Herausnehmen abtropfen gelassen, worauf der Überschuß an Natronlauge durch Abpressen mittels einer hydraulischen Presse beseitigt wird, wobei man sich der Wage zur Kontrolle bedient. Die abfließende Preßlauge, die durch gelöste β- und γ-Zellulose verunreinigt ist, wird durch Zusatz 19%iger Lauge (Verstärkungslauge) aufgefrischt, bis sie nach mehrfacher Verwendung so viele Verunreinigungen enthält, daß sie als Natronabfallauge (Gelblauge) verkauft werden muß (hellbraune Farbe, spez. Gew. = 1,18, 15—18% Ätznatron, 1% Soda, 3% Zelluloseabbauprodukte, Transport in Kesselwagen). Nach Küttner (D. R. P. 381798, 1922) kann man die organischen Verunreinigungen einer solchen Lauge durch Zusatz gewisser Superoxyde, wie Kalzium- oder Bariumsuperoxyd (CaO_2, BaO_2), zerstören, wobei feinverteiltes Kupfer als Katalysator dient. Zugleich wird die Soda in Ätznatron zurückverwandelt. Immerhin wird der Laugenregenerierung durch das Anwachsen der minerali-

---

[1]) J. Ind. Eng. Chem., April 1923.

schen Verunreinigungen eine Grenze gesetzt (vgl. auch D. R. P. 406497, 1922, der Vereinigt. Glanzstoff-Fabriken A.-G.). In neuerer Zeit wird das Tauchen und Pressen in einem Apparat vorgenommen. Diese Tauchpressen, auch Harmonikapressen genannt, sind so beschaffen, daß die Zellulosepappen senkrecht in die lange Tauchwanne hineingestellt werden können, wobei durch dazwischen befindliche gelochte Eisenplatten gleichsam Unterabteilungen gebildet werden. Diese Zwischenplatten sind mit einer derartigen Einrichtung versehen, daß sie nach dem Ab-

Abb. 8.   Zelluloseschneidemaschine.

pressen in einem bestimmten Abstand voneinander festgelegt werden, wodurch immer eine Alkalizellulose von gleichem Alkaligehalt entstehen muß (D. R. P. 270618 vom 2. Februar 1914, La Soie Artificielle, Soc. Anon., Paris). Bei der Kohorn'schen Bauart (Abb. 9) wird die merzerisierte Pappe zum Schluß durch den langen Preßkolben (rechts) ausgestoßen und fällt durch eine Öffnung des Fußbodens gleich in den darunter befindlichen Zerfaserer. Eine besonders gründliche Merzerisation erzielt man nach Stulemeyer dadurch, daß man die Einwirkung der Natronlauge auf die Zellulose in einem geschlossenen Behälter vor sich gehen läßt, aus dem man die Luft absaugt, worauf man Druck einwirken läßt (analog der Teerölimprägnierung von Holz). Nach der Gleichung

$$C_6H_{10}O_5 \quad + \quad NaOH \quad = \quad C_6H_9O_4 . ONa \quad + \quad H_2O$$

162·1 kg Zellulose 40 kg Ätznatron 184·1 kg Alkalizellulose 18 kg Wasser,

würde man auf 100 kg wasserfreien chemisch reinen Zellstoff 24,7 kg Ätznatron brauchen, entsprechend 137,1 kg einer $18\,^0/_0$igen Natronlauge. Doch muß man, um der zerlegenden Wirkung des Wassers auf

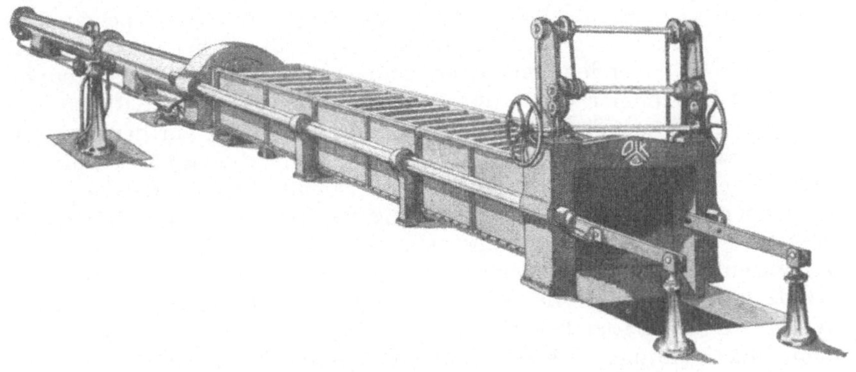

Abb. 9. Tauchpresse (O. Kohorn & Co., Chemnitz).

das Alkoholat entgegenzuwirken, einen Überschuß von Lauge nehmen, so daß man gewöhnlich aus 100 kg Zellstoffpappe mit etwa $78\,^0/_0$ α-Zellulose und $8\,^0/_0$ Feuchtigkeitsgehalt 300—310 kg Alkalizellulose erhält. Die abgepreßten Alkalizellulosekuchen, die aus Alkalizellulose, freiem Ätznatron und Wasser bestehen, gelangen nun ein Stockwerk tiefer zur Zerkleinerung, die durch die nach dem Prinzip der Knet- und Mischmaschinen gebauten Zerfaserer (déchiqueteurs) mit S-förmigen Rührflügeln (Abb. 10) vorgenommen wird. Sehr verbreitet sind die Bauarten von Werner & Pfleiderer (Cannstadt) und von Seemann (Berlin). Die Dauer der Zerfaserung beträgt 2—3 Stunden, wobei man durch Kühlung mit kaltem Wasser oder Salzsole der Kühlanlage die Temperatur unter 25^0 C

Abb. 10. Zerfaserer (Seemann, Berlin).

hält. Der Trog muß gut verschlossen sein, damit die Luft möglichst abgehalten wird. Diese wirkt nämlich oxydierend auf die Alkalizellulose und außerdem verursacht das Kohlendioxyd der Luft die Bildung von Natriumkarbonat (Soda), aus dem dann beim Spinnen durch die Säure des Fällbads das Kohlendioxyd wieder in Freiheit gesetzt wird, was wie jede Gasentwicklung beim Spinnprozeß schädlich ist.

Aus diesem Grunde ist man auch von der Verwendung des Kollergangs (Vertikalmühle) ziemlich abgekommen. Die zu einer krümeligen Masse zerkleinerte Alkalizellulose ist aber nicht gleich verwendbar, sondern muß erst durch mehrtägiges Lagern eine Art Reifung durchmachen. Zu diesem Zweck kommt die Alkalizellulose in etwa 20 kg fassende eiserne Büchsen oder Trommeln, deren Deckel oft zur Abhaltung des Kohlendioxyds der Luft mit laugengetränkten Baumwolltüchern abgedichtet werden. Größere Behälter würden wegen der eintretenden Selbsterwärmung ein ungleichmäßiges Produkt ergeben. Um immer eine Alkalizellulose von gleicher Reife zu bekommen, muß die Temperatur des Reiferaums stets auf der gleichen Höhe (etwa 24—27⁰) gehalten werden. Ob beim Reifen ein Zerfall der Zellulosemoleküle in kleinere Komplexe (Depolymerisation) oder durch den Sauerstoff der beim Zerfasern beigemengten Luft eine Oxydation eintritt, ist noch eine Streitfrage. Courtaulds Ltd. ließ sich sogar ein Verfahren[1]) schützen, wonach die in üblicher Weise hergestellte, zerfaserte, aber noch unreife Alkalizellulose durch 4stündiges Behandeln mit einem Luftstrom bei 40⁰ gereift werden soll, doch scheint diese Schnellmethode die Güte der Fäden zu beeinträchtigen. Die reife Alkalizellulose wird dann ein Stockwerk tiefer in den Sulfidierungsraum gebracht, wo man durch Einwirkenlassen von Schwefelkohlenstoff das Xanthogenat herstellt. Da nach den früher angeführten Bildungsgleichungen des Zellulosexanthogenats einem Mol Zellulose ($C_6H_{10}O_5$) ein Mol Schwefelkohlenstoff entspricht, würde man auf 100 kg wasserfreie reine Zellulose 46,9 kg (37,1 Liter) Schwefelkohlenstoff brauchen. Aber auch bei Berücksichtigung des Wassergehalts und der Verunreinigungen der Zellstoffpappe findet man, daß dieser theoretische Wert nicht erreicht wird, da die Fabriken, je nach der Beschaffenheit der Alkalizellulose, auf 100 kg Pappe meist nur 31,5 bis 33 kg Schwefelkohlenstoff verwenden. Meiner Ansicht nach erklärt sich dies daraus, daß sich schon von Haus aus neben dem normalen auch schwefelärmeres Xanthogenat bildet, etwa von der Zusammensetzung $CS{<}^{O \cdot (C_6H_9O_4)_2OH}_{SNa}$. Burette (franz. P. 430221) will sogar durch besonders starkes Abpressen (250 kg Alkalizellulose aus 100 kg Zellstoff) und Einwirkenlassen des Schwefelkohlenstoffs im dampfförmigen Zustand (Luft vorher abgesaugt) den Verbrauch an Schwefelkohlenstoff auf 15—20 kg herabdrücken. Hochmolekulare Viskose, in der 1 Mol Schwefelkohlenstoff mit mehreren Molen Zellulose verbunden ist, erhält man nach Dreyfus (brit. P. 183882) durch Verwendung stärkerer Natronlauge (bis 50⁰/₀ig) und Verdünnen des Schwefelkohlenstoffs mit Benzol. Die Mischapparate, Sulfidierungstrommeln (Barattes), können verschieden gebaut sein, wenn sie nur bei geringem Kraftverbrauch ein gründliches Durchmischen gewährleisten, luftdicht verschließbar und mit einer Kühlvorrichtung versehen sind, um die durch den Sulfidierungsvorgang entstehende Wärme abzuleiten. Meist

---

[1]) Schweizer P. Nr. 40744.

wendet man liegende Trommeln von sechseckigem Querschnitt an, die den Inhalt zweier Pressen bzw. Zerfaserer (zu 50 kg) aufzunehmen vermögen. Die Durchmischung des Inhalts geschieht durch langsames Drehen (1—2mal in der Minute) der Trommeln. Abb. 11 zeigt im senkrechten Längsschnitt eine Sulfidierungstrommel samt Schwefelkohlenstoff-Meßgefäß der Düsseldorf-Rattinger Maschinen- u. Apparatebau A.-G.[1]). Die Trommel hat einen Durchmesser von 1000 mm und eine Länge von 1425 mm. Da sie 1500 Liter faßt und die 310 kg Alkalizellulose einen Raum von etwa 920 Liter einnehmen, so bleibt genügend freier Raum zum Mischen des Inhalts und für die nach beendeter Sulfidierung abzusaugenden Schwefelkohlenstoffdämpfe. Die Trommel ist in einem Abstand von 20 mm von einem Kühlmantel umgeben. Das Kühlwasser oder die kalte Salzlauge von der Eismaschine geht von

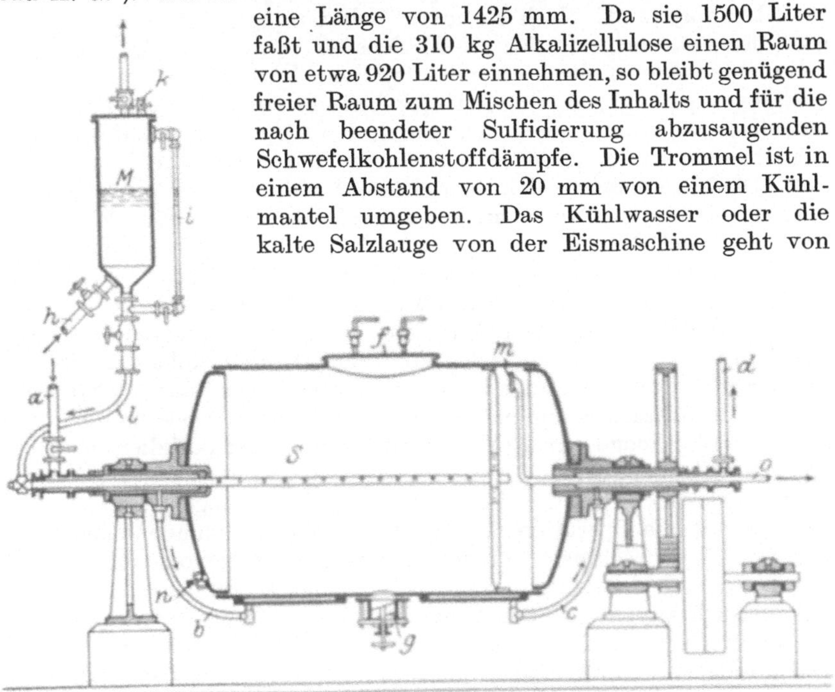

Abb. 11. Sulfidierungstrommel mit Schwefelkohlenstoff-Meßgefäß.

a durch den hohlen Zapfen nach b und dem Kühlmantel und tritt durch c und d wieder aus. Zum Einfüllen der Alkalizellulose dient ein ovales Mannloch (500 × 300 mm) mit gut schließendem Deckel f mit Kautschukdichtung. Auch rechteckige Mannlöcher (bis 900 × 400 mm) mit Deckel aus Aluminiumguß haben sich bewährt. Auf der entgegengesetzten Seite ist ein Schauglas g angebracht, zu dem eine von außen zu betätigende Abstreichvorrichtung gehört, so daß man die Reaktionsmasse beobachten kann. Der Antrieb erfolgt durch ein Vorgelege, auf dessen Achse ein kleines Zahnrad sitzt, das ein großes, auf der Trommelachse befindliches Stirnrad in langsame Drehung versetzt. Auch der Schneckenradantrieb ist häufig zu finden. Der Schwefelkohlenstoff ge-

---

[1]) Wurtz, E.: Beschreibung einer Sulfidierstation sowie der Sulfidiertrommeln verschiedener Konstruktion. Dt. Faserst. u. Spinnpfl. 1922, Nr. 17/18.

langt zunächst von einem außerhalb des Sulfidierungsraumes befindlichen Vorratsbehälter mittels Druckluft durch Rohr h in das 40 Liter fassende Meßgefäß M , das mit einem Flüssigkeitsstand i samt Skala versehen ist. Die abgemessene Schwefelkohlenstoffmenge fließt dann bei geöffnetem Lufthahn k mit natürlichem Gefälle durch ein Zulaufrohr l durch den hohlen Zapfen der Trommel in ihr Inneres ein. Die Alkalizellulose wurde schon vorher von der Temperatur des Reiferaums ($17—21^0$) auf etwa 16^0 abgekühlt. Nach beendeter Sulfidierung (etwa 2—3 Stunden) wird der unabsorbierte Schwefelkohlenstoff (etwa $2—3\,{}^0\!/_0$) durch ein den rechten Zapfen durchsetzendes Trichterrohr m mittels eines Kapselgebläses abgesaugt; ein im Trichter befindliches Sieb verhindert das Mitreißen von Xanthogenat. Die durch den tiefgelegenen Lufthahn[1]) n eindringende und abgesaugte Luft nimmt den Schwefelkohlenstoff mit sich. Die bei o austretenden Dämpfe werden durch eine Auspuffleitung über das Dach der Fabrik hinweg abgeblasen, da sich eine Wiedergewinnung durch Kühlung nicht lohnt. Begreiflicherweise ist der Sulfidierungsraum der feuergefährlichste Teil des Betriebs, doch sind Brände infolge der strengen Vorsichtsmaßregeln verhältnismäßig selten. Da Schwefelkohlenstoff-Luftgemische sehr explosiv sind, kommt es, vom selbstverständlichen Rauchverbot abgesehen, hauptsächlich auf die Verhütung von Funkenbildung an (keine Motoren im Raum, elektrische Lampen in luftdichter doppelter Verschalung, gut eingekapselte Lichtschalter, Werkzeuge zum Entleeren und Putzen der Sulfidierungstrommeln aus Kupfer).

Das Xanthat muß nun in verdünnter Natronlauge gelöst werden. Doch wird diese Operation nicht in den Sulfidiertrommeln, sondern in eigenen Mischmaschinen (Mixers, Malaxeurs) vorgenommen, die ein Stockwerk tiefer aufgestellt sind. Es sind dies meist liegende Zylinder mit einem kräftig wirkenden Schaufel- oder Schlägerrührwerk, die den Inhalt von zwei Sulfidierungstrommeln zu lösen gestatten. Um eine vollständige Mischung und Homogenisierung zu erreichen, geht man zuweilen so vor, daß man die Masse durch ein an der tiefsten Stelle des Mischers angebrachtes Rohr zu einer Zahnradpumpe fließen läßt, die sie durch ein oben einmündendes Rohr wieder in die Mischmaschine zurückpumpt. Das aufgelöste Xanthat, die Viskose, zeigt etwa die Konsistenz von frischem Honig und hat eine rötlichgelbe Farbe und einen eigenartigen Geruch; letztere zwei Eigenschaften sind auf die schwefelhaltigen Verunreinigungen der Viskose zurückzuführen. Der Gehalt an Zellulose beträgt $7{,}5—8\,{}^0\!/_0$, an Ätznatron $6{,}5—7\,{}^0\!/_0$. Die eben erwähnten schwefelhaltigen Verunreinigungen der Viskose werden beim Spinnen durch die Schwefelsäure des Fällbads unter Entwicklung von Schwefelwasserstoffgas zersetzt; um diese, der Fadenbildung schädliche Gasentwicklung herabzumindern, ist es üblich, der Viskose eine kleine Menge von Natriumsulfit zuzusetzen, das beim Spinnen folgendermaßen zerlegt wird:

$$\underset{\text{Natriumsulfit}}{Na_2SO_3} + \underset{\text{Schwefelsäure}}{H_2SO_4} = \underset{\text{Natriumsulfat}}{Na_2SO_4} + \underset{\text{Schwefeldioxyd}}{SO_2} + \underset{\text{Wasser.}}{H_2O}$$

---

[1]) In der Originalzeichnung nicht vorhanden.

Das Schwefeldioxyd wirkt dann auf den Schwefelwasserstoff ein[1]):

$$SO_2 \quad + \quad 2\,H_2S \quad = \quad 3\,S \quad + \quad 2\,H_2O$$
Schwefeldioxyd   Schwefelwasserstoff   Schwefel   Wasser.

Der ausgeschiedene Schwefel gibt zwar den Fäden zunächst ein mattes, gelbliches Aussehen, verhindert aber das Zusammenkleben der Einzelfädchen. Auch Natriumthiosulfat, das Fixiersalz der Photographen ($Na_2S_2O_3 \cdot 5\,H_2O$), ist für diesen Zweck in Vorschlag gebracht worden. Nach dem A. P. 1,415.040 hat ein solcher Zusatz ($1^0/_0$ vom Zellulosegewicht) auch eine konservierende Wirkung auf die Viskose. Zusatz von Zucker zur gelösten Viskose (Pellerin, brit. P. 15752, 1910 und Glanzfäden A.-G., Schweizer P. 85532, 1920) scheint wie bei der Kupferseide die Güte des Fadens zu verbessern, stellt sich aber zu teuer.

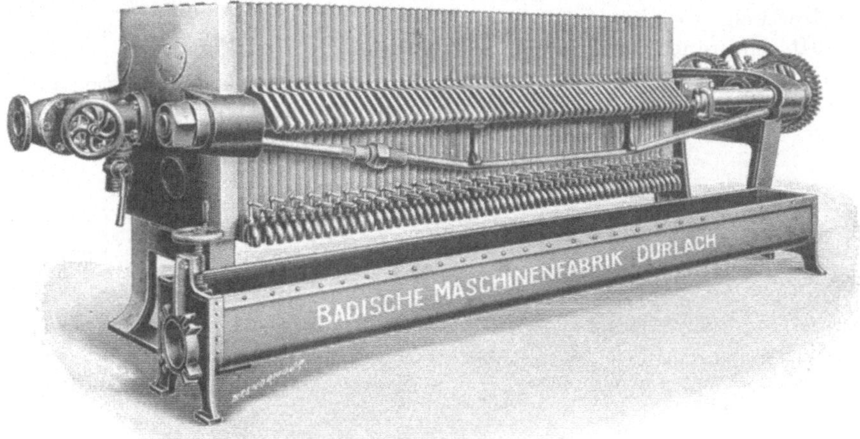

Abb. 12.   Filterpresse.

Nach Courtaulds Ltd. (D. R. P. 381020, 1921) bewirkt ein Zusatz von Oleïn- oder Harzseife (Natriumoleat bzw. Resinat) eine Herabminderung der Oberflächenspannung (Neigung zur Tröpfchenbildung), wodurch ein gleichmäßigerer Faden entsteht. Auch ein Zusatz von Wasserglas zur Viskose ist Gegenstand mehrerer Patente.

Auch beim Viskoseverfahren bekommt man zunächst eine durch feste, ungelöste Teilchen verunreinigte Lösung, die mittels Filterpressen, die meist im Kellerraum aufgestellt sind, filtriert werden muß. Vorher läßt man die Viskose durch ein Drahtsieb gehen, um etwa noch vorhandene Xanthogenatknollen zurückzuhalten; gewöhnlich werden unter Zwischenschaltung von Montejus 3 Filterpressenpassagen angewendet. Als klärende Schichten benutzt man grobe und feine Baumwollgewebe und Watte. Abb. 12 zeigt eine geeignete Kammerpresse ohne Auslaugung. Sie besteht aus einem Gestell, auf dem parallel zu einem feststehenden Kopfstück (links) eine größere Zahl von gußeisernen Filter-

---

[1]) In Wirklichkeit sind die Reaktionen verwickelter.

platten mit erhabenen Dichtungsrändern und ein bewegliches Kopfstück auf zwei seitlichen Tragspindeln verschiebbar angeordnet sind. Sämtliche Platten (Abb. 13) besitzen in der Mitte eine Bohrung; bei zusammengeschraubter Filterpresse ergeben diese Bohrungen den sog. Schlammkanal. Jede Platte ist auf beiden Seiten mit einem kräftigen Filtertuch aus Baumwolle belegt; ein kurzer, die Bohrung durchsetzender Schlauch verbindet die beiden Tücher. Die rohe Viskose tritt unter Druck durch ein Ventil am festen Kopfstück ein und gelangt vom Schlammkanal aus in die von den Tüchern je zweier benachbarter Platten gebildeten flachen Hohlräume (Kammern), wo die festen Teilchen zurückgehalten werden, während die klare Flüssigkeit an den kannelierten Platten herabfließt und durch je eine kleine Bohrung in den zugehörigen Ablaufhahn gelangt. Reißt irgend ein Filtertuch, so daß die Viskose aus dem zugehörigen Hahn trüb abläuft, so braucht man diesen nur zu schließen. Bei den Filterpressen mit geschlossenem Filtratablaufkanal wird dieser durch die Bohrungen seitlicher Ansätze gebildet, die die Platten (Abb. 14) auf-

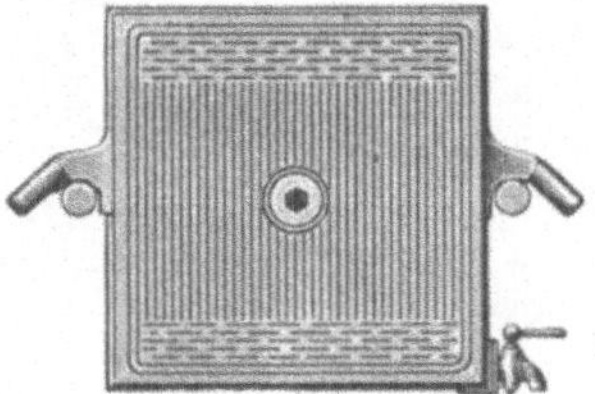

Abb. 13. Filterplatte einer Kammerpresse mit Ablaufhähnen.

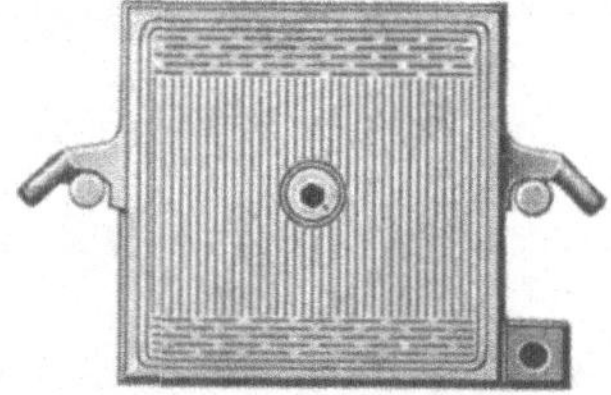

Abb. 14. Filterplatte einer Kammerpresse mit geschlossenem Ablaufkanal.

weisen. Die klar filtrierte Spinnlösung gelangt dann durch eine Rohrleitung in den Reiferaum, wo sie in geschlossenen eisernen Behältern einige Tage lang bei gleichmäßiger Temperatur aufbewahrt wird, um die für das Verspinnen am besten geeignete Beschaffenheit zu erlangen (Reifenlassen). Man prüft auf die Reife der Viskose, indem man kleine Proben in Kochsalzlösungen verschiedener Konzentration bringt. Je frischer (unreifer) die Viskose ist, eine desto stärkere Kochsalzlösung ist zur Abscheidung des zellulosexanthogensauren Natriums notwendig. Der für das Verspinnen günstigste Reifegrad hängt von verschiedenen Umständen ab, wie Art der Viskosebereitung, Zusammensetzung und Temperatur des Fällbads usw. Für eine Viskose obiger Zusammensetzung kann beispielsweise der richtige Reifegrad dann vorhanden sein, wenn eine 3—4 %ige Kochsalzlösung Ausflockung bewirkt. Auch Ammoniumsulfatlösungen werden benutzt, müssen aber konzentrierter sein. Nach Hottenroth[1] bestimmt man den Reifegrad der Viskose dadurch, daß man feststellt, wieviel cm³ 10 %iger Salmiaklösung man zu 20 g mit 30 cm³ Wasser verdünnter Viskose hinzugeben muß, um Ausflockung zu bewirken (z. B. bei unreifer

---

[1] Die Bestimmung des Reifegrades der Viskose. Chem.-Zg. 1915, S. 119.

Viskose 13 cm³, bei reifer 7 cm³). Die Viskosität der spinnfertigen Viskose entspricht ungefähr der des Rizinusöl bei 15⁰.

Die reife Viskose gelangt nun in die Spinnkessel, (Abb. 15) die so eingerichtet sind, daß sie auch die Erzeugung eines Vakuums gestatten; dadurch kann man die Spinnlösung vor der Verarbeitung leicht von den störenden Luftblasen befreien, entlüften. Man kann aber auch ein eigenes Evakuierungsgefäß mit Rührwerk verwenden. In den meisten Fabriken sind im Spinnsaal auch noch Filterpressen aufgestellt (je eine für 4 bis 6 Spinnmaschinen zu 70 Spindeln).

Vor der Beschreibung des Verspinnens der Viskose sollen noch in Kürze die Ergebnisse einer von B. Rassow und M. Wadewitz[1] durchgeführten, sehr verdienstvollen Experimentalarbeit hier mitgeteilt werden. Wo nichts anderes bemerkt, beziehen sich die Angaben auf Baumwollzellulose. Diese kann aus mechanisch gereinigter Baumwolle (Kardenband oder Kammzug) durch Behandeln mit Seifen-, Soda- und eventuell auch Ätznatronlösung und vorsichtiges Bleichen so hergestellt werden, daß die Zellulose kaum viel verändert wird, während die Zellulose des Holzes infolge der gewaltsamen Behandlung (Temperatur bis 140⁰!), die zur Abspaltung der Nichtzellulosestoffe notwendig ist, unvermeidlicherweise einen gewissen Abbau erfährt. Holzzellstoff gibt daher, wenn er nach irgendeinem Verfahren

Abb. 15. Spinnkessel (Vakuumkessel).

in Lösung gebracht wird, immer dünnflüssigere Lösungen als Baumwollzellulose. Die Verfasser benützten das Ostsche Viskosimeter mit Angabe der Ausflußzeit in Sekunden. Diese betrug z. B. für eine Viskose aus Baumwollzellulose 190 Sekunden und bei einer auf gleiche Weise aus gebleichter Ritter-Kellner-Sulfitzellulose hergestellten Viskose nur 26 Sekunden. Zellstoffe verschiedener Herkunft können in dieser Beziehung sehr verschieden sein (Betriebskontrolle). Andererseits liefert auch die Baumwollzellulose, wenn sie einige Zeit auf 120—140⁰ (selbst bei Ausschluß des Luftsauerstoffs) erhitzt wird, dünnflüssigere Lösungen (E. Berl, D. R. P. 199885 für Kollodium). Übrigens werden ja die Linters beim Bäuchen (S. 25) einer Temperatur von 119⁰ ausgesetzt. Die Verfasser zeigten, daß trockenes Erhitzen von Zellulose auf nur 100⁰ bei entsprechend langer Dauer eine Viskositätsverringerung der Viskose zur Folge hat, während Glum (D. R. P. 217316) kürzere Zeit auf 140⁰

---

[1] Beiträge zur Kenntnis der Viskose-Reaktion, „F. u. Sp." 1924, Nr. 8 u. 9.

erhitzt, um eine Viskose zu erhalten, die schon ohne Reifung genügend
dünnflüssig ist.

Zur Alkalizellulosebildung. Eine Darstellung von Alkalizellulose in chemisch reiner Form ist derzeit nicht möglich. Die Merzerisation
der Zellulose ist ein von Absorptionserscheinungen begleiteter chemischer
Prozeß. Für die Alkalizellulose ist die Formel $C_6H_{10}O_5 \cdot NaOH$[1]) anzunehmen. Die von der Zellulose gebundene Menge Ätznatron (durch
kalten Alkohol nicht auswaschbar) nimmt mit der Konzentration der
Lauge zu. Z. B. nehmen 100 g Baumwollzellulose aus 10 %iger Natronlauge 4,1 g und aus 20 %iger Lauge 16,7 g Ätznatron auf. Je
stärker die Merzerisierlauge, desto dünnflüssiger die Viskose. Je niedriger die Temperatur, desto mehr Ätznatron wird bei gleicher Laugenkonzentration aufgenommen. Unter sonst gleichen Umständen ergibt
eine Merzerisierlauge von $+ 20^0$ Viskose von größter Viskosität; bei
höheren und besonders bei niedrigeren Temperaturen erhält man dünnflüssigere Viskose (z. B. wurden gefunden: für $+ 20^0$: 195 Sekunden,
hingegen für 0^0 und $+ 54^0$: 128 Sekunden Ausflußzeit). Genügend innige
Berührung zwischen der Zellulose und der Natronlauge vorausgesetzt,
erfolgt die Bildung der Alkalizellulose in längstens 5 Minuten[2]). Je
länger allerdings die Zellulose in der Lauge eingetaucht bleibt, desto
dünnflüssiger wird die Viskose. Je größer der Laugenüberschuß der
technischen Alkalizellulose, desto geringer ist die Viskosität der Viskose. Z. B. 1 g getränkte Baumwollzellulose auf 3 g abgepreßt: 180 Sekunden, auf 4 g abgepreßt: 78 Sekunden Ausflußzeit.

Reifen der Alkalizellulose. Die Verfasser deuten diesen Vorgang, für den sie den Namen „Altern" vorschlagen, als einen Abbau
der Zellulose, bei dem aber der Luftsauerstoff keine Rolle spiele. Je
stärker die getränkte Zellulose abgepreßt wird, desto rascher erfolgt
das Reifen. Je länger und bei je höherer Temperatur die Alkalizellulose altert, desto kleiner wird die Viskosität der Viskose. Z. B.:

Temperatur des Reifens	Zeit	Viskosität bzw. Ausflußzeit
20^0	1 Std.	202 Sek.
56^0	1 Std.	46 Sek.
0^0	48 Std.	93 Sek.
10^0	48 Std.	59 Sek.

Je mehr die Alterung der Alkalizellulose fortschreitet, desto weniger
Zellulose kann aus ihr, bzw. der Viskose wiedergewonnen werden.

Sulfidierung. Für die Baumwollalkalizellulose ergab sich eine
Sulfidierungsdauer von 4—6 Stunden. Zu kurze Sulfidierungsdauer

---

[1]) Heuser, E., u. Bartunek (Chem.-Centralbl. 1925, I. S. 1862), Vieweg und
andere Forscher schreiben der Alkalizellulose die Formel $C_{12}H_{20}O_{10} \cdot NaOH$ zu.

[2]) Diese Feststellung ist von grundlegender Bedeutung für die jüngste Ent-
wicklungsstufe des Viskoseverfahrens, wo man die Zellstoffpappe vor dem Merzerisieren maschinell zu einer baumwollartigen Fasermasse zerreißt. Dadurch, daß
man die Herstellung der Viskose zum Teil mittels neuartiger Maschinen kontinuierlich gestaltet, gelangt man zu einer weiteren Herabsetzung der Erzeugungs-
kosten.

hinterläßt unangegriffene Alkalizellulose, die nicht in Lösung geht; zu langes Sulfidieren mindert die Viskosität der Viskose. Je höher die Sulfidierungstemperatur, desto kürzer ist die Dauer, desto kleiner die Viskosität und desto dunkler das Xanthogenat. Z. B. 20^0: 183 Sekunden und 30^0: 72 Sekunden Ausflußzeit. Die Viskosität der Viskose nimmt mit steigendem Ätznatrongehalt ab. Z. B.

Ätznatron	Ausflußzeit	Ätznatron	Ausflußzeit
8 %	148 Sek.	2 %	197 Sek.
4 %	180 Sek.	0,8%	540 Sek.

Das Reifen der Viskose. Die Verfasser kommen auf Grund ihrer Versuche zu folgender Erklärung der Reifungserscheinungen: Infolge der Unbeständigkeit des Dithiokohlensäureesters der Zellulose (zellulosexanthogensauren Natriums) tritt allmählich Verseifung, d. h. Zerfall in die Ausgangsstoffe: Zellulose, Ätznatron und Schwefelkohlenstoff ein. Die freiwerdende Zellulose wird aber zunächst nicht unlöslich abgeschieden, sondern bildet eine kolloide Lösung, die erst bei Überreife oder durch Erhitzen gelatiniert. Unabhängig von diesem kolloidchemischen Prozeß findet ein hydrolytischer Abbau der als Xanthogenat gelösten Zellulose durch das Ätznatron statt, wodurch die Viskosität der Lösung vermindert wird. Natürlich spielen auch die durch Einwirkung des Ätznatrons auf den Schwefelkohlenstoff entstandenen Verunreinigungen eine Rolle.

Was nun den Bau der Viskoseseidenspinnmaschinen[1]) betrifft, so unterscheidet man je nach der Art der Aufspeicherung der durch den eigentlichen Spinnapparat gebildeten Fäden 1. das Walzen- oder Spulenspinnverfahren, 2. das Spinntopf- oder Zentrifugensystem und 3. das Haspelspinnverfahren (hauptsächlich für Stapelfaser angewendet). Bei allen diesen Verfahren werden statt der Einzeldüsen sogenannte Brausedüsen verwendet. Diese haben die Form eines an einem Ende geschlossenen Zylinders von etwa 12 mm Durchmesser und 8 mm Höhe mit nach außen gebogenen Rändern, der durch eine Schraubkappe an dem Düsenträger aus Hartgummi befestigt wird. Das geschlossene Ende hat 12—48 Durchbohrungen (Spinnlöcher) von etwa 0,1 mm Durchmesser, durch die die Viskose mit einem Überdruck von 2,3—3 Atm. ausgepreßt wird. Für eine Seide von 120 dn nimmt man gewöhnlich Düsen mit 16 Löchern; in neuerer Zeit ist es aber gelungen, feinfädigere Viskoseseide herzustellen. Man macht z. B. Seide von 100 dn mit 40 Einzelfädchen, wobei der Durchmesser der Spinnlöcher derselbe geblieben ist, weil der Flüssigkeitsfaden mehr gestreckt wird. Die besten aber auch teuersten Brausedüsen werden aus einer Legierung von 90 % Platin und 10 % Iridium hergestellt, doch sind auch solche aus Palladium- oder Platin-Gold und vergoldetem Nickel in Gebrauch. In Amerika werden vielfach Düsen aus einer Legierung von 95 % Gold und 5 % Nickel ver-

---

[1]) Perl, A., Maschinen zur Kunstseideherstellung. Österr. Stricker- und Wirker-Zeitung, 1925, S. 108.

wendet. Nicht besonders bewährt haben sich Düsen aus Bakelit, einem Kondensationsprodukt aus Phenol (Karbolsäure) und Formaldehyd. Trotzdem die Spinnlösung vor dem Auspressen durch die Düsen noch eine damit verbundene Filtriervorrichtung (Platten-, Kerzen- oder Kegelfilter) durchläuft, tritt nicht selten ein Verstopfen der Spinnlöcher ein, weshalb die Düsen rasch auswechselbar sein müssen. Verstopfte Metalldüsen werden abgewaschen, in der Bunsenflamme ausgeglüht und mit Druckwasser ausgespritzt. Für letztere Arbeit benutzt man mit Vorteil eine Düsenreinigungsmaschine[1]). Ferner weisen alle Viskosespinnmaschinen sogenannte Titerpumpen (Spinnpumpen)[2]) auf, das sind ganz kleine Kolben- oder Zahnradpumpen, die bewirken, daß durch jede Düse in der gleichen Zeit die gleiche Menge Spinnlösung ausgepreßt wird. Die Kolbenpumpen besitzen 2 oder 3, bei neueren Bauarten selbst 6 Kolben, die durch einen nicht ganz einfachen Mechanismus so bewegt werden, daß die Viskose gleichmäßig gefördert wird. Sie haben eine zylindrische Form (etwa 140 mm lang und 45 mm Durchmesser), müssen äußerst genau gearbeitet sein und von Zeit zu Zeit frisch geeicht werden.

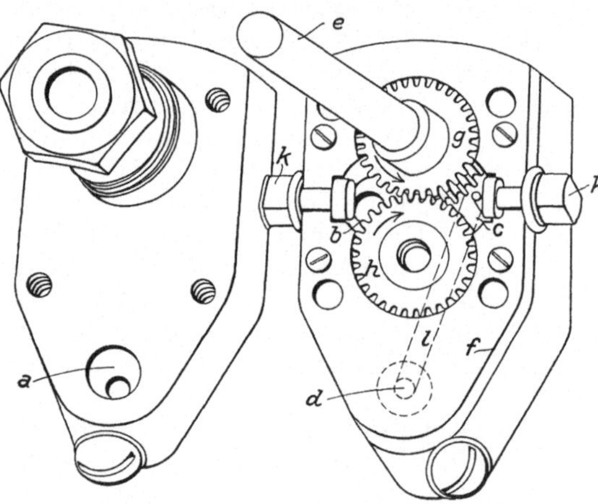

Abb. 16. Zahnradpumpe (Arendt & Weicher, Berlin SO 16).

Sämtliche Pumpen einer Maschinenseite werden durch eine gemeinsame Spinnpumpenwelle mittels Schneckenräder, die in die Zahnräder der Pumpen eingreifen, angetrieben. Durch Erhöhung der Umdrehungszahl kann die geförderte Viskosemenge vergrößert werden. Für 120 dn macht die Antriebswelle etwa 12 Umdrehungen in der Minute, wobei 5,1 g Viskose gefördert werden.

Bei den weniger gebrauchten, in der Bauart einfacheren Zahnradpumpen wird die Viskose durch das Zusammenarbeiten von zwei Zahnrädern gefördert, wobei zugleich eine gute Durchmischung erfolgt. Die wesentlichen Teile einer solchen verbesserten Pumpe[3]) sind aus Abb. 16 ersichtlich. Der linke Teil ist vom rechten abgenommen. Die Pumpe ist bei *a* und *d* drehbar aufgehängt. Die Viskose tritt bei *a* ein und bei *d* aus, um durch das Filter zu gehen. Da der direkte Weg von *a* nach

---

[1]) Dr. H. Geißlers Nachfl. in Bonn.

[2]) Zuerst von Courtaulds Ltd. angewendet. Siehe auch: Jentgen, H. Über Spinnpumpen und ihre Prüfung. „Die Kunstseide" 1925, S. 49.

[3]) Arendt & Weicher, Berlin SO 16.

d durch die etwa 6 mm starke Mittelplatte *f* gesperrt ist, nimmt die
Viskose durch eine nicht gezeichnete innere Bohrung ihren Weg nach
der Kammer *b*, von wo sie durch die beiden Förderräder *g* und *h* in die
Kammer *c* gedrückt wird, die mit dem Austritt *d* durch eine Bohrung *l*

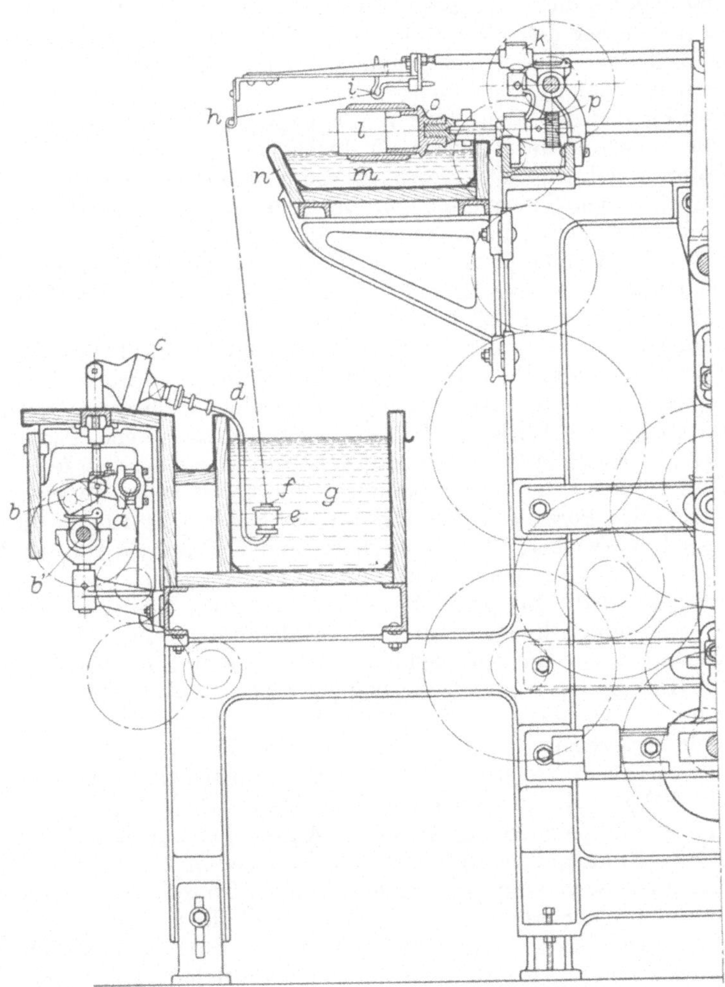

Abb. 17. Walzenspinnmaschine (O. Kohorn & Co.).

verbunden ist. Die Kapselmuttern *k* und *k′* verschließen die beiden
Spaltöffnungen. Auf der Welle *e* des Förderrads *g* sitzt ein (nicht ge-
zeichnetes) Antriebsrad, das von einem Zahnrad auf der Spinnmaschinen-
welle angetrieben wird. Durch Drehen um *a*—*d* kann man während des
Betriebs das Antriebsrad der Pumpe aus dem Bereich des erwähnten
Zahnrads bringen und so die Pumpe ausschalten. Sie läuft mit 30 bis

40 Umdrehungen in der Minute, wobei einer Umdrehung eine Förderung von 0,65 cm³ entspricht. Sämtliche fördernden Teile der sehr genau gearbeiteten Pumpe dichten bei einem Druck von 4 Atm. metallisch ab. Die beiden Förderräder können im Eingriff zueinander und am Umfang beliebig dicht nachgestellt werden, was einen erheblichen Fortschritt gegenüber den älteren Bauarten bedeutet. Auch sind die einzelnen Teile der Pumpe austauschbar. Die Förderungsschwankungen betragen im Dauerbetrieb höchstens $\pm$ 3%.

Abb. 17 gibt den Bau einer Walzenspinnmaschine[1]) wieder. Von dem die Maschine der Länge nach durchziehenden nahtlosen Mannesmannrohr a geht die Viskose durch die sogenannten Pumpenbrücken zu den einzelnen Titerpumpen b. Zu jeder Düse gehört eine eigene Zahnrad- oder Mehrkolbenpumpe. Der Antrieb der Pumpen erfolgt durch b'. Die Pumpe drückt die Viskose durch das Flachfilter c, doch werden heute die sogenannten Kerzenfilter bevorzugt. Vom Filter gelangt die Spinnlösung durch das Viskoseglasleitungsrohr d zum Hartgummidüsenhalter e, worin die Spinndüse f eingeschraubt ist. Wie aus der Zeichnung ersichtlich, lassen sich Filter und Spinnrohr nach oben aufklappen, um verstopfte Düsen auswechseln zu können. Der durch die koagulierende Wirkung des Fällbads g entstandene Faden (aus parallelen Einzelfädchen bestehend) geht zunächst über den feststehenden Fadenführer h und hierauf zum hin- und hergehenden Fadenführer i (aus Glas oder Porzellan), der ihn auf der Spinnspule l in Form einer Kreuzspule aufwickelt. Der bewegliche Fadenführer wird durch k angetrieben. Die Spinnspule steckt auf dem Spulenhalter o, der von p aus angetrieben wird. Zu jeder Düse gehören zwei Spulenhalter, einer rechts- und einer linksgehend. Zur vollständigen Durchkoagulation der Fäden rotieren die Spinnspulen in dem oberen Spinnbad m, dessen Trog n (für je zwei Spulen) wie beim unteren Bad mit Bleiblech ausgekleidet ist. In neuerer Zeit ersetzt man das obere Fällbad durch eine Berieselungsvorrichtung. Die Leistungsfähigkeit einer solchen Maschine beträgt in 24 Stunden bei 40 m minutlicher Abzugsgeschwindigkeit 800 g Seide von 150 dn auf die Düse. Eine Maschine mit 100 Düsen (50 auf jeder Seite) erfordert 4 PS. Bei vorliegender Bauart haben die Spinnspulen stets dieselbe Umdrehungszahl; da nun bei zunehmender Bewicklung der Spulen sich ihr Durchmesser vergrößert, kommt es zu einer erhöhten Abzugsgeschwindigkeit, die, da die Spinnpumpe der Düse stets dieselbe Menge Viskose zuführt, eine Verfeinerung des Fadens, also Verringerung des Titers zur Folge hat. Um diesem Übelstand abzuhelfen, wurde die Kohornsche Walzenspinnmaschine später mit einem Kegelscheibenantrieb versehen, wodurch die Umdrehungszahl der Spinnspulen allmählich verringert wird.

Die meist gelochten oder mit Schlitzen versehenen Spinnspulen sind entweder aus Pappe oder Aluminium und zum Schutz gegen das saure Fällbad säurefest lackiert.

---

[1]) O. Kohorn & Co., Chemnitz.

Das von dem Engländer Topham (tophäm) im Jahre 1900 erfundene Zentrifugenspinnverfahren[1]) besteht dem Wesen nach darin, daß der aus den Öffnungen a (Abb. 18[2])) der Düse A in das Fällbad B gespritzte Faden, nachdem er den gläsernen Leitstab b und die Führungsrolle C passiert hat, mittels eines auf- und ab bewegten Trichters E in einen rasch rotierenden (4500 bis 5000 Umdrehungen in der Minute) zentrifugenartigen Spinntopf D geführt wird, an dessen Innenwand er durch die Fliehkraft in Form eines aus regelmäßigen Kreuzwindungen bestehenden Fadenkuchens abgelagert wird. Dabei erhalten die bei nicht rotierender Spinndüse parallelen Einzelfädchen eine der Drehgeschwindigkeit des Spinntopfs proportionale Drehung (Zwirnung). Der Spinntopf ist aus Aluminium und zum Schutz gegen die Säure des mitgerissenen Fällbads entweder lakkiert oder mit einer Hartgummiauskleidung versehen. Der innere Teil ist nicht rein zylindrisch, sondern gegen die Mündung zu konisch erweitert, um den Kuchen leichter herauszubekommen. Der Durchmesser beträgt etwa 16—18 cm, die Höhe 7—9 cm. Die auf gewöhnliche Weise unter Zusatz von anderen Metallen gegossenen Aluminiumspinntöpfe sind wegen ihrer Porosität wenig dauerhaft. Sehr bewährt haben sich hingegen die nach dem sogenannten „Nitorit-Reinaluminiumguß"[3]) hergestellten Spinntöpfe (Abb. 19), die so dicht sind, daß sie beim Anschlagen wie eine Glocke klingen. Der hohle Aufsatzteil (Hals) ist wegen der starken Beanspruchung mit Bronze ausgefüttert. Der Vorteil der gegossenen Spinntöpfe besteht darin, daß sie genau zentrisch abgedreht werden können; dafür sind die aus dem Aluminiumblech hergestellten bedeutend leichter. Die im zylindrischen Teil und im Boden des Aluminumspinntopfes gebohrten

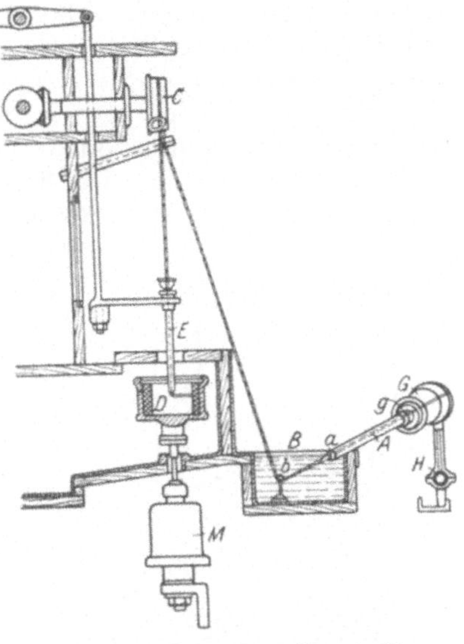

Abb. 18. Spinnzentrifuge mit rotierender Düse.

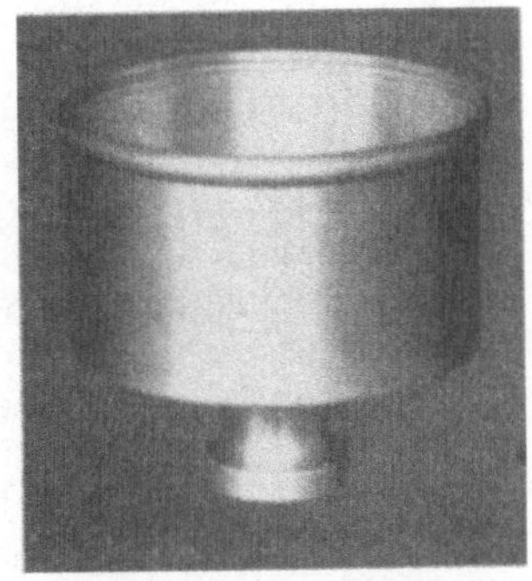

Abb. 19. Gegossener Spinntopf, 1230 g schwer (Originalaufnahme).

[1]) Jentgen: Über Spinntopfmaschinen. Dt. Faserst. u. Spinnpfl. 1921, Nr. 1/2. — Wurtz: Zentrifugenspinnmaschinen ·für Kunstseidenfabriken. Dt. Faserst. u. Spinnpfl. 1922, Nr. 23/24.
[2]) Nach I. Clayton, Brit. P. Nr. 136769, 1919.
[3]) Metallhütte Baer & Co. in Rastatt (Baden).

Löcher dienen nur zur Befestigung der Hartgummiauskleidung; die fertige Zentrifuge selbst hat keine Löcher, so daß das abgeschleuderte Fällbad oben durch die Öffnung des Aluminiumdeckels herausspritzt. Daher ist jeder Spinntopf in einer mit Bleiblech ausgekleideten Kammer untergebracht, von derem Boden das abgeschleuderte Fällbad in eine gemeinsame Leitung fließt. Jede Kammer ist während dem Spinnen durch einen durchlochten Deckel abgeschlossen, so daß die mit feinsten Fällbadtröpfchen (Schwefelsäure!) und Schwefelwasserstoff beladene Luft gut abgesaugt werden kann, um Augenentzündungen der Arbeiter zu vermeiden. Der erwähnte Zentrifugendeckel ist notwendig, damit der Fadenkuchen oben nicht gewölbt, sondern eben wird; das Rohr des auf- und abgehenden[1]) aus Glas oder Aluminium bestehenden Spinntrichters wird durch die zentrale Öffnung des Deckels eingeführt. Dieser wird durch eine daraufliegende Spannfeder gehalten, die ein an einer Seite offenes Viereck bildet, dessen Ecken in eine am oberen Rand des Spinntopfs befindliche Nut eingreifen (Abb. 20). Die nicht durch Hartgummi geschützten Deckel müssen öfter erneuert werden. Der gleichmäßige Antrieb der Spinntöpfe bzw. der Spindeln, worauf sie mittels des hohlen Aufsatzteils befestigt werden, geschieht vorteilhaft durch einen kleinen Elektromotor M (Abb. 18) mit senkrecht gelagerter Welle. Die Abbildung zeigt zugleich die in der Praxis noch nicht übliche Anwendung einer rotierenden Spinndüse zur Erzielung einer stärkeren Zwirnung. Der Rotor des Elektromotors G ist mit dem Düsenhalter fest verbunden. Beide Motoren werden durch einen Luftstrom gekühlt und müssen zum Schutz gegen die säurehaltige Luft gut eingekapselt sein. Natürlich muß die Drehung des Spinntopfs der der Düse entgegengesetzt sein. Die Umdrehungsgeschwindigkeit der Spinndüse ist übrigens durch den Widerstand, den das Fällbad den Fäden entgegensetzt, ziemlich begrenzt. Durch das Rohr H fließt die Spinnlösung zu, nachdem sie vorher die Titerpumpe und ein Filter passiert hat. Gewöhnlich sind die Spinndüsen so angeordnet, daß die Fäden in der Richtung des fließenden Fällbads (in der Längsrichtung des Spinntrogs) austreten. Auch in Deutschland hat man begonnen, sich dem elektrischen Einzelantrieb der Spinntöpfe zuzuwenden. Abb. 21 führt uns eine damit ausgerüstete Zentrifugenspinnmaschine der Haubold A.-G. (Chemnitz)[2]) vor Augen. Die Viskose gelangt vom Viskose-

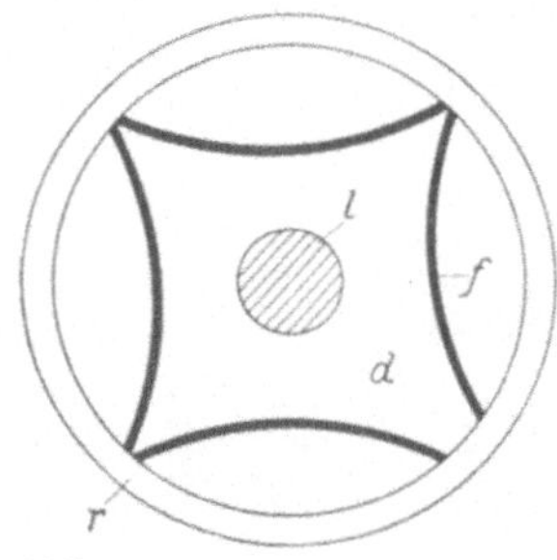

Abb. 20. Befestigung des Zentrifugendeckels. r = oberer Rand des Spinntopfs, d = Deckel mit Loch l (meist größer), f = Spannfeder.

---

[1]) Nach dem franz. P. Nr. 481 399 von Courtaulds Ltd. u. Clayton ist der Spinntrichter feststehend, während die Spinntöpfe auf- und abgehen. Diese für Güte und Ausbeute günstige Bauart ist aber für die Praxis noch zu kompliziert.

[2]) D. R. P. 377 616, 1920, C. G. Haubold A.-G. in Chemnitz. Die elastisch gelagerten Motoren mit geringem Stromverbrauch stammen von den Siemens-Schuckert-Werken in Berlin.

zuführungsrohr *7* in die durch die Pumpenwelle *9* angetriebene Spinnpumpe *8*, von da durch das Ebonitkerzenfilter *4* und das Viskoseglasleitungsrohr *5* zum Hartgummidüsenkopf *6*, durch dessen Düse
die Einzelfädchen in das im Trog *2* befindliche Fällbad ausgespritzt
werden. Das Glasrohr mit dem Düsenhalter und dem Filter ist natürlich ausschwenkbar. Die zunächst noch parallelen Fädchen werden
durch einen an der hinteren Wand des Fällbadtrogs, aber außerhalb
der Flüssigkeit befindlichen unbeweglichen Fadenführer vereinigt und

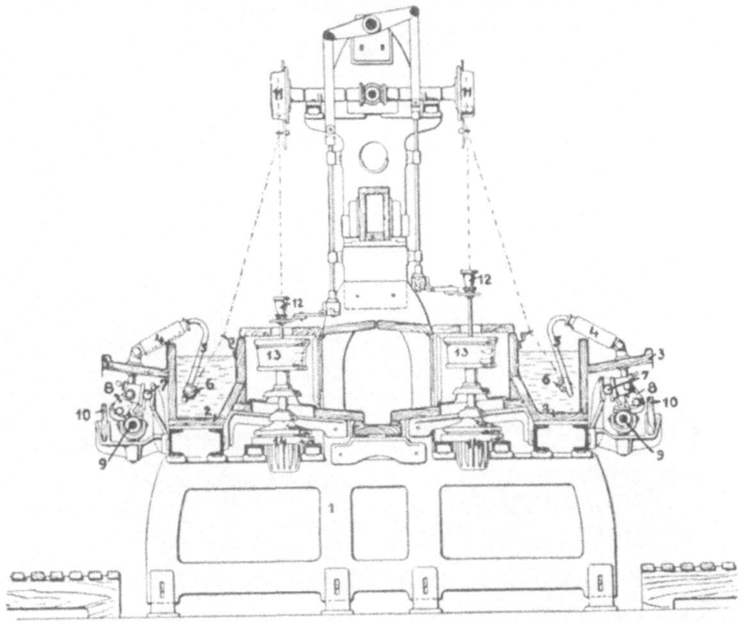

Abb. 21. Zentrifugenspinnmaschine mit elektrischem Einzelantrieb der Spinntöpfe.

gelangen zur gläsernen Leitrolle *11* und durch den auf- und abgehenden
Glastrichter *12*, dessen Halter aus säurefester Bronze (statt Hartgummi) besteht, in den durch den Elektromotor *14* mit einer minut-
lichen Umdrehungszahl von 6—8000 angetriebenen Spinntopf *13*, wo
der inzwischen gezwirnte Faden als hohle Kreuzspule (Fadenkuchen)
abgelagert wird. *3* ist der Trogtisch und *10* ein Schutzbrett, um den
Arbeiter vor den Pumpenantriebszahnrädern zu schützen. Da die
nach oben durch den Topfkanal leicht herausnehmbaren Motoren auf
besonderen, nicht mit dem Maschinengestell verbundenen Böcken ruhen,
werden die unvermeidlichen Vibrationen der Spinntöpfe nicht auf die
Trichterbewegung übertragen, wodurch regelmäßige, leicht abhaspel-
bare Fadenkuchen entstehen. Der Kraftbedarf der niedrig gebauten
Maschine beträgt für 60 Düsen nur etwa 8 PS.

Häufiger als der ungemein gleichmäßige, aber teure elektrische Einzelantrieb ist die Verwendung von Schneckenradgetrieben, die ebenfalls

öl- und säuredicht eingekapselt sein müssen. Die Räder sind gewöhnlich
aus Bronze, die stark beanspruchten Schnecken aus bestem Stahl.
Nach einer neueren Bauart[1]) ist die Spinntopfspindel in zwei durch
eine Konuskupplung verbundene Teile geteilt. Die kürzere untere Spindel ist mit der Schnecke aus einem Stück hergestellt und fest gelagert,

Abb. 22. Ansicht einer teilweise zerlegten Topfspinnmaschine mit Schneckenradantrieb (O. Kohorn & Co.).

während die obere Spindel elastisch gelagert ist, damit sich der Spinntopf dem mit zunehmender Füllung veränderlichen Schwerpunkt entsprechend einstellen kann und ruhig läuft. Ein Antrieb erfordert unge-

----

[1]) Rahmesohl & Schmidt A.-G. in Oelde (Westf.).

fähr $^1/_8$ PS. Abb. 22 gibt die Ansicht einer teilweise zerlegten Kohornschen Topfspinnmaschine mit Schneckenradantrieb. Weniger empfehlenswert ist der Antrieb der Spinntöpfe durch Schnüre oder Riemchen, die wie bei der Ringspinnmaschine ihrerseits durch eine gemeinsame Weißblechtrommel in Bewegung gesetzt werden, da infolge des Gleitens der Riemchen die Umdrehungsgeschwindigkeit nicht gleichmäßig ist. Obwohl gegenwärtig wieder aufgegeben, kann der Hauboldsche Druckwasserantrieb nicht unerwähnt bleiben, bei dem die einzelnen Spinntöpfe (Abb. 23) durch kleine Wasserturbinen angetrieben werden, auf deren Wellen die Zentrifugenspindeln aufsitzen. Jede der in einem gemeinsamen Gehäuse d vereinigten Turbinen a hat ihre eigene Düsenzuleitung, während der Ablauf g des Wassers gemeinsam ist. Um dem Druckabfall Rechnung zu tragen, ist jede Turbine mit einer durch eine Nadel in ihrem Querschnitt beeinflußbare Druckwasserdüse ausgestattet, so daß sämtliche Zentrifugen b auf gleiche Umdrehungszahl gebracht werden können. Eine Spindel verbraucht in der Minute 9 Liter Wasser von 15 Atm. Druck.

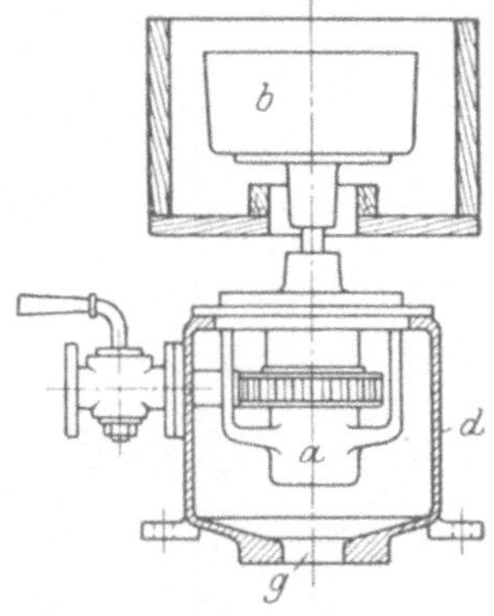

Abb. 23. Druckwasserantrieb für Spinntöpfe (Haubold, D. R. P. 377 616, 1923).

Wie die Walzenspinnmaschine ist auch die Zentrifugenspinnmaschine symmetrisch gebaut, und zwar ist auf jeder Seite meist eine Batterie von 30 Spinntöpfen. In einer Sekunde werden 70—110 cm Seide gesponnen. Je nach dem Titer und der Abzugsgeschwindigkeit dauert es 2—3 Stunden, bis ein Fadenkuchen gebildet ist, der 120—130 g trockene Seide liefert. Interessant ist das Inbetriebsetzen einer Zentrifugenspinnmaschine, das sogenannte Aufspinnen oder Anspinnen. Das Fadenbündel tritt zunächst frei in das Fällbad, auf dessen Oberfläche es herumschwimmt. Der Arbeiter (Spinner) erfaßt es mit einem Stäbchen, zieht es über die gläserne Führungsrolle und bringt den Faden mit der linken Hand bis zum Glastrichter. Gleichzeitig schöpft er mit der rechten Hand mit einem irdenen Töpfchen Fällbad aus dem Spinntrog und gießt es jäh in den Trichter. Die herabfließende Flüssigkeit reißt den Faden bis in den bereits rotierenden Spinntopf mit, wo er gegen die Wand geschleudert wird und fest haftet. Auf diese Weise kann ein Spinner eine halbe Spinnmaschine (30 Zentrifugen) in 2—3 Minuten in Betrieb setzen. Beim Wechseln der vollgesponnenen Spinntöpfe wird der Spinner durch den „Wechsler" unterstützt. Wenn ein Faden reißt (schlechte Trichterstellung, wackelnder Trichter, schlecht laufende Zentrifuge, verstopfte Düse, schlechtes Funktionieren der Spinnpumpe, Luft in der Viskose usw.), muß der Spinner die Ursache ermitteln und, wenn möglich, gleich beseitigen und frisch aufspinnen. In gut geleiteten Betrieben sind aber Fadenbrüche ziemlich selten, so daß ein geübter Spinner bis zu 100 Zentrifugen überwachen kann. Bei den Spinntopfmaschinen, wie auch bei den Walzenspinnmaschinen mit großen Glaswalzen werden ausschließlich Männer beschäftigt, während beim Spinnsystem mit kleineren Papp- oder Aluminiumwalzen z. T. auch Frauen als Spinnerinnen verwendet werden. Aus wirtschaftlichen Gründen läßt man die Spinnmaschinen auch bei Nacht laufen (3 Achtstundenschichten)[1]).

Die früher erwähnten Augenentzündungen sind nach Bakker[2]) nicht auf die Schwefelsäure selbst, sondern auf organische Arsenverbindungen zurückzuführen; das Arsen entstammt der rohen Schwefelsäure. Durch mangelhafte Ventilation, die sich aber durch Verteilung

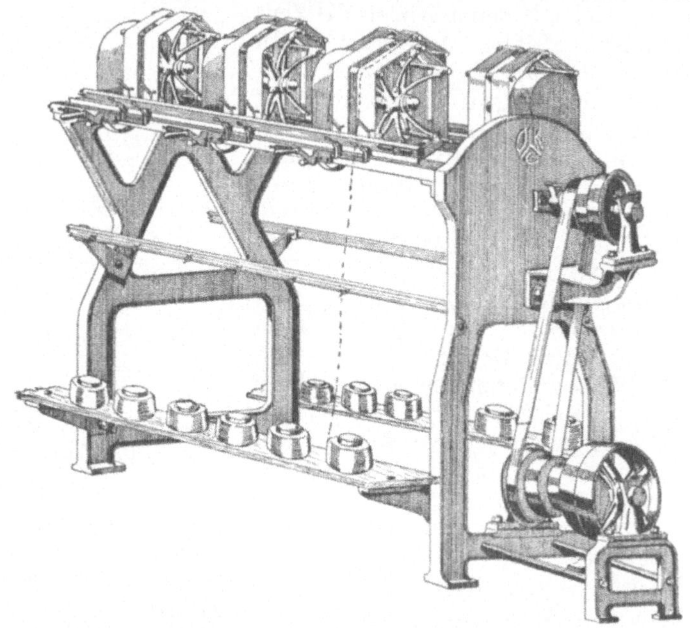

Abb. 24. Naßhaspel von O. Kohorn & Co. (Jede Haspelkrone für 2 Strähne).

von Weihrauch in der Luft leicht feststellen läßt, kann es zu einer schädlichen Anhäufung von Schwefelwasserstoff kommen; so fand Bakker einmal 0,09 mg Schwefelwasserstoff in 1 Liter Luft.

Der einen zylindrischen, bzw. schwach konischen Hohlkörper bildende Kuchen wird durch Umstülpen des Spinntopfes auf ein Brettchen herausgenommen und zur vollständigen Zersetzung des Xanthogenats für kurze Zeit in einen Dampfkasten gebracht (Temperatur nicht über 80⁰). Das Feuchthalten ist besonders bei den über Sonntag aufzubewahrenden Kuchen notwendig, da sonst Natriumsulfat auskristallisiert und die Fäden beschädigt. Die Fadenkuchen werden dann mit Hilfe eines sog. Naßhaspels (Abb. 24) von außen nach innen abge-

---

[1]) Chardonnet: Über eine Anwendung des Achtstundentags. Comptes Rendus Bd. 168, S. 1038. 1919.

[2]) Augenentzündungen in Kunstseidefabriken. Nederlandsch tijdschr. v. geneesk. Bd. 67, II, S. 576.

haspelt, nachdem man vorher zur Stützung der innersten Fadenlagen eine zusammengerollte 5—6 mm dicke Parakautschukplatte hineingesteckt hat. Bader (D. R. P. 350 327, 1921) verwendet zu diesem Zweck einen federnden Ring. Die gebildeten Strähne werden hierauf mit Wasser gründlich gewaschen, entschwefelt und eventuell gebleicht. Vor dem Trocknen werden die Stränge zur Erzielung eines stärkeren Glanzes oft gestreckt[1]). Das Spannen geschieht auf die Weise, daß man die Strähne über zwei Aluminiumrohre mit Stahleinlagen legt, die dann durch eine Vorrichtung von einander entfernt werden. Bei der Kanaltrocknung hat man eigene Spannwagen. Das Spinntopfverfahren hat namentlich in England und in Amerika das Walzenspinnverfahren fast vollständig verdrängt, da infolge des Wegfallens des Umspulens und Zwirnens an Arbeitslohn gespart wird. Bei stärker gedrehter Viskoseseide muß allerdings eine Nachzwirnung erfolgen.

Bei dem mehr für Stapelfaser als für Kunstseide angewendeten Haspelspinnverfahren werden die Fäden statt auf Walzen auf Haspel aufgewickelt; die mit den Fäden in Berührung kommenden Teile derselben sind aus Hartholz oder Ebonit (Hartgummi). Küttner (D. R. P. 343 926, 1920) baut die Haspel außerhalb der eigentlichen Spinnvorrichtung und senkrecht zur Maschinenlängsachse, wodurch die Leistungsfähigkeit vergrößert wird.

Nach dem Verfahren von Stearn (D. R. P. 108 511, 1898) wurden ursprünglich Lösungen von Ammoniumsalzen als Fällbad verwendet. Die erstarrten Fäden bestanden hier zunächst aus zellulosexanthogensaurem Ammonium oder Natrium, neigten sehr zum Zusammenkleben (drahtiger Griff der Seide!) und mußten erst durch Behandeln mit verdünnter Schwefelsäure in Zellulosehydrat umgewandelt werden. Das freie Ätznatron der Spinnlösung wurde durch die Säure des Ammoniumsalzes neutralisiert, wobei Ammoniak frei wurde, das natürlich wie bei der Kupferseide zurückgewonnen werden mußte. Eine wesentliche Schwefelabscheidung trat nicht ein, so daß direkt klare Fäden erhalten wurden. Durch Zusatz von Säure zum Fällbad suchte man den Verbrauch an dem kostspieligen Ammoniumsalz herabzumindern.

Da dieses Verfahren technisch unvollkommen und teuer war, ging man später zum sogenannten „Säurespinnverfahren" über. Dieses besteht dem Wesen nach darin, daß das Zellulosexanthogenat beim Verspinnen nicht nur gefällt, sondern durch die Wirkung der Säure, bzw. der Wasserstoffionen unter Bildung von Zellulosehydrat zersetzt wird. Da die Säure aber auch die schwefelhaltigen Verunreinigungen der Viskose zersetzt, bekommt man zunächst graugelbe, trübe Fäden, die später durch Behandeln mit Schwefelnatrium (engl. P. 17 503, 1902 der Vereinigten Kunstseidenfabriken A.-G. in Frankfurt a. M.) entschwefelt werden müssen. Als billigste Säure wird die Schwefelsäure verwendet, die um so verdünnter sein kann, je weniger Alkali die Spinnlösung enthält, je reifer die Viskose ist, je höher die Temperatur des

---

[1]) Beim Spulenspinnverfahren ist dies nicht notwendig, weil hier die Streckung schon durch das Zusammenziehen der Fäden beim Trocknen auf den Spinnspulen erfolgt.

Fällbads und je länger der Weg ist, den der Faden im Fällbad zurücklegt. Dabei ist jedoch zu beachten, daß die durch die Wirkung der Säure aus den Verunreinigungen der Viskose freiwerdenden Gase (Schwefelwasserstoff, Kohlendioxyd) in zu konzentrierter Schwefelsäure oder in zu heißem Fällbad fast unlöslich sind, so daß sich größere Gasbläschen bilden, die den Faden schädigen. Es hatte sich aber gezeigt, daß Schwefelsäure allein für die auf bisher übliche Art hergestellte Viskose kein vollkommen entsprechendes Fällbad war und deshalb setzte M. Müller dem Fällbad lösliche schwefelsaure Salze (Sulfate) zu. Dieses später mannigfach verbesserte „Säuresalzspinnverfahren" (D. R. P. 187947, 1905) ist noch heute von grundlegender Bedeutung für die Herstellung der Viskoseseide. Während die Schwefelsäure auf das Zellulosehydrat quellend wirkt, üben die Salze infolge ihres Wasserbindungsvermögens eine für die Beschaffenheit der Fäden günstige schrumpfende Wirkung aus. Es kommen hier hauptsächlich in Betracht: Natriumsulfat, Natriumbisulfat, Magnesiumsulfat und Zinksulfat. Hartogs (D. R. P. 324433, vom 1. November 1914) gibt z. B. folgende Zusammensetzung an: 45 % Wasser, 30 % krist. Magnesiumsulfat ($MgSO_4$. 7 H_2O, Bittersalz), 16 % Natriumsulfat (wasserfrei) und 9 % Schwefelsäure. Wenn die Schwefelsäure arsenhaltig ist, dann entsteht durch die Einwirkung des Schwefelwasserstoffs gelbes Schwefelarsen, doch findet im Gegensatz zu verschiedenen Literaturangaben ein absichtliches Hinzufügen von Arsenik zum Fällbad nicht statt. Hingegen wenden manche Fabriken einen Zusatz von Stärkezucker (Glukose) an, um die Zellulose vor einem Abbau durch die Säure zu schützen. Ein billigeres, von Hottenroth (brit. P. 147516) vorgeschlagenes Mittel ist die rohe Mischung von Kohlehydraten (hauptsächlich Glukose), die man erhält, wenn man Sägespäne mit 80 %iger Schwefelsäure verknetet, eine Zeitlang stehen läßt, mit Wasser auf 2 % Schwefelsäure verdünnt, unter Druck auf 110^0 erhitzt, teilweise neutralisiert, filtriert und durch Eindampfen konzentriert. Aber auch einfacher zusammengesetzte Fällbäder geben gute Resultate, wie z. B. eine wässerige Lösung von 11 % Schwefelsäure und 26—28 % Natriumsulfat bei einer Badtemperatur von 45^0. Nach dem D. R. P. vom 27. November 1913 der Vereinigten Glanzstoff-Fabriken A.-G. soll man sogar bei Verwendung von frischer Viskose mittels 7—10 %iger Schwefelsäure allein (ohne Salzzusatz) glänzende Fäden erhalten, wenn man die Dauer des Durchgangs des ausgepreßten Viskosestrahls durch das Fällbad möglichst kurz nimmt, z. B. statt 10—20 cm nur 3 cm bei 40 m Abzugsgeschwindigkeit in der Minute. Doch scheint dieses Verfahren auch Nachteile zu haben, da es, wie aus der mikroskopischen Beschaffenheit der Fäden ersichtlich, von der genannten Gesellschaft nicht ausgeübt wird. Nach dem A. P. 1534382 1924, von Hartogs wird dem schwefelsauren Fällbad bis zu 5% Salpetersäure zugesetzt.

Bemerkt muß noch werden, daß beim Walzenspinnverfahren ein säure- und salzreicheres (etwa 3 %) Fällbad angewendet wird als beim Spinntopfverfahren, wo besonders Zusätze von Zinksulfat, Ammonsulfat und Glukose beliebt sind.

Beim Spinnen erleidet das Fällbad natürlich eine Abnahme des Gehaltes an Schwefelsäure und Zunahme an Natriumsulfat, weil das Natrium der Spinnlösung an die Schwefelsäure der Koagulationsflüssigkeit gebunden wird. Um daher im Spinntrog stets ein Fällbad von gleicher Zusammensetzung zu haben, wie es für die Gleichmäßigkeit der Fäden notwendig ist, macht die Flüssigkeit einen ständigen Kreislauf durch: Herstellung, Erwärmen, Verteiler, Spinnmaschinen, Filtration (ausgeschiedener Schwefel!) und zurück zur Verstärkung in den ersten Herstellungsbehälter. Mit der Zeit reichert sich aber das Fällbad so stark an Verunreinigungen an, daß es ganz erneuert werden muß. Manche Fabriken gewinnen aus dem abgebrauchten Fällbad Natriumsulfat zurück, während die Nutzbarmachung der Schwefelverbindungen[1] bisher noch nicht über das Versuchsstadium hinausgediehen ist. Der zunehmende Wettbewerb wird aber zur wenigstens teilweisen Wiedergewinnung des Schwefels zwingen, wobei die großen Betriebe, für die allein solche Anlagen sich lohnen, sehr im Vorteil sein werden.

Auch beim Säure-Salzspinnverfahren bestehen die Fäden unmittelbar nach dem Verlassen des Fällbads noch nicht ganz aus Zellulosehydrat, sondern es bildet jedes Einzelfädchen gewissermaßen einen Schlauch aus Zellulosehydrat, der

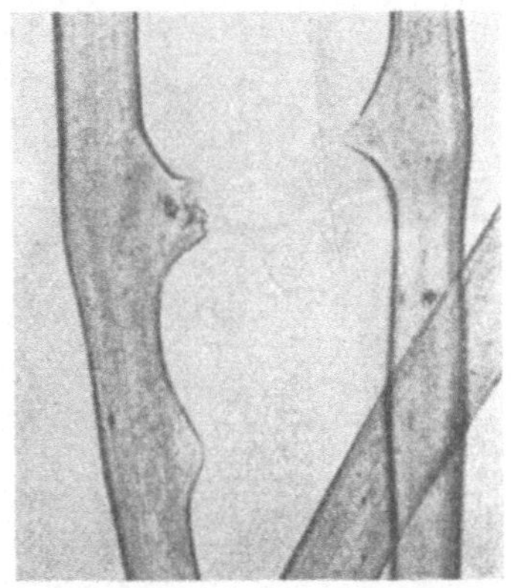

Abb.25. Fehlerhafte Viskoseseide. Vergr. 175.

unveränderte Viskose eingeschlossen enthält, die dann durch die allmählich eindringende Schwefelsäure ebenfalls in Zellulosehydrat umgewandelt wird. Gelegentlich kann es vorkommen, daß dieser Zellulosehydratschlauch an einzelnen Stellen platzt, so daß die eingeschlossene Viskose teilweise austritt, wodurch die Gleichmäßigkeit der Einzelfädchen leidet (Abb. 25). Das für Kupferseide gebräuchliche Streckspinnverfahren ist für die übliche, gereifte Viskose nicht anwendbar, weil die Koagulation auch in schwachwirkenden Fällbädern an der Oberfläche der Fäden so rasch erfolgt, daß ein Verfeinern durch Strecken kaum möglich ist. Hingegen gelingt es nach dem D. R. P. 405 443, 1918, bzw. dem D. R. P. 388 917, 1921 der Glanzfäden-A.-G. in Berlin, solche Viskose, die aus schwach hydralisierter Zellulose hergestellt wurde (kein Reifenlassen der Alkalizellulose und der Viskose, D. R. P. 389 394, 402 405 und 403 845) durch Verspinnen in ein ganz schwach wirkendes fließendes Fällbad (z. B. 1%ige Schwefelsäure) und darauffolgendes Erhärten der gestreckten Fäden in einem normalen Fällbad in sehr feinfädige Seide umzuwandeln. Auf ähnliche Weise wurde schon früher eine feinfädige Stapelfaser, die Vistraschappe her-

---

[1] Vgl. D. R. P. 346 829, 1920 (Schülke).

gestellt. Wenn es nun auch noch gelingt, die bisher übliche, eine Massen-
erzeugung nicht zulassende Apparatur des Streckspinnverfahrens zu ver-
einfachen, so wäre damit ein weiterer großer Fortschritt der Viskoseseidenfabrikation erzielt.

Als solchen kann man jedenfalls die Viskoseseide mit hohlen Einzelfädchen bezeichnen, die von einigen Werken (z. B. Gauchy) des Comptoir des Textiles artificiels nach Patenten von I. E.Brandenberger,
Drut und J. Rousset (z. B. D. R. P. 370471, 1921 und 378711, 1921,
E. P. 189973, 1921 und 214197, 1923 und amerik. P.1394270, 1920 und 1427320, 1922) seit 1922 er-zeugt und als „Celta", „Soie nouvelle" oder „tubulated silk" in den Handel gebracht wird. Die in der fertigen Seide mit Luft erfüllten Hohlräume (Abb.26) entstehen nach Rousset dadurch, daß der Viskose ein Stoff zugesetzt wird, der nach dem Austreten der Spinnlösung durch die Spinnlöcher feine Gasbläschen entwickelt. Nach Brandenberger wird die Viskose schon in der Mischma-schine mit einem indifferenten Gas (z. B. Stickstoff) emulgiert. Diese Emulsion bleibt auch beim Hin-durchgehen durch die Filterpressen bestehen. Es ist jedenfalls interes-sant, daß man die sonst schädliche und ängstlich vermiedene Gas-bläschenbildung nutzbar macht,

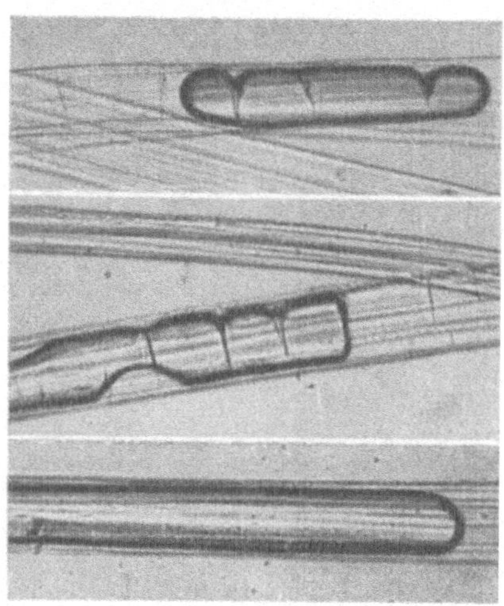

Abb.26. Viskoseseide mit hohlen Einzelfädchen („Celta"). Die schwarz umran-
deten Gebilde sind Luftblasen. Vergr.
137.

um ein neuartiges Gespinst zu erzeugen. Ein Teil der Einzelfädchen
ist übrigens ohne Hohlräume. Auf ein Denier bezogen, ist die Festigkeit
der „Celta" nicht geringer als bei gewöhnlicher Viskoseseide, weil in
beiden Fällen die von der Zellulose eingenommene Querschnittsfläche
des Garns gleich ist. Natürlich ist bei gleichem Titer der Celtafaden
bedeutend dicker. Die neue Seide ist viel leichter, hat eine größere
Deckkraft und eignet sich vorzüglich für Wirkwaren. Auf dem Körper
bewirkt sie nicht das kalte Gefühl, das allen Pflanzenfasern mit Ausnahme von Akon- und Kapokfaser eigen ist, sondern trägt sich angenehm warm wie Naturseide oder Wolle.

Das durch den Spinnprozeß unmittelbar erhaltene Erzeugnis wird
nach dem vollständigen Durchkoagulieren zunächst durch Waschen
mit Wasser von den darin löslichen Chemikalien, besonders der schädlichen Schwefelsäure (Hydrozellulosebildung!) befreit. Beim Spulenspinnverfahren geht dann die weitere Arbeit ganz analog der Glanzstofferzeugung vor sich: Waschen der auf den Spinnspulen befindlichen Fäden,
Trocknen bei 40—50°, Umspulen, Zwirnen und Haspeln.

Die auf der Spinnmaschine vollgesponnenen Spulen *1* werden zu je 5 Stück auf das Gestell *2* aufgesteckt. Zwischen die Spulen kommt ein Gummiring *3*, um sie gegenseitig abzudichten. Das Ganze wird auf die Auflage *4* gelegt und mittels Hebels *6* zusammengepreßt. Hiernach wird der Vakuumhahn geöffnet, wodurch das im Trog *7* befindliche Waschwasser durch die Seide und die Perforationen der Spulen hindurchgesaugt und durch das Rohr *5* abgeleitet wird. Nach Küttner (D. R. P. 404404, 1921) werden die Spulen zuerst bis zur Säurefreiheit mit kaltem und dann bis zur Schwefelkohlenstofffreiheit mit heißem Wasser gewaschen. Beim Zentrifugenspinnverfahren wird jeder Fadenkuchen noch im feuchten Zustand abgehaspelt. Die Viskoseseide wird also

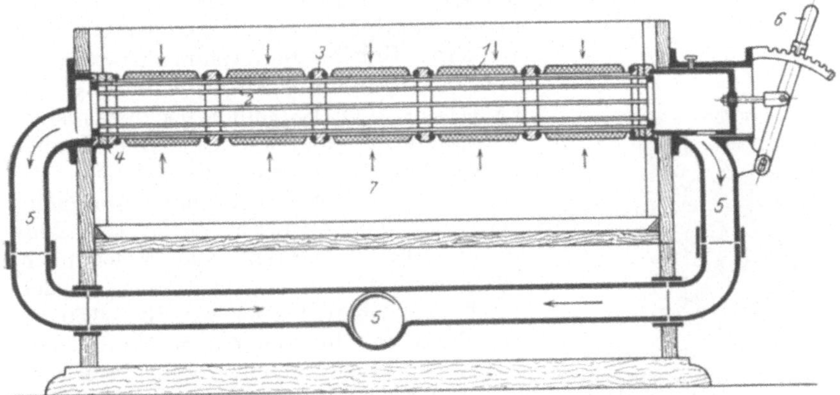

Abb. 27. Spulenwaschmaschine (O. Kohorn & Co.).

schließlich ebenfalls in Strangform gebracht, worauf noch eine weitere Nachbehandlung erfolgt. Infolge des abgelagerten Schwefels (etwa 1 %) ist sie von gelblichgrauer Färbung und ziemlich glanzlos. Es folgt daher zunächst das Entschwefeln (désulfuration). Dieses beruht darauf, daß der Schwefel und das etwa gebildete Schwefelarsen in warmer Schwefelnatriumlösung (Na_2S) löslich sind. Das Schwefelnatrium wird meist in entwässertem Zustand in Eisenblechtrommeln bezogen. Man verwendet eine 1—1,5 %ige Schwefelnatriumlösung von 50—60°, worin die Strähne fleißig umgezogen werden. Das Bad kann 8—14 Tage gebraucht werden, wobei es durch zeitweisen Zusatz von Abfallpreßlauge verstärkt wird. Der Gewichtsverlust der Seide ist größer als dem Schwefelgehalt entspricht, da auch Oxyzellulose gelöst wird. Nach dem Entschwefeln wird nacheinander mit Wasser, sehr verdünnter Salzsäure und wieder mit Wasser gewaschen. Da aber die Seide noch immer nicht rein weiß ist, muß sie für manche Verwendungszwecke gebleicht werden, was wie bei den anderen Kunstseiden (S. 22) geschieht. Hierauf wird wieder gewaschen, abgeschleudert und (beim Topham-verfahren oft unter Spannung der Fäden) bei 40—60° getrocknet.

In großen Fabriken wird das Entschwefeln, Bleichen und Trocknen unter größtmöglicher Vermeidung der Handarbeit fortlaufend vorgenommen. Zu diesem Zweck hängen die Strähne an einer Reihe von parallelen Stöcken und werden zunächst von der warmen Schwefelnatriumlösung berieselt, die von einem Trog aufgefangen und nach entsprechender Verstärkung (ein Teil des Schwefelnatriums wird durch den Luftsauerstoff in unwirksames Natriumsulfat übergeführt) von neuem verwendet wird. Die Stöcke samt den Strähnen werden dann durch eine Vorrichtung parallel zu sich selbst verschoben und über einem zweiten Trog mit Wasser berieselt, während über den ersten Trog unentschwefelte Seide zu hängen kommt. Und so läßt man der Reihe nach die notwendigen Chemikalien und Wasser einwirken (Bleichpassage). Wegen der Wiederverwendung der Lösungen und der ersten Spülwässer ist ein ziemlich verwickeltes Rohrleitungssystem erforderlich. Die Tröge für die eigentliche Bleichlösung (Natrium- oder Kalziumhypochlorit) sind mit Bleiblech ausgekleidet. Die Hauptmenge des den gewaschenen Strängen anhaftenden Wassers wird durch Abschleudern in Zentrifugen entfernt. Eine solche (Abb. 28) besteht dem Wesen nach aus einer Lauftrommel aus gelochtem oder geschlitztem Kupferblech von 100—150 cm Durchmesser, die von einem Mantel aus Eisenblech umgeben ist. Nach dem Einlegen der nassen Strähne in die Lauftrommel und Schließen des Deckels wird die an einer Stahlwelle befestigte Trommel

Abb. 28. Unterbetriebszentrifuge mit am Gestell angebauten Vorgelege und Sicherheits-Deckelverschluß (Haubold).

in rasche Drehung versetzt, wodurch das Wasser abgeschleudert wird. Die Fertigtrocknung erfolgt jetzt meist kontinuierlich nach dem in der Technik auch sonst viel verwendeten Kanal- oder Tunnelsystem. Die auf Stöcken befindliche Kunstseide wird mittels Wagen sehr langsam durch einen Kanal geführt, während warme trockene Luft entgegenstreicht, so daß die Seide am andern Ende trocken herauskommt.

Um den Glanz der Kunstseide zu erhöhen, werden die Strähne oft noch mittels der Lüstriermaschine behandelt. Diese besteht (Abb.29) aus einem kastenartigen Gehäuse, worin sich drehbare hohle Kupferwalzen befinden, von denen immer je zwei zusammengehören. Die Strähne werden über ein solches Walzenpaar gesteckt, die Walzen entfernen sich dann etwas voneinander und bewirken eine Spannung der Fäden. Nachdem der Apparat gegen außen abgeschlossen worden ist, wird Wasserdampf eingelassen, während sich die Kupferwalzen, die innen durch Dampf von höherer Temperatur geheizt werden, drehen, so daß alle Stellen gleichmäßig behandelt, also einer Art Plätten unterzogen werden. Beim Lüstrieren von Viskoseseide werden die Kupferwalzen bald schwarz, weil sich die Spuren von Schwefel, die der Seide noch anhaften, mit dem Kupfer zu schwarzem Schwefelkupfer vereinigen. Mit dem Lüstrieren kann die Erzeugung der Viskoseseide als abgeschlossen betrachtet werden, denn die nun folgenden Operationen ändern nichts an ihren wesentlichen Eigenschaften und werden auch bei den andern Kunstseidenarten durchgeführt.

Beim Spinnen, Spulen und Zwirnen der Kunstseide kommt es nicht selten vor, daß Einzelfädchen reißen und sich dann an einzelnen Stellen des Fadens zu knotenartigen Verdickungen verwirren, die bei der Ver-

Abb. 29. Lüstriermaschine.

arbeitung der Seide störend wirken würden. Diese schadhaften Stellen müssen daher durch das sogenannte Strangputzen ausgebessert werden, was wohl ausschließlich durch Handarbeit geschieht.

Mit dem Strangputzen ist gleich das Sortieren nach der Qualität verbunden. So bringen z. B. die Vereinigten Glanzstoff-Fabriken ihre Seide in drei Qualitäten in den Handel; doch bildet die Primaware fast 90 % der Gesamterzeugung. Maßgebend für die Einreihung in eine niedere Qualitätsstufe sind Unreinlichkeiten (sogenannte Flusen), steife Fäden und ungleichmäßiger oder geringer Glanz.

VI. Andere aus Spinnlösung hergestellte Erzeugnisse.

1. Künstliches Roßhaar.

Noch unangebrachter als der Name Kunstseide ist die Bezeichnung „künstliches Roßhaar‘‘ für pferdehaardicke Einzelfäden aus Zellulose.

Solche Fadengebilde werden von einigen Kunstseidenfabriken aus der Spinnlösung ähnlich wie die Kunstseide hergestellt, wobei man Einzeldüsen mit weiten Öffnungen verwendet. Das Kunstroßhaar bildet einen beliebig langen, je nach der Dicke mehr oder weniger steifen Einzelfaden von hohem Glanz; für bestimmte Verwendungszwecke kommen aber

Abb. 30. Querschnitte von „Excelsior" (Kupferoxydammoniakverfahren).

Abb. 31. Querschnitte von „Sirius" (Kupferoxydammoniakverfahren).

Abb. 32. Querschnitte von „Meteor" (Nitrozelluloseverfahren).

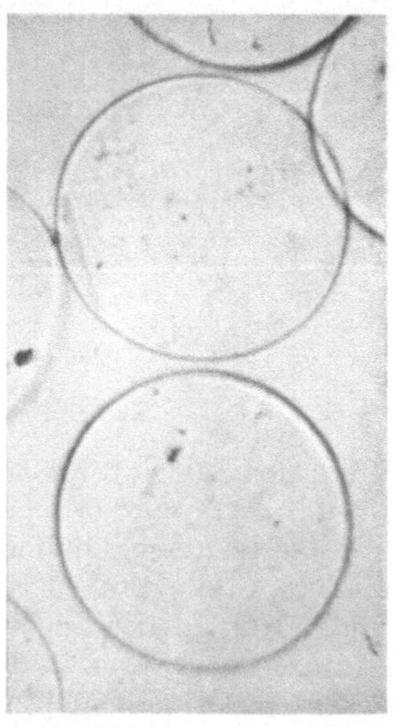

Abb. 33. Querschnitte von „Crinol Star" (Viskoseverfahren). Vergr. 45.

auch matte Fäden in den Handel. Das künstliche Roßhaar verhält sich gegenüber Wasser (Aufquellen und Festigkeitsabnahme), Farbstoffen, chemischen Agenzien und bei der Verbrennungsprobe genau so wie die betreffende Kunstseide. Es läßt sich wegen seiner beliebigen Länge bequemer verarbeiten als das natürliche Roßhaar, dessen hohe Elastizität und Dauerhaftigkeit dafür vom Kunstprodukt auch nicht annähernd erreicht werden. Die verschiedenen Arten von Kunstroßhaar gelangen meistens unter Phantasienamen in den Handel:

„Sirius" der Glanzstoff-Fabriken, früher nach dem Glanzstoff-, jetzt nach dem Viskoseverfahren erzeugt.

„Excelsior" der Glanzfäden A.-G. (Kupferoxydammoniakverfahren).

„Crinol star" der Viskoseseidenfabrik in Emmenbrücke (Schweiz).

„Meteor" wurde bis 1912 nach dem Kollodiumverfahren in Kelsterbach a. M. hergestellt.

Künstliches Roßhaar kann auch durch Hindurchziehen eines Baumwollzwirns durch Viskose und ein Fällbad hergestellt werden (Viszellingarne). Natürlich lassen sich auch Azetyl- und Äthylzellulose auf Kunstroßhaar verarbeiten, das dann in seinen Eigenschaften mit der betreffenden Kunstseide übereinstimmt. Wie aus den Abb. 30—33 hervorgeht, sind die künstlichen Roßhaare durch die Verschiedenheit ihrer Querschnittsformen unterscheidbar.

2. Künstliches Bastband (Kunstseidenbändchen).

Ganz ähnlich wie Kunstroßhaar kann man durch Anwendung von Düsen mit schlitzförmigen Öffnungen bandartige Kunstfäden herstellen, die sich ebenfalls beliebig färben und durch Einpressen von Mustern verzieren lassen. Die Düsen sind entweder aus denselben Metallen (Legierungen) wie bei der Viskoseseide oder aus hartem Kristallglas (zweiteilig). Beim Austreten der Spinnlösung in das Fällbad tritt eine Faltung des Bändchens ein, die selbst durch Glasstäbe und Fadenführer kaum zu verhindern ist; diese Faltung, die übrigens dem Bändchen die von den Abnehmern gewünschte Steife verleiht, ist an dem Querschnitt eines Viskosebändchens („Viska", St. Pölten) deutlich zu sehen (Abb. 34). Die Einkerbungen des Querschnitts entsprechen denen der Viskoseseide. (Vgl. auch Herzog, A.: Zur Technik der mi-

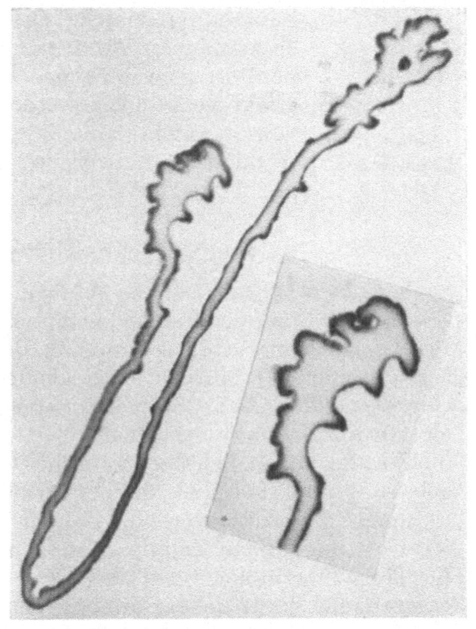

Abb. 34. Viskabändchen im Querschnitt. Vergr. 100 bzw. 170.

kroskopischen Untersuchung von Kunstbändern. Kunststoffe 1916, Nr. 9.) Um zu bewirken, daß sich das Bändchen in der Mitte faltet, verwendet die N. V. Nederlandsche Kunstzijdefabriek in Arnheim einen in der Mitte verengten Spinnschlitz (D. R. P. 387302, 1922). Eine andere Erzeugungsweise besteht darin, daß man eine größere Anzahl von Kunstseidenfäden, die etwa 100 dn stark sind, zunächst durch eine Kupferoxydammoniakzelluloselösung oder durch Viskose hindurchgehen läßt und dann durch geeignete Führung das Verkleben zu einem flachen Band bewerkstelligt. Diese Bastbänder bestehen dann aus lauter gleichlaufenden Seidenfäden, die nur oberflächlich durch Zellulosehydrat verklebt sind und sich besonders nach dem Anfeuchten leicht trennen lassen. Noch leichter ist dies der Fall bei den gelatinegeleimten Bändchen. Im

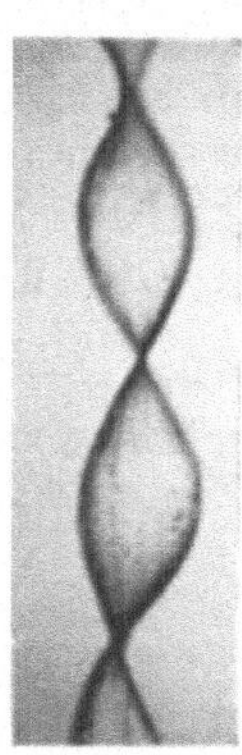

Abb. 35.
Lâme frisée.
Vergr. 5.

Handel benennt man diese Bändchen nach der Zahl der vereinigten Fäden (z. B. 20fach). Wenn man ein angefeuchtetes Viskosebändchen unter Druck zwischen besonders geformten geheizten Stahlwalzen hindurchgehen läßt, entsteht lâme frisée (Abb. 35), ein scheinbar spiralig gedrehtes Bändchen, das aber keine Torsion aufweist. Dieser beliebig färbbare „Kräuselbast" wird als Aufputz für Damenhüte verwendet. Zu erwähnen wäre noch das brit. P. 100631 der Vereinigten Glanzstoff-Fabriken zur Herstellung von Kunststroh, wonach die durch Auspressen von Zelluloselösung durch eine Düse mit schlitzförmiger Öffnung in ein geeignetes Fällbad entstandenen Bänder durch Drehen um ihre Achse (Zwirnen) in röhrenförmige Gebilde von eigenartigem Lichteffekt verwandelt werden. Ringförmige Düsenöffnungen würden nichts nützen, weil das Fällbad auf die Innenwand nicht einwirken könnte, was ein Zusammenkleben zur Folge hätte.

3. Künstliche Gewebe.

Im Jahre 1912 ist es auch gelungen, aus der Kunstseidenspinnlösung unter Umgehung der Fadenerzeugung direkt Gewebe herzustellen. Das Prinzip des von Ratignier und H. Pervilhac (D. R. P. 200509, 1907) herrührenden Verfahrens ist folgendes. Das Muster des betreffenden Gewebes (Tülls, Abb. 36)[1]) befindet sich auf einer horizontal gelagerten Metallwalze 1 eingraviert; von oben wird die Zelluloselösung aus einem dicht anliegenden Behälter 3 auf die ständig rotierende Walze auffließen gelassen, so daß, ähnlich wie bei der Walzendruckmaschine nur die Vertiefungen ausgefüllt werden. Bei der weiteren Drehung der Formwalze wird die geförderte Zelluloselösung durch Einwirken einer geeigneten im Trog 2 befindliche Fällflüssigkeit zum Erstarren gebracht und das entstandene künstliche Gewebe 4 mittels eines endlosen Tuches von der Walze abgeleitet und nach dem Waschen getrocknet. Der mit der Koagulierflüssigkeit in Berührung gekommene Teil der Formwalze muß, bevor er wieder in Funktion tritt, gereinigt werden.

----

[1]) D. R. P. 271020, 1911, der „Compagnie Nouvelle des Applications de la Cellulose" in Fresnoy-le-Grand. Kunststoffe 1914, S. 135.

Dies geschieht zunächst durch eine Waschvorrichtung, die aus dem mit einer Reihe von Löchern *6* versehenem Wasserzuflußrohr *5*, der Hülle *7*, den Ansatz *9* und dem Gummischieber *10* besteht. Das Waschwasser gelangt durch den Schlitz *8* auf die Formwalze und wird durch

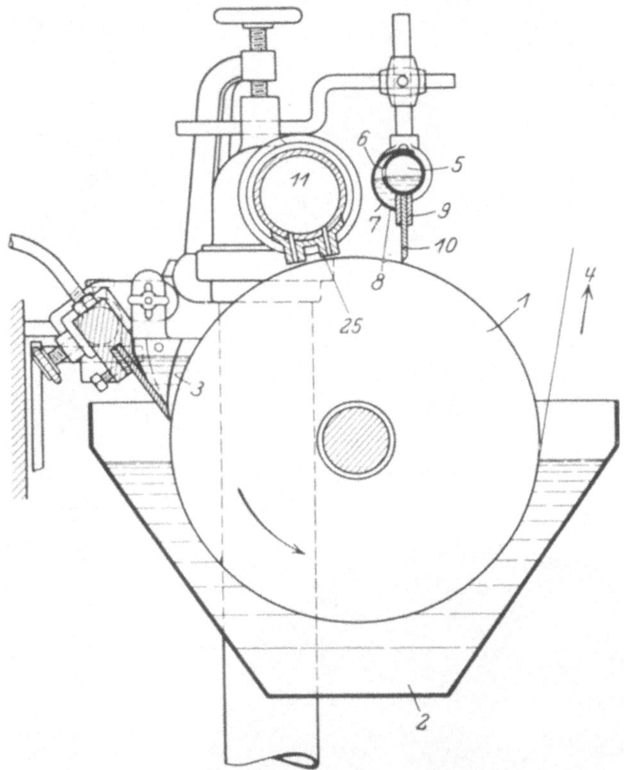

Abb. 36. Vorrichtung zur Herstellung künstlicher Gewebe.

eine pneumatische Trockenvorrichtung entfernt. Diese besteht aus dem parallel zur Walze liegenden Rohr *11*, das mit zwei Saugöffnungen in Gestalt einander paralleler, sehr enger Längsschlitze *25* versehen ist, durch die die Flüssigkeit abgesaugt wird.

Das „gegossene" Gewebe wird also kontinuierlich hergestellt. Vorläufig hat dieses Verfahren nur für lockere Gewebe, wie Tüll, Gaze und Spitzen Bedeutung erlangt. Die Eigenschaften dieser Produkte ergeben sich aus der Herstellungsweise von selbst: schöner Glanz, färbbar wie Kunstseide, geringe Naßfestigkeit und vor allem geringe Geschmeidigkeit. Diese oft an Brüchigkeit grenzende Starrheit hat ihre Ursache darin, daß einerseits keine feinen Einzelfädchen vorhanden sind, sondern dicke roßhaarähnliche Fadenstücke, und daß andererseits keine gegenseitige Verschiebung derselben eintreten kann. Die gegossenen Kunstseidengewebe können daher die aus dem Garn hergestellten nicht in jeder Hinsicht ersetzen, werden aber wegen ihrer Billigkeit

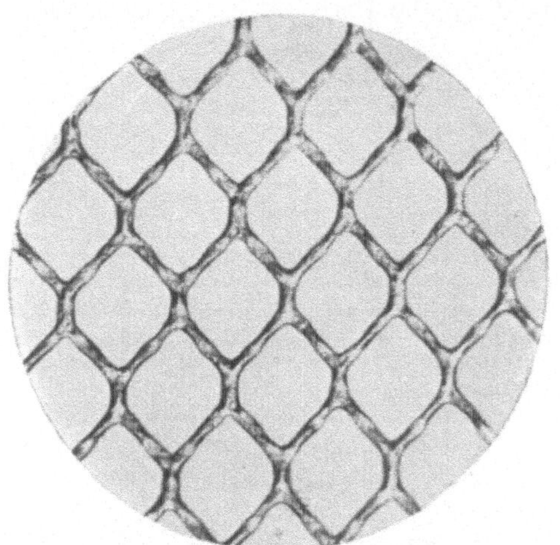

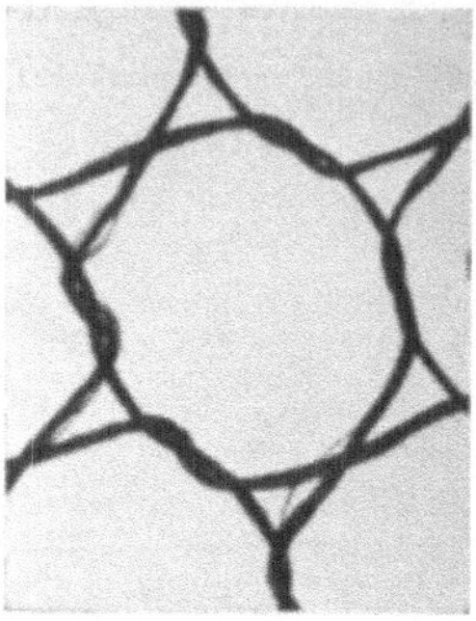

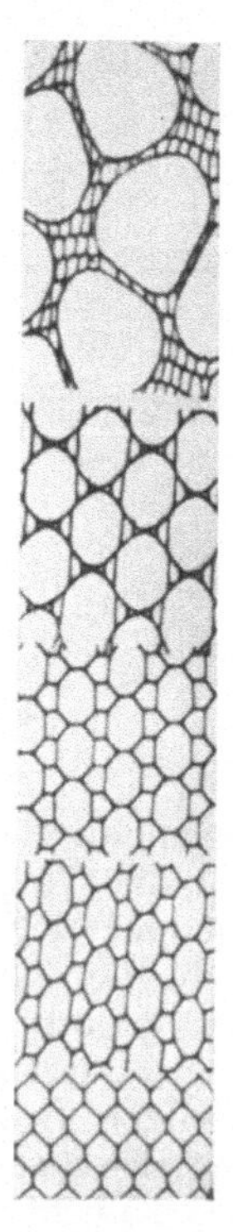

Abb. 38. Echter Seidentüll.
Vergr. 15.

Abb. 37. Künstlicher Tüll. Vergr. 15.

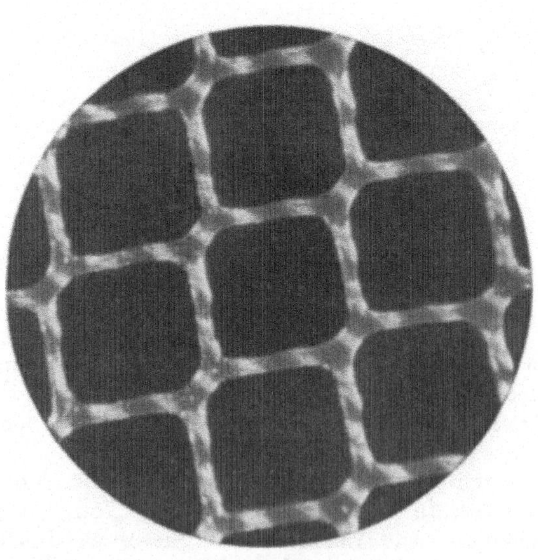

Abb. 39. Kunsttüll bei schiefer Beleuchtung (zeigt
Rillen zur Vermeidung von Speckglanz). Vergr. 20.

Abb. 40. Kunsttüllmuster.

besonders in Frankreich erzeugt. Das mikroskopische Aussehen ergibt
sich aus den Abb. 34—40.

Ein anderes Verfahren ist Foltzer bzw. der Firma Tr. Schmid u. Co. in Horn am Bodensee durch das Schweizer P. 69514 geschützt. Hier fließt die Zelluloselösung, der auch feingemahlener (also nicht gelöster) Zellstoff und Metallpulver beigemengt sein können, durch den schmalen Schlitz der Gießvorrichtung auf eine zu ihm parallele große glatte Walze, die sich, etwa zur Hälfte eingetaucht, in einem Fällbad dreht. Die Formung geschieht durch eine besondere kleine Preßwalze, die das Muster vertieft enthält und dicht bei der Gießvorrichtung angeordnet ist. In die Vertiefungen der Preßwalze wird vorher etwas Fällflüssigkeit eingespritzt, um ein Klebenbleiben der geformten Masse und eine Deformation auf dem Wege von der Preßwalze bis zum Fällbad zu verhindern. Das Verfahren ist kontinuierlich und es sind die sonstigen Einrichtungen ähnlich wie bei dem zuerst beschriebenen. Muster von nach diesem Verfahren hergestellten Erzeugnissen (1914) erwiesen sich als bedeutend „dickfädiger" als die künstlichen Gewebe nach dem D.R.P. 200509 und dürften mehr als Stickereinachahmungen in Betracht kommen. Nach einem späteren Patent wird die Geschmeidigkeit dieser künstlichen Gewebe dadurch erhöht, daß die Hohllinien der Preßwalze stellenweise mehrere feine Rippen enthalten, wodurch der sonst zu dicke Faden in mehrere feinere geteilt wird. Dem gleichen Zweck dient die Durchtränkung mit einer Magnesiumchloridlösung. Ein ganz ähnliches Verfahren verwendet auch Borzykowski (D.R.P. 321857).

4. Metallgarn Bayko.

Dies ist ein Ersatz für Metallgarne, der von den Elberfelder Farbenfabriken vorm. Bayer & Co. (daher der Name) unter Verwendung eines von Eichengrün zuerst dargestellten Zellulosetriazetats, des „Cellits", erzeugt wird. Die Fabrikation dieses neuen Rohstoffs für Brokate und Posamente geschieht der Hauptsache nach so, daß ein entsprechend gefärbter Kernfaden aus Baumwolle oder Tussahseide durch eine Lösung von „Cellit" in einem flüchtigen Lösungsmittel (Gemisch von Azeton, Amylazetat, Essigester usw.) hindurchgezogen wird, die äußerst feine Metallflitterchen suspendiert enthält. Die Fäden werden dann durch einen warmen Luftstrom getrocknet und sind nun mit einer dünnen metallglänzenden Hülle umgeben. Um diese gegen das Abreiben zu schützen, werden die Fäden noch durch eine eventuell gefärbte Cellitlösung ohne Metallteilchen hindurchgehen gelassen und wieder getrocknet. Da die Metallflitter allseits vom Zelluloseazetat umgeben sind, sind sie gegen jede, den Glanz beeinträchtigende Oxydation vollkommen geschützt und brauchen daher nicht aus Edelmetall zubestehen. Man verwendet Kupfer, Aluminium und verschiedene Legierungen. Abb. 41 stellt einen Querschnitt durch ein Baykogarn dar; zu innerst sieht man die Querschnitte der einzelnen, sehr dicht gelagerten Baumwollfasern, die von einem mit (schwarz erscheinenden) Metallteilchen durchsetzten Cellitring umgeben sind. Interessant ist der Umstand, daß ein dem unbewaffneten Auge grün erscheinendes Baykogarn (30/501) diese Farbe gar nicht enthält, da der Kernfaden gelb, die Metallflitterchen goldgelb und die Hüllpartie blau gefärbt ist. Die mittlere Dicke der einzelnen Fäden schwankt nach A. Herzog[1]) zwischen 0,146—0,248 mm, je nach der metrischen Nummer (18—30). Das spez. Gew. der Baykogarne ist viel kleiner als das der anderen Metallgarne (leonische Garne) und beträgt bei Garnen mit Baumwollkernfäden durchschnittlich 1,22 g. Ihre mittlere Ungleichmäßigkeit beträgt nur 6,5%. Die Festigkeit ist sehr bedeutend; z. B. für Garn Nr. 20 620 g, jedoch die Bruchdehnung (im Mittel 4,7) nur gering. Hingegen weisen die Baykogarne mit Tussahseidenkernfaden eine Bruchdehnung von 28,5% auf. Was den Metallglanz der Baykogarne anbelangt, so ist er natürlich bei weitem nicht so lebhaft wie der der Edelmetallgarne. Aber davon abgesehen, sichern die sonstigen guten Eigenschaften, wie Dauerhaftigkeit und Billigkeit, diesem Kunstfaden eine steigende Verwendung in verschiedenen Zweigen der Textilindustrie.

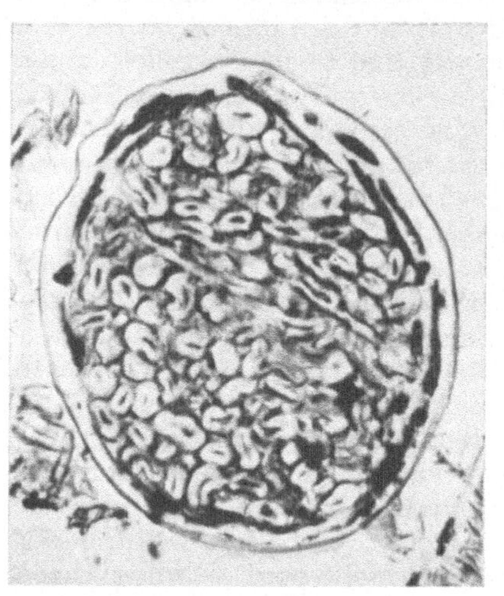

Abb. 41. Baykogarn (Querschnitt). Vergr. 200.

VII. Eigenschaften der Zelluloseseiden.

Die Eigenschaften der künstlichen Seiden ergeben sich z. T. aus ihrem Zellulosecharakter, z. T. sind sie eine Folge der Form und Dicke der Einzelfädchen. Im nachfolgenden seien die Eigenschaften der aus Zellulosehydrat bestehenden Kunstseiden kurz beschrieben, wobei die ohne besondere Behelfe erkennbaren Merkmale an die Spitze gestellt sind.

Farbe. Die Kunstseide kommt meist gebleicht in den Handel und ist dann von mehr oder weniger rein weißer Farbe. „Rohweiß" bedeutet einmal (in der Fabrik gebleicht); für ganz helle Farbtöne muß vom Färber noch einmal vorsichtig nachgebleicht werden. Ungebleichte Viskoseseide ist gelblichweiß bis bräunlichgelb und enthält oft noch etwas Schwefel; auch die gebleichte Seide besitzt noch einen schwach gelblichen Stich, der durch Bläuen verdeckt werden kann. Die Hanauer Kupferseide wies im rohen Zustand eine fast graue Färbung auf. Nitroseide hat meist einen schwach bläulichen Schimmer. Diesen nimmt man auch bei Kupferseide wahr, wenn man sie in Wasser taucht.

---

[1]) Mikroskopische und mechanisch-technische Prüfungen der Baykogarne. Kunststoffe 1912, S. 104. Auch die folgenden Zahlenangaben entstammen dieser Veröffentlichung.

Glanz. Die Zelluloseseiden besitzen einen stärkeren Glanz als die Naturseide, was aber, von gewissen Verwendungszwecken abgesehen, keinen Vorzug, sondern eher einen Fehler bedeutet, weil die Art des Glanzes bei den künstlichen Seiden von dem Edelglanz der echten Seide mehr oder weniger abweicht. Aber auch untereinander stimmen die verschiedenen Kunstseidenarten in ihrem Glanz nicht überein. Die Nitroseiden haben einen sehr lebhaften, aber unruhigen, flimmernden Glanz, wodurch man sie leicht von den andern Zelluloseseiden unterscheiden kann. Die Kupferseiden glänzen weniger stark als die Nitro- und Viskoseseiden; ihr Glanz hat aber einen etwas glasartigen Charakter und außerdem weisen sie zum Unterschied von der Viskoseseide sogenannte Flimmerpunkte, im Handel auch „Finken" genannt, auf. Diese lebhaft glänzenden punktförmigen Stellen, die besonders nach dem Färben sich störend bemerkbar machen, sind allerdings mit dem Übergang zum Laugenfällbad seltener geworden und fehlen ganz bei den feinfädigen Kupferseiden. Einen sehr schönen Glanz besitzt die Viskoseseide; sie glänzt lebhaft silberartig und ist vollkommen frei von flimmernden und glitzernden Stellen. Es braucht wohl nicht erst erwähnt zu werden, daß auch der Glanz von Kunstseiden gleicher Art, aber verschiedener Herkunft, gewisse Unterschiede aufweisen kann. So übertraf z. B. die Jülicher Nitroseide die meisten andern an Schönheit des Glanzes.

Man kann sich die Verschiedenheit des Glanzes der einzelnen Kunstseiden teilweise aus der verschiedenen Form des Einzelfädchen erklären. Wie aus der Beschreibung des mikroskopischen Baues hervorgeht (S. 82), besitzt die Nitroseide verhältnismäßig große spiegelnde Flächen, von denen das Licht ähnlich wie von kleinen Kristallflächen zurückgeworfen wird, wodurch der glitzernde Glanz entsteht. Bei den Kupferseiden hingegen, deren Einzelfädchen eine zylindrische Gestalt besitzen, ist der Glanz milder und gleichmäßiger, doch gibt es infolge plattgedrückter Fädchen auch hier spiegelnde Flächen, wodurch eben die schon erwähnten Flimmerpunkte entstehen. Ganz vermieden werden diese bei der Viskoseseide, weil hier die Oberfläche durch viele schmale Leisten gebildet wird. In einer sehr bemerkenswerten, noch nicht ganz abgeschlossenen Arbeit hat A. Herzog[1]) die Bedingungen des Glänzens der Faserstoffe näher untersucht. Einiges auf die Kunstseide Bezügliche sei hier kurz angeführt. „Der Glanz beruht auf der regelmäßigen Zurückwerfung des auffallenden Lichts; er hängt also in erster Linie von der Oberflächenbeschaffenheit der Einzelfaser ab." Auch die Gleichmäßigkeit des inneren Gefüges ist von Bedeutung; so konnte Herzog das milchig getrübte Aussehen von Kunstseidenbändchen auf mikroskopisch kleine Gasbläschen zurückführen (Fabrikationsfehler). Hingegen ist die ultramikroskopische Struktur der Fasern ohne Einfluß auf den Glanz. Wichtig ist auch die Durchsichtigkeit der Kunstseidenfädchen, weil das Licht dadurch auch von den inneren Flächen zurückgeworfen wird.

---

[1]) Über den Glanz der Faserstoffe. Kunststoffe 1916, Nr. 13. Ferner A.: Herzog: Die mikroskopische Untersuchung der Seide und der Kunststeide. S. 71.

Daß die Kunstseide, wie übrigens auch die meisten natürlichen Fasern und die Stärkekörner trotz ihres weißen Aussehens durchsichtig ist, erkennt man bei mikroskopischer Betrachtung, wo sie glasklar erscheint. Dickere Fasern glänzen im allgemeinen mehr als feinere. „Sirius" (künstliches Roßhaar nach dem Glanzstoffverfahren) glänzt daher mehr als Glanzstoff, dieser mehr als die feinere „Adlerseide" (S. 34). Auch die künstliche Färbung ist von Einfluß auf die Art und Stärke des Glanzes. Bezüglich der Leistenbildung (Nitro- und Viskoseseide) ist zu sagen, daß breite Leisten einen unruhigen, glitzernden Glanz, hingegen zahlreiche feine Leisten einen zwar etwas schwächeren, aber gleichmäßigen Glanz bewirken, der weniger glasartig, sondern mehr seidenartig ist. Die bei den meisten jetzigen Viskoseseiden vorhandenen Leisten bzw. Einkerbungen (vgl. Abb. 47) bewirken aber nach A. Herzog nicht nur eine Milderung und Vergleichmäßigung des Glanzes, sondern setzen auch die Durchsichtigkeit der Fäden herab, was eine erhöhte Deckkraft zur Folge hat. Zur zahlenmäßigen Bestimmung der Stärke des Glanzes kann der einfach zu handhabende Glanzmesser[1]) der Opt. Anstalt C. P. Goerz benützt werden; zur Untersuchung muß die Kunstseide aber vorher in Flächenform gebracht werden, sei es

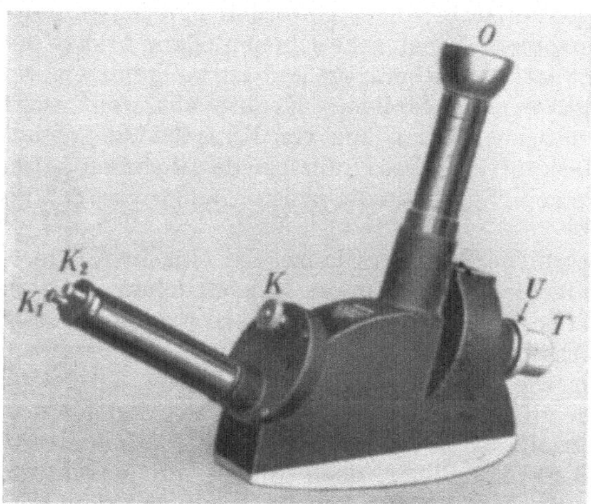

Abb. 42.   Glanzmesser.   (C. P. Goerz).

durch Aufwickeln auf einen Karton, sei es durch Verweben, wobei natürlich die Bindung (Fadenverflechtung) eine große Rolle spielt.

Ohne auf die nicht ganz einfache Theorie des in Abb. 42 dargestellten Glanzmessers einzugehen, sei nur kurz auf die leichte Handhabung hingewiesen. Der Apparat wird mit der weißen Fläche auf die Probe aufgesetzt. Die Klemmen K_1 und K_2 werden mit einer Stromquelle von 3—3,5 Volt Spannung verbunden, wodurch eine kleine Glühlampe zum Leuchten gebracht wird, deren Licht unter einem Winkel von 30^0 auf die Seide auffällt. Dieses Licht wird nun teilweise (wie bei einem Spiegel) regelmäßig zurückgeworfen (Reflexionsgesetz), teilweise

---

[1]) Dr. H. Schultz: Ein neuer Glanzmesser für Kunstseide (D.F.u.Sp. 1922, Nr. 15/16). Einen anderen Glanzmesser beschreibt Zart: Die Messung von Glanz und Deckkraft bei Kunstseide (Melliands Textilberichte 4, S. 161).

diffus zerstreut. Das Verhältnis der Intensität des regelmäßig zurückgeworfenen, übrigens polarisierten Lichts zum diffus zerstreuten gilt als Maß für den Glanz. Man blickt durch das Okular O und sieht ein aus zwei ungleich hellen Hälften bestehendes Gesichtsfeld, auf dessen Trennungslinie durch Ausziehen des Okulars zunächst scharf eingestellt werden muß. Hierauf werden durch Drehen des Triebs T die beiden Gesichtsfeldhälften auf gleiche Helligkeit gebracht und die Glanzgrade abgelesen. Für sehr stark glänzende Oberflächen ist ein Umschalter U vorgesehen, der eine Vergrößerung des Meßbereichs bewirkt. Durch Drehen des Knopfes K können farbige Filter vor die Lampe geschaltet werden. Auch von anderen Firmen wurden Glanzmesser gebaut, die aber ebenfalls, da nur die Stärke und nicht auch die Art des Glanzes zahlenmäßig festgelegt werden kann, die subjektive Prüfung nicht ganz ersetzen können.

Titer. Die künstlichen Seiden werden meist nur in höheren Titers, etwa von 90 dn aufwärts, erzeugt, da die Herstellung feinerer Fäden mit höheren Fabrikationskosten verbunden ist, die aber im Preis der Ware nicht ganz zum Ausdruck kommen können. Doch gibt es Fabriken, die sich besonders auf die Erzeugung von Kunstseide von niedrigem Titer verlegt haben. Obourg (Belgien) bringt ihre Chardonnetseide außer in den gewöhnlichen Titers auch in solchen von 40—100 dn in den Handel; dieses als „Extra filé" bezeichnete Produkt besteht aber aus feineren Einzelfädchen. Seide von 50 dn setzt sich z. B. aus 20 Einzelfädchen zusammen, wobei für Schußgarn die Zahl der Drehungen auf 1 m 300 und für Kettgarn 500 beträgt. Auch die an den hohen Spirituspreisen zugrunde gegangene Plauener Nitroseidenfabrik erzeugte feine Titer. Gegenwärtig wird in Deutschland hauptsächlich Kupferseide („Adler-" und „Hölkenseide") bis zu 40 dn herab hergestellt. Feinfädige Viskoseseide von niederem Titer stellen die „Vereinigten Glanzstoff-Fabriken" erst seit jüngster Zeit her. Über die genaue Bestimmung des Titers siehe S. 123.

Dicke der Einzelfädchen. Wie man schon mit unbewaffnetem Auge erkennen kann, sind die Einzelfädchen (Primärfäden), aus denen das Kunstseidengarn besteht, beträchtlich dicker als die Fibroinfädchen der Naturseide. Nur die nach dem Streckspinnverfahren (seit 1911) hergestellte Kupferseide („Adlerseide" der I. P. Bemberg A.-G.) bildet eine Ausnahme, da deren Primärfäden sogar etwas feiner als die der Maulbeerseide sind. Dieses Produkt, das aber von der genannten Firma zum größten Teil selbst verwebt wird, sieht daher der Naturseide täuschend ähnlich. Seit 1920 stellt auch die Firma M. Hölken A.-G. ein ähnliches Erzeugnis dar. In der Praxis wird die Stärke der Einzelfädchen in Deniers angegeben; besteht z. B. ein Kunstseidengarn vom Titer 120 dn aus 20 Einzelfädchen, dann hat ein solches eine mittlere Stärke von 6 dn. Die Angabe der Feinheit durch den mikroskopisch bestimmten mittleren Durchmesser ist streng genommen nur für Fäden von kreisrundem Querschnitt zulässig; genauer ist die Bestimmung der mittleren Querschnittsfläche. So entspricht z. B. bei einem spez. Gew. der Kunstseide von 1,52 g der Querschnittsfläche von 73,01 μ^2

(Kreis von 9,65 μ Durchmesser) eine Fadenstärke von 1 Denier (nach A. Herzog).

Griff. Entsprechend der Zusammensetzung aus gröberen Einzelfädchen fühlt sich die Kunstseide bei gleicher Zwirnung bedeutend härter an als die Naturseide; den weichsten Griff hat nach dem oben Gesagten natürlich feinfädige Kupferseide; auch Obourg extra filé und feinfädige Viskoseseide haben einen ziemlich weichen Griff. Durch unrichtige Behandlung der Kunstseide beim Färben kann ihr Griff geradezu „drahtig" oder „strohig" werden. Wie der echten Seide, kann man auch dem Kunstprodukt durch geeignete Behandlung einen gewissen „krachenden" Griff verleihen (S. 34). Die Elastizität (hier im physikalischen Sinn, nicht als Bruchdehnung zu verstehen) der Kunstseide ist viel geringer als die der echten Seide; allerdings büßt auch diese durch starkes Erschweren an Elastizität ein, bleibt aber noch immer der Kunstseide überlegen.

Bruchdehnung. Eine für die Verarbeitung der Kunstseide sehr wichtige Eigenschaft ist die meist fälschlich als Elastizität bezeichnete Bruchdehnung (Dehnbarkeit). Man versteht darunter die durch allmählich gesteigerten Zug bewirkte Verlängerung (Dehnung) des Fadens bis zum Bruche desselben; die Bruchdehnung wird in Prozenten der ursprünglichen Fadenlänge angegeben. Natürlich hat die Kunstseide auch in der Faserrichtung eine gewisse, allerdings sehr kleine Elastizität; d. h. eine durch Zug (Spannung) bewirkte geringe Längenzunahme geht nach dem Entspannen des Fadens wieder zurück. Je mehr ein Kunstseidengarn über dieses Maß hinaus, also mit bleibender Längenzunahme, gestreckt wird, desto steifer wird der Faden, was für die Weberei von großer Bedeutung ist. Die Bruchdehnung beträgt nach Becker bei den Zelluloseseiden 15—17 %. Die Elberfeld-Barmer Seidentrocknungsanstalt fand bei den bis 1913 untersuchten Mustern 10—20 %. Gute neuere Viskoseseiden besitzen aber schon eine Dehnbarkeit bis 25 %, die allerdings noch von der der Naturseide mit 25—30 % übertroffen wird. Für die Prüfung und Verarbeitung der Kunstseide ist auch der Umstand zu beachten, daß Festigkeit und Dehnbarkeit durch den Feuchtigkeitsgehalt der Fäden bzw. des Arbeitsraumes ziemlich stark beeinflußt werden. Trockenheit erhöht die Festigkeit, vermindert aber die Dehnbarkeit.

Hygroskopizität. Wie alle Textilstoffe ist auch die Kunstseide hygroskopisch, d. h. sie nimmt aus der Luft Wasser auf, ohne sich deshalb feucht anzufühlen. Die genannte Seidentrocknungsanstalt, die 1912 962 kg Kunstseide konditionierte (vgl. S. 122), fand dabei als kleinsten Wassergehalt 8,23 %, als Höchstwert 14,94 % und als Mittel 11,31 %. Eingehende Versuche über die Hygroskopizität der verschiedenen Kunstseidenarten hat K. Biltz angestellt (Textile Forschung Bd. 3, Heft 2). Nachstehende gekürzte Tabelle gibt an, wieviel kg Wasser in 100 kg der verschiedenen Seiden bei der betreffenden relativen Luftfeuchtigkeit enthalten war; die eingeklammerten Zahlen geben an, wieviel kg Wasser auf 100 kg trockene Kunstseide entfiel. Die Temperatur betrug im Mittel 18,7 °.

Relative Luftfeuchtigkeit in %	Nitroseide	Kupferseide	Viskoseseide	Azetatseide
31,0	6,5 (7,0)	5,5 (5.8)	5,6 (5,9)	1,87 (1,9)
53,9	11,7 (13,3)	9,4 (10,4)	9,3 (10,3)	3,4 (3,5)
62,1	12,8 (14,7)	10,3 (11,5)	10,2 (11,4)	4,2 (4,4)
90,9	23,2 (30,2)	20,8 (26,3)	20,8 (26,3)	8,5 (9,3)

Man sieht also, daß Kupfer- und Viskoseseide praktisch dieselbe Hygroskopizität haben, während die stärker hydratierte Nitroseide mehr Feuchtigkeit aufnimmt. Die Azetatseide ist wie die Ätherseide und die nichtdenitrierte Nitroseide wenig hygroskopisch.

Mikroskopie der Kunstseide. Obwohl jedermann die Kunstseide als solche ohne irgendwelche optische Hilfsmittel leicht erkennen kann (Glanz, Verbrennungs- und Benetzungsprobe), ist es für den, der seltener damit zu tun hat, doch schwierig, die einzelnen Arten von Zelluloseseide auseinander zu halten. Hier erweist sich nun das Mikroskop[1]) als ein willkommener Helfer; dies um so mehr, als die verschiedenen chemischen Unterscheidungsmerkmale mit Ausnahme der Diphenylamin-Reaktion (S. 126) äußerst problematischer Natur sind. Allerdings ist zu bemerken, daß die mikroskopischen Merkmale der künstlichen Seiden nicht Absolutes darstellen, sondern daß sie entsprechend den veränderlichen Fabrikationsmethoden verschiedenen Variationen unterliegen. Deswegen konnte auch die über dieses Gebiet vorliegende ältere Literatur, es seien nur die Namen Hassack, E. und Th. Hanausek, Höhnel und Massot genannt, nur zu Vergleichszwecken benutzt werden. Bezüglich der Technik der mikroskopischen Untersuchung[2]) sei auf das klassische Werk Prof. Dr. A. Herzogs verwiesen: Die mikroskopische Untersuchung der Seide und der Kunstseide, 1924.

Wenn man sich die Entstehung des Kunstseidenfadens vergegenwärtigt, wird man bei oberflächlicher Betrachtung zur Annahme geneigt sein, daß die durch kreisrunde Öffnungen ausgepreßte Zelluloselösung nach dem Festwerden ein mehr oder weniger zylindrisches Gebilde darstellen müsse. Diese Annahme trifft aber bei den Zelluloseseiden nur bei den nach dem Kupferoxydammoniakverfahren hergestellten zu. Die übrigen Zelluloseseiden haben ein durchaus abweichendes Aussehen, das nicht nur von der Art des Grundverfahrens, ob Nitro- oder Viskoseseide, sondern auch von der besonderen Ausführungsweise desselben abhängig ist. Naßgesponnene Nitroseiden unterscheiden sich deutlich von den trockengesponnenen; letztere selbst können wieder, allerdings nur im Querschnittspräparat feststellbare Unterschiede aufweisen (Tubize- und Obourgseide). Fast vollkommen kreisrunde Querschnitte mit glattem Rand können sich allerdings auch bei Viskoseseide finden (Abb. 43[3])), wenn als Fällbad Mineralsäure ohne Zusatz von

---

[1]) Als ein sehr nützlicher Hilfsapparat erweist sich dabei der C. Reichertsche Stereoaufsatz, der ein plastisches Sehen ermöglicht.

[2]) Für Anfänger im Mikroskopieren zunächst: Hager-Mez: Das Mikroskop und seine Anwendung. 12. Aufl. 1920.

[3]) Aus Süvern: Die künstliche Seide. S. 643.

Salzen verwendet wird, doch kommt dieser Fall heute praktisch kaum noch in Betracht. Auch Ammoniumsulfat als Fällbad gibt ziemlich runde Querschnitte (Abb. 44). Ferner können Azetat-[1]), Äther- und die nicht mehr hergestellte Gelatineseide kreisrunde Querschnitte aufweisen, ebenso eine nach einem besonderen Naßspinnverfahren erzeugte Nitroseide; doch spielt dies alles hier keine Rolle, weil sich diese Seiden c h e m i s c h leicht unterscheiden lassen. Bei der mikroskopischen Untersuchung der Kunstseide kommt hauptsächlich dreierlei in Betracht: 1. die Längsansicht der Einzelfädchen, 2. deren mittlerer Durchmesser und 3. die Form des Querschnitts. 1 und 2 lassen sich am gleichen Präparat bestimmen, die Herstellung der Querschnitte[2])

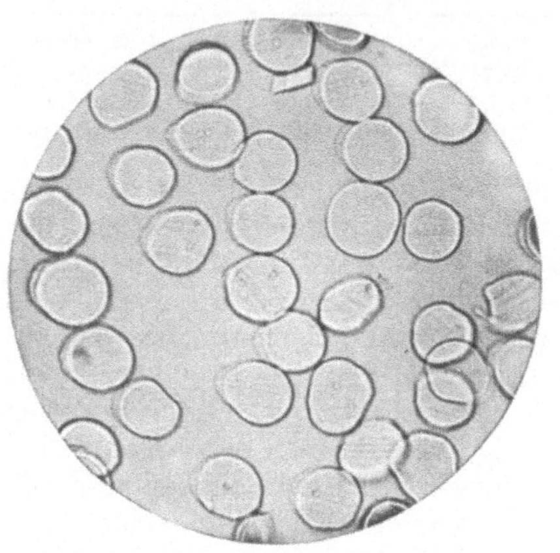

Abb. 43. Viskoseseide, in Schwefelsäure gesponnen.

ist etwas umständlicher. Außer der für eine genauere Prüfung der Querschnittsverhältnisse unentbehrlichen Dünnschnittmethode, bei der von den gewöhnlich in Paraffin eingebetteten Fasern etwa $^1/_{100}$ mm dicke Querschnitte gemacht werden, ist besonders eine von A. Herzog[3]) herrührende Schnellmethode zu erwähnen, die es auch dem Ungeübten ermöglicht, in etwa 1 Minute die Querschnittsformen einer Kunstseide oder sonstigen Faser unter dem Mikroskop zu sehen. Allerdings ist eine besondere Hilfsvorrichtung (ein total reflektierendes Glasprisma) erforderlich und man sieht die Schnittflächen nicht im durch- sondern auffallenden Licht. Wenn es sich nur darum han- delt, festzustellen, welche der drei Hauptzelluloseseidenarten vorliegt, so genügt bei Heran-

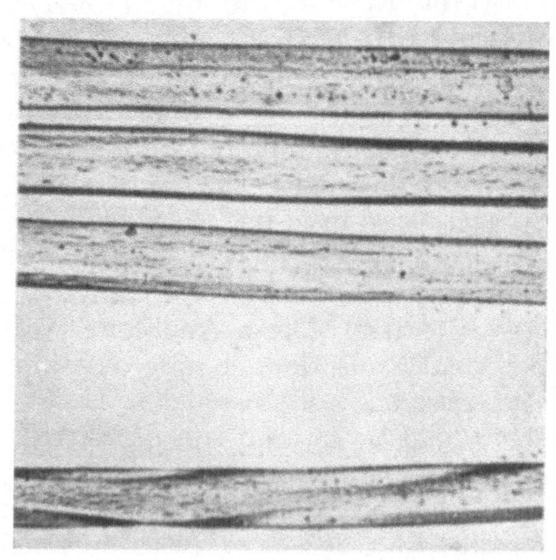

Abb. 44. Alte Viskoseseide („Lunaseide" der Vereinigten Kunstseidefabriken A.-G. Frankfurt a. M.). Vergr. 200.

---

[1]) Herzog, A.: Die Unterscheidung der natürlichen und künstlichen Seiden. S. 84.
[2]) Herzog, A.: Die mikroskopische Untersuchung der Seide und Kunstseide. S. 19—25.
[3]) Herzog, A.: Ebenda S. 19—20; Originalarbeit: Textile Forsch. 1921, H. 1.

ziehung der Diphenylamin-
reaktion gegenwärtig die Betrachtung der Längsansicht,
weil eben Viskoseseiden von
kreisförmigem Querschnitt
und grobfädige Kupferseiden
jetzt nicht mehr erzeugt werden. Soll aber auch ein Urteil über die Herkunft (Fabrik) abgegeben werden, dann
läßt sich die Anfertigung von
Querschnitten nicht umgehen.
Dies ist natürlich nicht so zu
verstehen, daß man in jedem
Fall imstande ist, die Marke
herauszufinden; bei den jetzt
kaum mehr hergestellten grobfädigen Kupferseiden und vor
allem bei der von so vielen
Fabriken erzeugten Syndi-

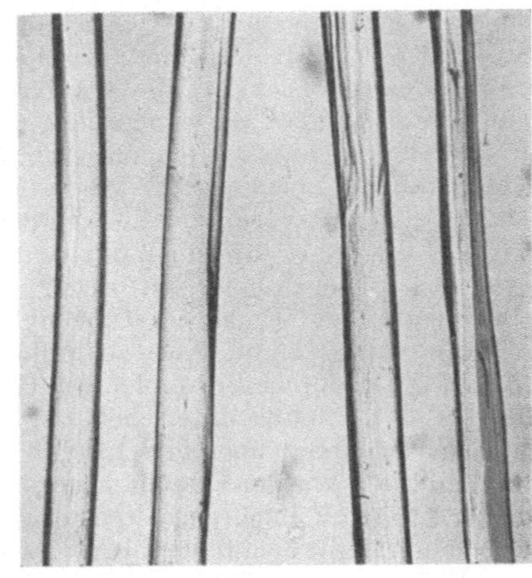

Abb. 45. Glanzstoff, in Natronlauge
gesponnen. Vergr. 150.

katsviskoseseide[1]) ist dies nicht möglich. Oft wird das Urteil nur
negativ lauten können; z. B.: diese Kunstseide ist wohl eine Nitro-,
aber keine Obourgseide.

Am leichtesten sind
die Kupferseiden zu er-
kennen, bei denen das
mikroskopische Bild der
zylindrischen Einzelfäd-
chen im wesentlichen aus
zwei ziemlich parallelen
Linien besteht (Abb. 45);
manchmal ist auch eine
sehr zarte Längsstreifung
vorhanden, die einer
äußerst feinen Zähnelung
der Querschnitte ent-
spricht. Abb. 46 zeigt den
kreisrunden Querschnitt
der Kupferseiden an der
schon erwähnten „Adler-
seide"der Bemberg A.-G.

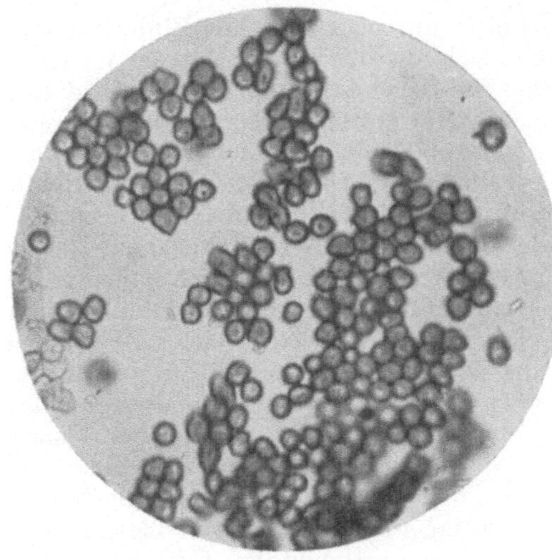

Abb. 46. Feinfädige Kupferseide („Adlerseide").
Vergr. 300.

Nach A. Herzog[2]) ist
die Kupferseide von Vis-

---

[1]) Darunter sind die nach dem Müllerschen Säuresalzspinnverfahren hergestellten Viskoseseiden verschiedener Fabriken zu verstehen, die vor dem Krieg
zu einem internationalen Syndikat vereinigt waren; vgl. S. 146.

[2]) Herzog, A.: Die mikroskopische Untersuchung der Seide und der Kunstseide. S. 143.

koseseide mit kreisrundem Querschnitt durch ihre ultramikroskopische Struktur (querverlaufende Netzmaschen) mit Sicherheit unterscheidbar.

Fast ebenso leicht ist die Syndikatsviskoseseide zu erkennen. Die Fäden weisen hier außerordentlich zahlreiche feine und meist auch einige gröbere Längsstreifen auf (Abb. 47), die, wie uns der Querschnitt lehrt (Abb. 48), eine Folge der zahllosen Einkerbungen, bzw. Leisten des Fadens sind. Hingegen hat die vor dem Krieg erzeugte Küttnersche Viskoseseide (Abb. 49 und 50) infolge des Fehlens feinerer Einkerbungen ganz das Aussehen einer Nitroseide, von der sie aber durch die nicht eintretende Blaufärbung mit Diphenylamin-Schwefelsäure leicht unterschieden werden kann. Aber auch die 1920 hergestellte Küttnerseide (Abb. 51) ist durch ihre einfachen Querschnittsformen von der Syndikatsseide leicht zu unterscheiden.

Sehr belehrend über den Einfluß der Zusammensetzung des Fällbads auf die Form der Einzelfädchen, namentlich der Viskoseseide, sind die in Süverns Buch enthaltenen, von Prof. Bronnert stammenden Querschnittsmikrophotographien. Darnach erhält man beim Spinnen von Viskose in verdünnte Schwefelsäure ohne Salzzusatz zylindrische Fäden mit glattem Rand, ähnlich wie bei Kupferseide (Abb. 43). Wendet man ein Gemisch von Schwefelsäure und Natriumsulfat im Bisulfatverhältnis (1 : 1,45) an, so erscheinen die Querschnitte zwar noch ganzrandig, aber von der Kreisform schon mehr abweichend. Wird der Salzgehalt (eventuell auch Magnesium- und Zinksulfat) um etwa 30 $^0/_0$ erhöht, so werden die Querschnitte unregelmäßig, mit Einbuchtungen oder Zähnelungen. Dies erklärt sich aus der schrumpfenden Wirkung, die die wasserentziehend wirkenden Salze auf das Zellulosehydrat ausüben. Wird der Salzgehalt noch weiter gesteigert, so tritt im Spinnbad selbst noch nicht vollständige Koagulation ein; die im Innern noch aus Xanthogenat bestehenden Einzelfädchen bekommen daher im Spinnbad selbst noch nicht ihre entgültige Form, sondern diese wird beeinflußt durch die Art und Weise, wie der Faden dem Aufnahmeorgan (Spule oder Spinntopf) zugeführt wird (Zugwirkung, Druck durch Fadenführer, Fliehkraft, gegenseitiger Druck der Fäden). Der gezähnelte Rand infolge der plasmolytischen Wirkung der Salze bleibt, doch tritt zugleich eine bohnenförmige Abflachung der Querschnitte ein. Im großen und ganzen sind heute die Viskoseseiden mikroskopisch einander sehr ähnlich (vgl. die Abb. 52—57), hingegen hat die aus ungereifter Viskose hergestellte Vistraseide (Abb. 58) ein charakteristisches Aussehen.

Das mikroskopische Aussehen der Nitroseiden ist im allgemeinen durch das Vorhandensein von wenigen, aber kräftigen Längsstreifen gekennzeichnet, die ebenfalls im Querschnittsbild ihre Erklärung finden (z. B. Abb. 59—61 und 72, 68, 73). Oft sind gerade in der Mitte der Faser zwei solche Längsstreifen, so daß das Vorhandensein eines Kanals (Lumens) vorgetäuscht wird (Abb. 60). Auch bei Viskoseseide kann dies vorkommen (Abb. 62). Ausnahmsweise kann aber wirklich ein Lumen vorhanden sein, wenn nämlich 2 oder 3 Kollodiumeinzelfädchen infolge zu langsamen Erstarrens miteinander verschmelzen (Abb. 63). Ein weiteres Merkmal der Nitroseiden besteht darin, daß viele flache bandartige Fädchen vorkommen (Abb. 60 und 64). Wie A. Herzog gezeigt hat, unterscheiden sich die naßgesponnenen Nitroseiden von den trockengesponnenen dadurch, daß erstere eine größere Zahl von Längsstreifen aufweisen, was eine Folge des komplizierteren Querschnitts ist (Abb. 65 und 78). Die 1914 versuchsweise nach einem besonderen Naßspinnverfahren (S. 19) hergestellte Tubizeseide (Abb. 66 und 69) hat aber im Gegenteil ganz besonders einfache, fast an Kupferseide erinnernde Querschnittsformen (Diphenylaminreaktion!). Wie eine genauere Betrachtung der Abb. 67—78 zeigt, weisen selbst die einzelnen Fabriksmarken der trocken gesponnenen Nitroseiden deutliche Unterschiede[1]) auf. Die zwei wichtigsten Nitroseiden, die von Obourg und Tubize, sind nicht schwer voneinander zu unterscheiden; Tubize hat einfachere Querschnittsformen.

Dicke der Einzelfädchen.

Wie schon früher erwähnt, haben die Kunstseiden im allgemeinen dickere Einzelfädchen als die Naturseide, was auf Griff, Glanz und Deckkraft von Einfluß ist. Wenn auch der Praktiker imstande ist, die Dicke der Einzelfädchen vergleichsweise anzugeben und zwar in Deniers, indem der Titer durch die Zahl der Einzelfädchen geteilt wird (z. B. bei Glanzstoff $\frac{100}{15} = 7$ dn und andererseits bei „Adlerseide" $\frac{85}{60} = 1{,}4$ dn oder bei einer besonders feingesponnenen $\frac{44}{44} = 1$ dn), so ist eine genaue Bestimmung doch nur durch das Mikroskop möglich. Nur darf man hier die Fäden nicht wie sonst in Wasser einlegen, weil dieses die Zellulose zum Aufquellen bringt, wodurch die Dicke um 40—60 % zunimmt. Wie A. Herzog gefunden hat, quellen auch die natürlichen Fasern in Wasser mehr oder weniger auf, z. B. echte Seide um fast 17 % und weiße Spinnenseide sogar um 42 %. Man bringt daher die Fädchen auf einen

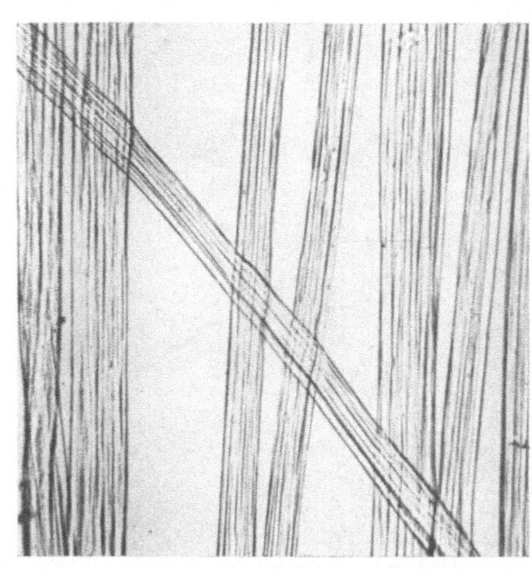

Abb. 47. Syndikatsviskoseseide (St. Pölten). Vergr. 150.

---

[1]) Vgl. auch Chardonnet: Über Querschnitte von Kollodiumseiden. Rev. gén. Ind. textile Jg. 4, Bd. 4, S. 9 und Comptes Rendus Bd. 167, S. 489. 1918.

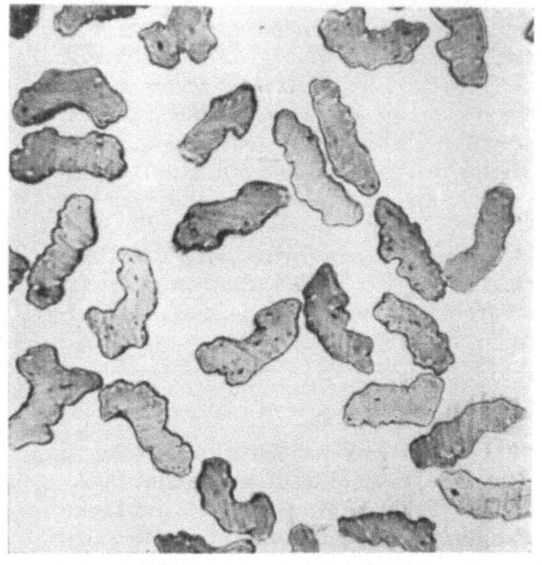

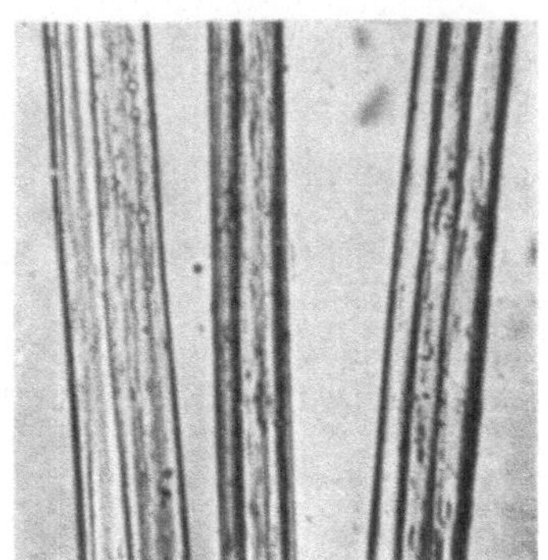

Abb. 49. Küttners Viskoseseide
(1914). Vergr. 150.

Abb. 48. Syndikatsviskoseseide (St. Pölten) im
Querschnitt. Vergr. 300.

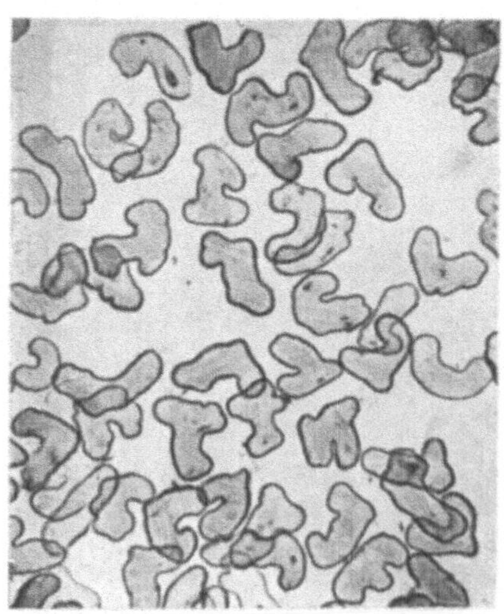

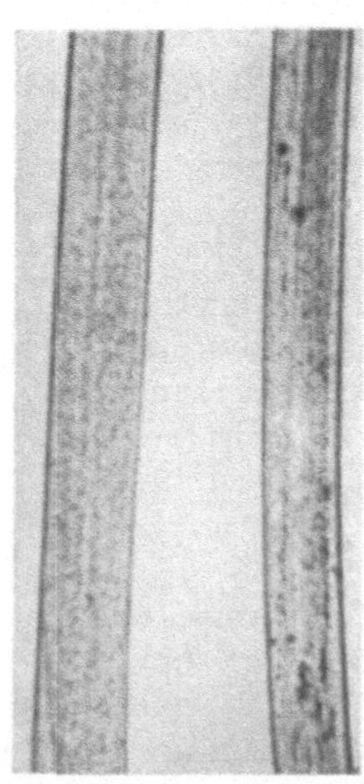

Abb. 50.   Querschnitt von Küttners
Viskoseseide (1914). Vergr. 250.

Abb. 51. Küttners Viskoseseide (1920) mit
eingelagerten Schwefelkörnchen. Vergr. 150.

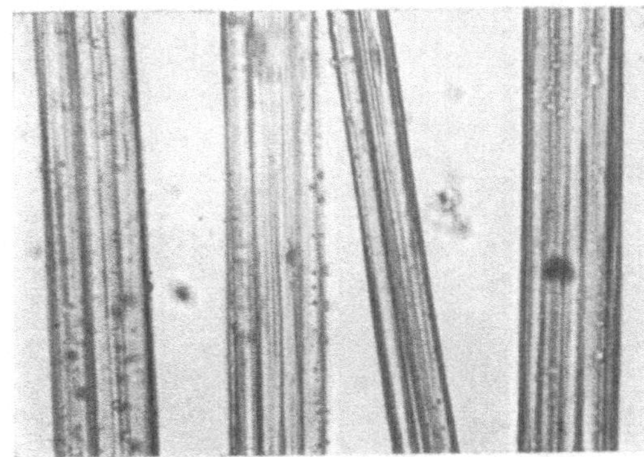

Abb. 52. Feinfädige Viskoseseide (Elberfeld 1922). Vergr. 300.

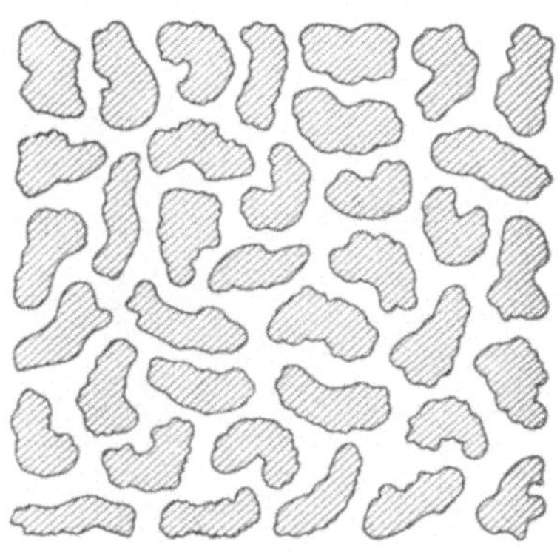

Abb. 54. Elsterberger Viskoseseide.

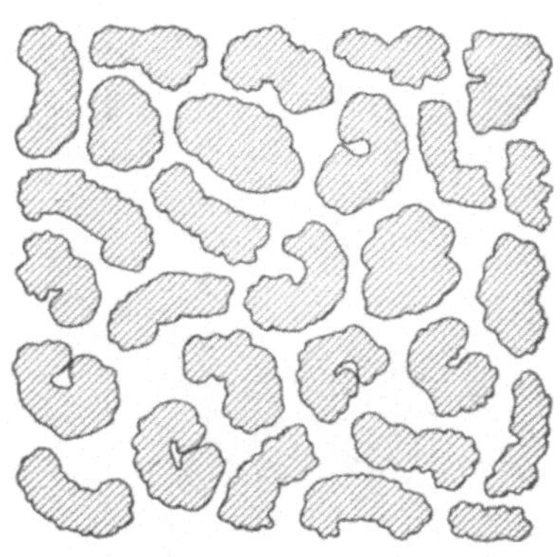

Abb. 55. Agfa Viskoseseide.

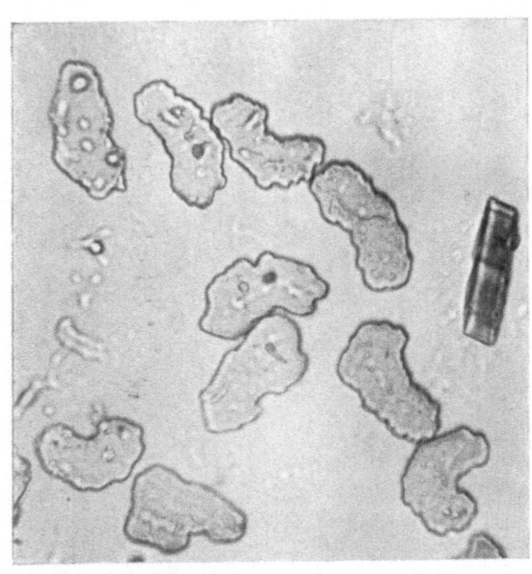

Abb. 53. Feinfädige Viskoseseide (Elberfeld 1922) im Querschnitt. Vergr. 300.

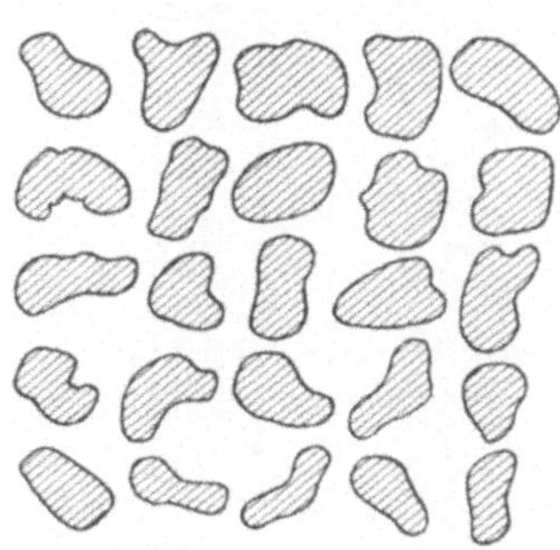

Abb. 56. Alte Viskoseseide („Lunaseide", Frankfurt a. M.).

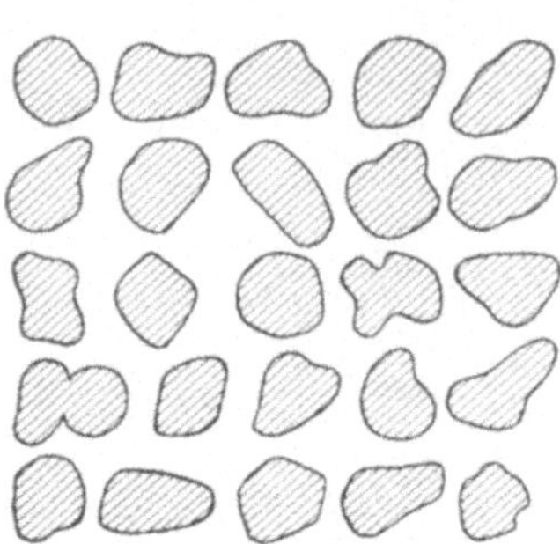

Abb. 57.
Küttners Viskoseseide 1920.

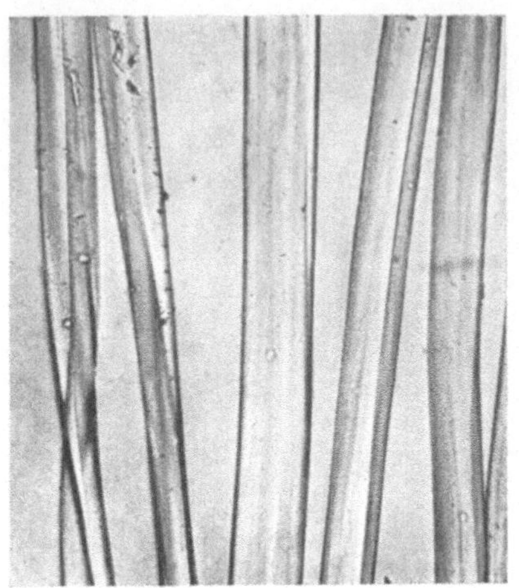

Abb. 59. Trockengesponnene Nitroseide
(Jülich 1913). Vergr. 200.

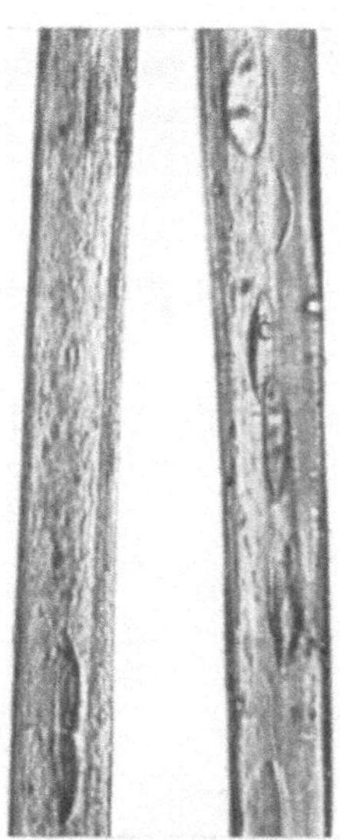

Abb. 58.   Vistraseide.
Vergr. 200.

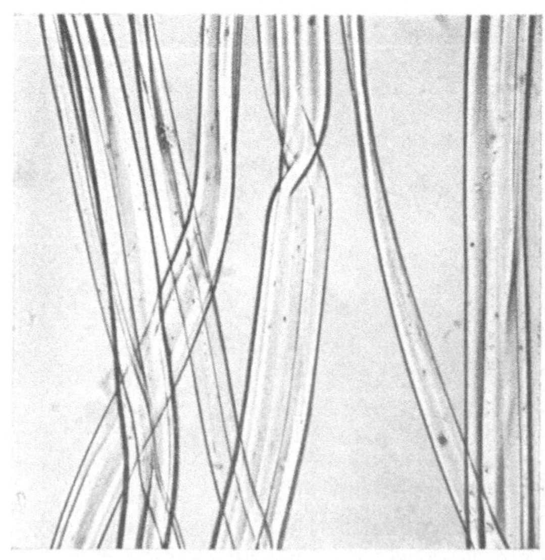

Abb. 60. Trockengesponnene Nitroseide (Obourg).
Vergr. 200.

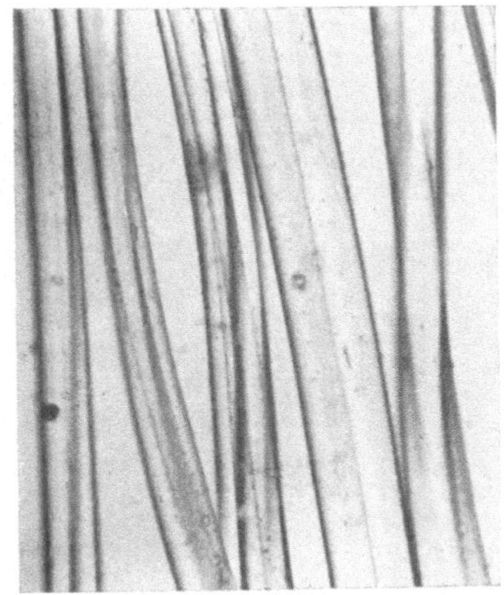

Abb. 61. Chardonnetseide (Rennes 1922). Vergr. 180.

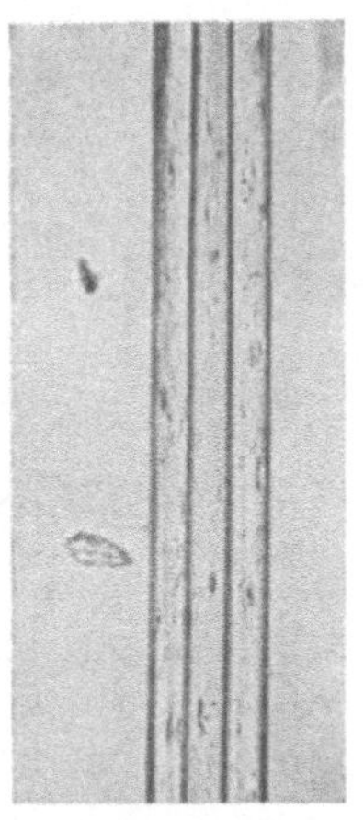

Abb. 62. Scheinlumen
bei Küttnerseide
1914. Vergr. 200.

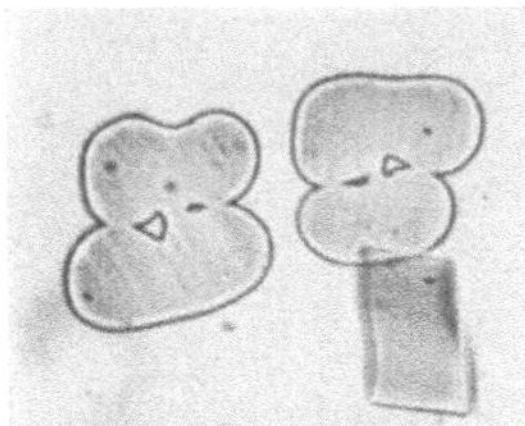

Abb. 63. Lumenbildung bei
trockengesponnener Tubizeseide durch Verschmelzen
von zwei Einzelfädchen.
Vergr. 350.

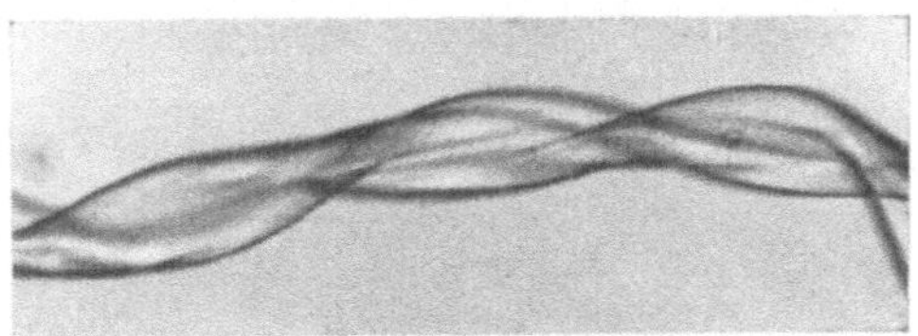

Abb. 64. Baumwollartige Drehung bei einer
Nitroseide (Schwetzingen 1922).
Vergr. 180.

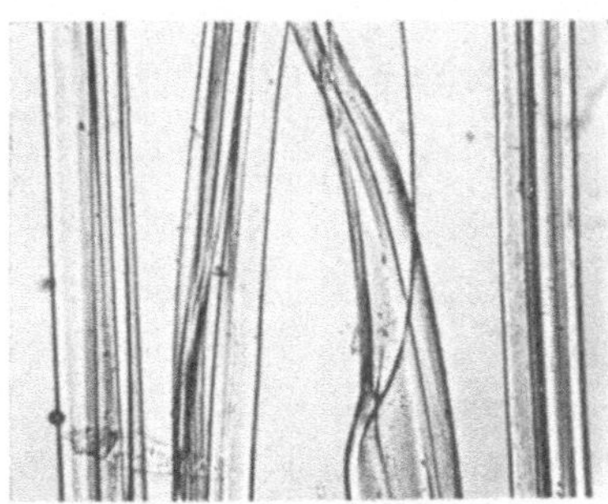

Abb. 65. Naßgesponnene Nitroseide
(„Silkin"). Vergr. 130.

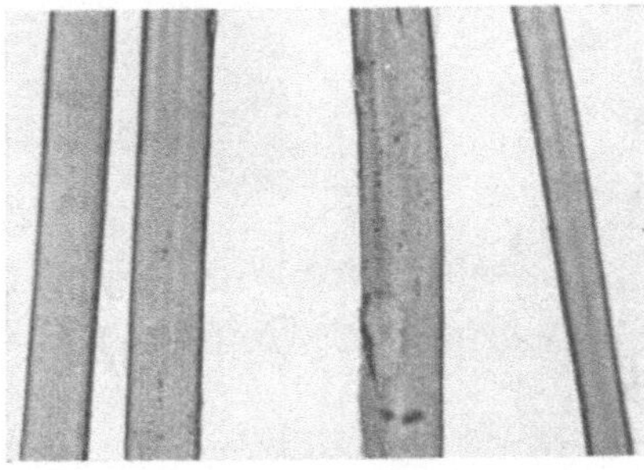

Abb. 66. Naßgesponnene Nitroseide
(Tubize 1914). Vergr. 200.

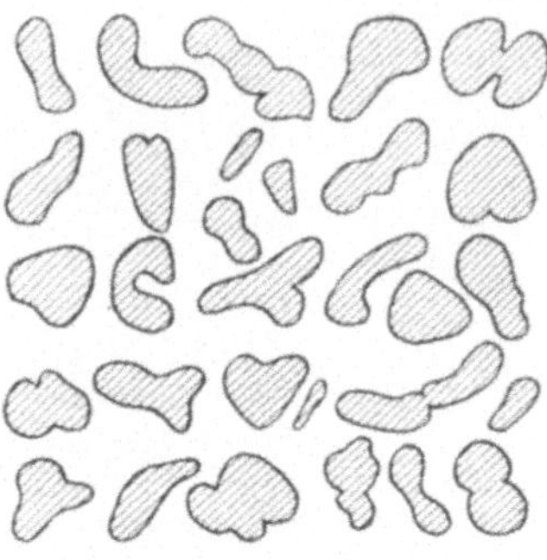

Abb. 67. Tubizeseide,
trockengesponnen.

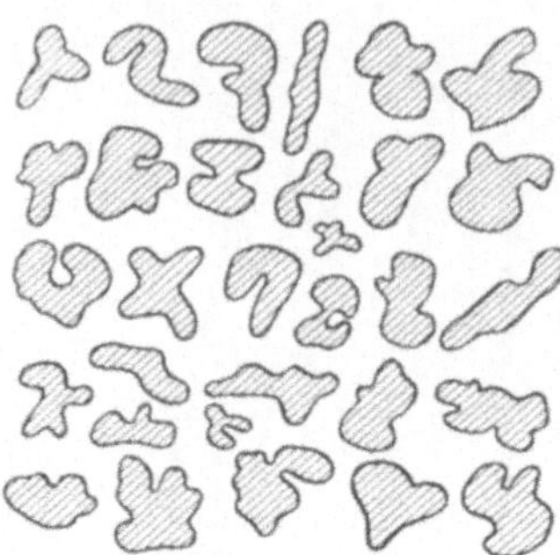

Abb. 68. Obourgseide.

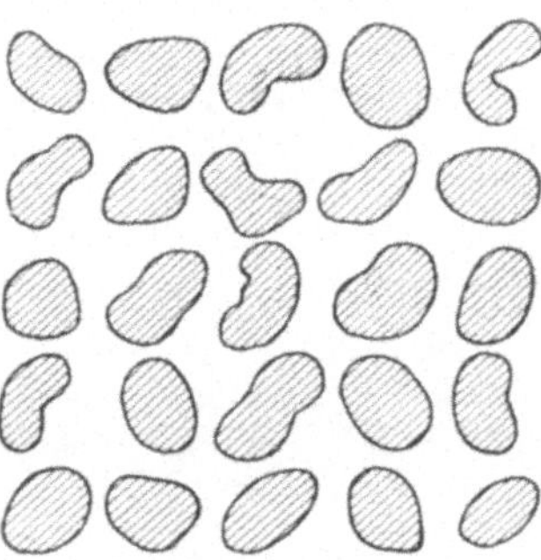

Abb. 69. Tubizeseide,
naßgesponnen.

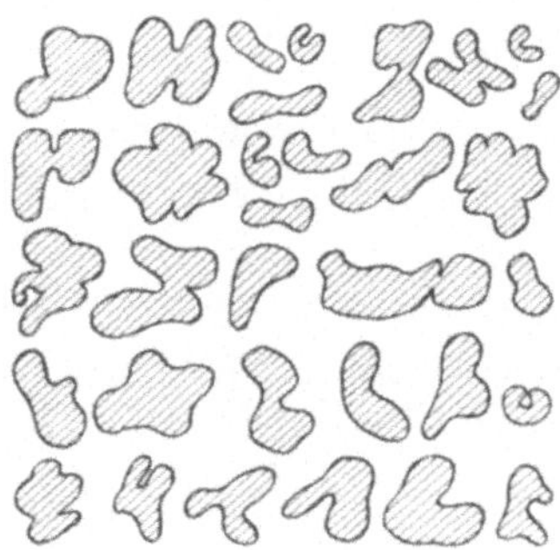

Abb. 70. Obourgseide, extra filé.

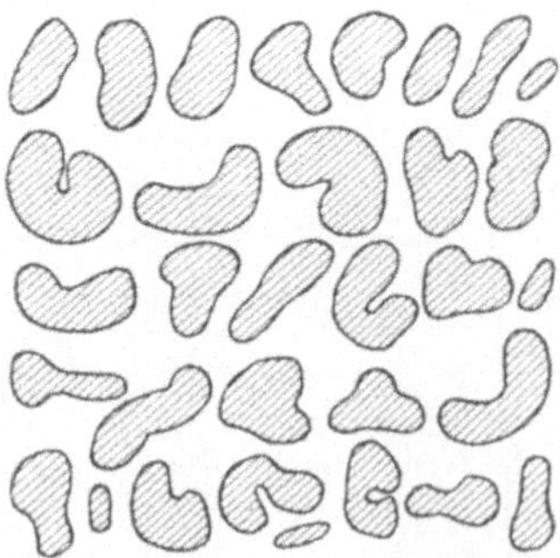

Abb. 71. Sárvárseide.

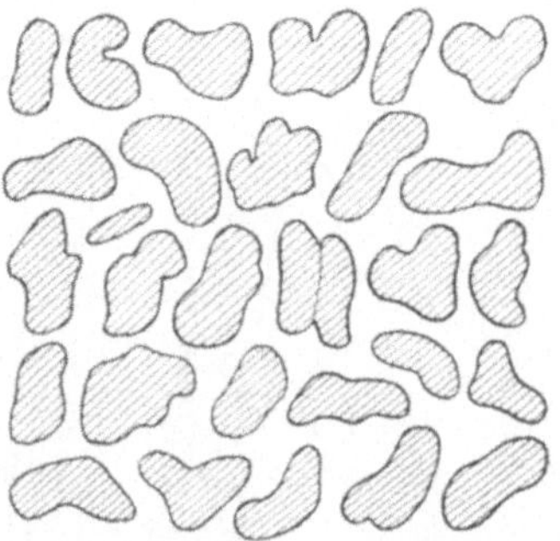

Abb. 72. Jülichseide.

Querschnittsformen von Nitroseiden.

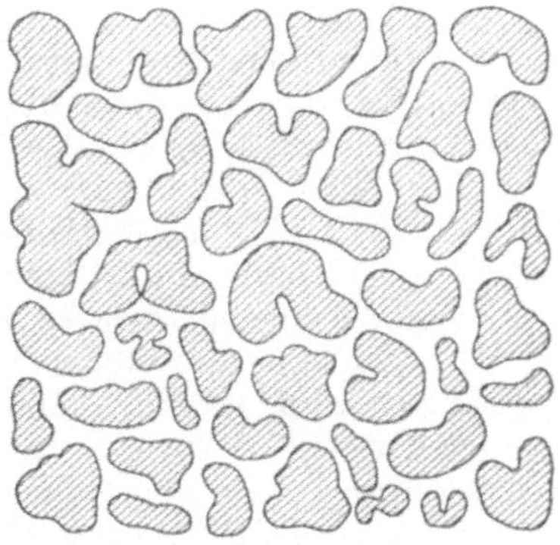

Abb. 73. Chardonnetseide (Rennes 1922).

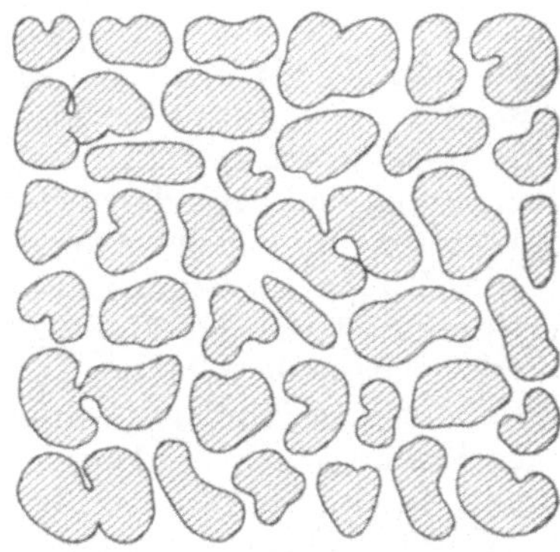

Abb. 74. Nitroseide (Schwetzingen 1922).

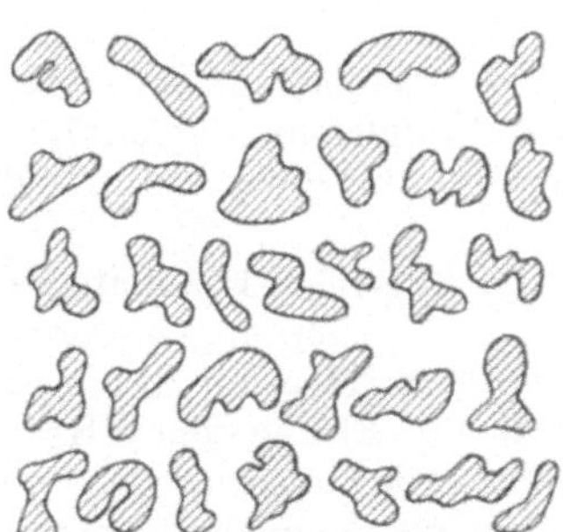

Abb. 75. Nitroseide (Frankfurt a. M.)

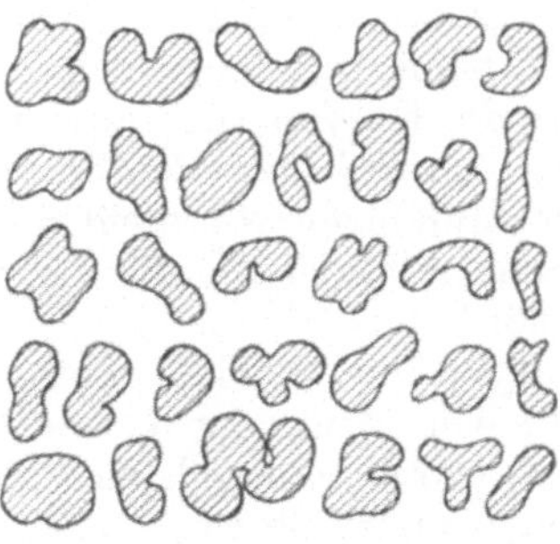

Abb. 76. Nitroseide (Plauen).

Abb. 77. „Perlseide" (Schwetzingen 1914).

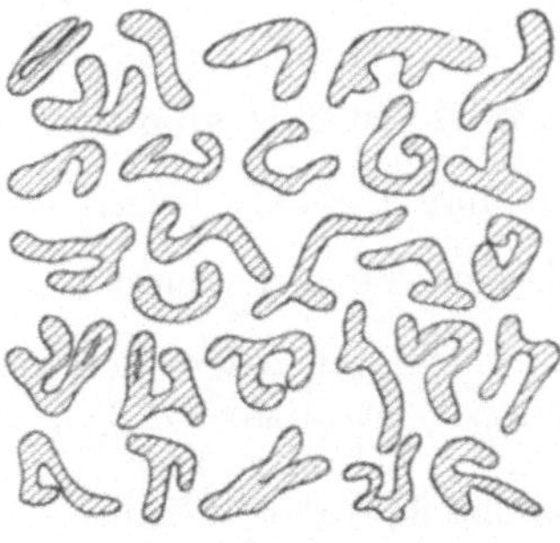

Abb. 78. „Silkin" (Pilnikau i. B.). Naßgesponnen.

Querschnittsformen von Nitroseiden.

trockenen Objektträger und bedeckt sie mit einem Deckgläschen oder man legt sie in eine Flüssigkeit ein, die nicht quellend wirkt, z. B. Paraffinöl. Da die Spinnlösungen selbst in ein und derselben Fabrik nicht immer genau dieselbe Viskosität besitzen, ist auch die Dicke der Elementarfädchen gewissen Schwankungen unterworfen, ganz abgesehen davon, daß besonders bei Kupferseide für höhere Titer oft Düsen mit weiteren Öffnungen verwendet werden. Wie Massot[1]) und A. Herzog, fand auch ich bei den gewöhnlichen Kunstseiden einen mittleren Durchmesser von rund 30 μ (0,03 mm), während Naturseide etwa 12 μ aufweist. Besonders breit, im Mittel 45 μ, waren die Einzelfädchen der seinerzeit in Pilnikau (Böhmen) erzeugten Nitroseide (Silkin). Feinfädige Viskoseseiden werden besonders in den Vereinigten Staaten hergestellt. Die feinen Titer gewisser Nitroseiden (Obourg, Tubize) bestehen aus 16—20 μ dicken Einzelfädchen. Am feinsten, nämlich nur etwa 10 bis 12 μ stark, sind sie aber bei der „Adlerseide" der Bemberg A.-G. und der „Hölkenseide". Wohl hat hier der Mensch die Natur übertroffen, diese bringt in Form von Spinnenseide (nach A. Herzogs Messungen nur etwa 7 μ dick) doch noch feinere Fäden zustande. Bei einer Azetatseide fand A. Herzog 48,6 μ.

Zu bemerken wäre noch, daß bezüglich der Gleichmäßigkeit der Dicke die Kupferseiden an der Spitze stehen [Ungleichmäßigkeit[2]) z. B. 7,6 %], dann folgen die Viskoseseiden (14,5 %) und die ganz besonders ungleichmäßigen Nitroseiden (37,7 %).

Sehr wertvoll für die Beurteilung des technischen Feinheitsgrades und der Deckkraft einer Kunstseide ist auch die Bestimmung des Völligkeitsgrades. Nach A. Herzog[3]) versteht man darunter das prozentische Verhältnis der Querschnittsfläche F zur Fläche jenes Kreises, dessen Durchmesser gleich der größten Breite B der Faser an der durchschnittenen Stelle ist. Man mißt also bei einem Querschnittspräparat (Abb. 79) die Fläche und den größten Durchmesser der einzelnen Querschnitte. Der Völligkeitswert V berechnet sich dann:

$$\frac{B^2\pi}{4} : F = 100 : V, \quad V = \frac{400\,F}{B^2\pi} = 127{,}32\,\frac{F}{B^2}$$

Da für Kunstseide vom spez. Gew. 1,52 g $F = \dfrac{T}{0{,}01368}$ (vgl. S. 93), so kann man bei bekanntem legalem Titer (T) den Völligkeitsgrad auch nach der Formel berechnen: $V = 9307\,\dfrac{T}{B^2}$. Im allgemeinen haben die bandartigen Nitro- und die neuen Azetatseiden den kleinsten Völligkeitsgrad (etwa 45—70 %), die Viskoseseiden einen mittleren (68 %) und die fast kreisrunden Kupferseiden den höchsten (93 %). Mit Recht verweist Herzog darauf, daß der Völligkeitsgrad auch mit andern

[1]) Beiträge zur Kenntnis neuer Textilfaserstoffe. Lehnersche Färber-Zg. 1907.
[2]) Angaben nach Herzog; bezüglich der Art der Berechnung siehe S. 125.
[3]) Die mikroskopische Untersuchung der Seide und der Kunstseide, S. 29. Textile Forsch. 1922, H. 3.

technischen Eigenschaften der Seide, wie Geschmeidigkeit, Biegsamkeit, Lichtdurchlässigkeit, Glanz und dem scheinbaren spez. Gew. von Gespinsten im Zusammenhang steht.

Da die schon erwähnte Quellbarkeit der Zelluloseseiden praktisch von großer Bedeutung ist, sei das Wesentlichste einer von A. Herzog[1]) durchgeführten Arbeit hier wiedergegeben. Beim Einlegen von Kunstseide in Wasser wird unter Wärmeentwicklung ein Teil aufgenommen, wodurch die Fasern aufquellen und hauptsächlich an Dicke, weniger an Länge zunehmen. Die geringe Längenzunahme erklärt sich meines Erachtens dadurch, daß die Zellulosemoleküle infolge des beim Spinnen

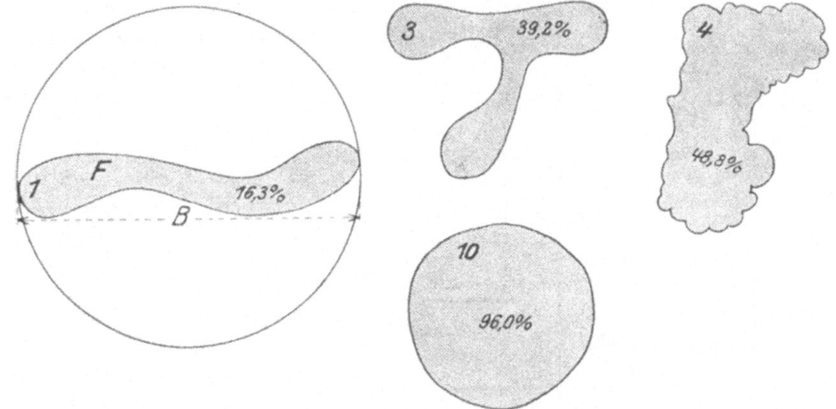

Abb. 79. Völligkeit der Kunstseide (schematische Darstellung)[2]).

stattgefundenen Streckens in der Längsrichtung weniger dicht angeordnet sind als senkrecht dazu. Da sich das Maß der Quellung infolge experimenteller Schwierigkeiten nicht durch Bestimmung der aufgenommenen Wassermenge ausdrücken läßt, zieht Herzog die Volumsvergrößerung heran. Man versteht unter kubischer Quellung die Vergrößerung des Volumens in Prozenten des ursprünglichen Volumens. Ist f die Querschnittsfläche einer Kunstseidenfaser im trockenen Zustand, F im nassen Zustand und l die Zunahme der Länge derselben Faser in Prozenten der ursprünglichen Länge, dann ist die kubische Quellung
$$= \frac{F\,(100 + l) - 100\,f}{f}\ \%.$$
Unter der quadratischen Quellung begreift man die Zunahme der Querschnittsfläche in Prozenten der ursprünglichen Fläche. Je kleiner l ist, desto mehr nähert sich, wie aus der Formel ersichtlich, die kubische Quellung der quadratischen. Sehr wichtig ist, daß man, wie Herzog gezeigt hat, bei der Bestimmung der linearen Quellung, d. h. der Vergrößerung der Faserbreite, ausgedrückt in Pro-

[1]) Quellung der Kunstseide in Wasser. Textile Forsch. 1921, H. 1.
[2]) Aus Herzog, A.: Die mikroskopische Untersuchung der Seide und der Kunstseide, 1924. S. 30.

Quellung verschiedener Kunstseiden in Wasser[1].

	Querschnittsform	spez. Gewicht	Breite der Einzelfaser in μ auf dem Querschnitt gemessen		Querschnittsfläche der Einzelfaser in μ^2		Längenzunahme beim Einlegen in Wasser in %	Lineare Quellung d. Breite in % der ursprüngl. Breite — auf Querschnitten (gemessen)	in der Längs-ans. (gemessen)	quadrat. Quellung in %	kub. Quellung in %	Festigkeitsverlust durch Befeuchten in %	Elastizitäts-änderung durch Befeuchten in %
			trok-ken	naß	trok-ken	naß							
Kupferseide . .	nahezu kreisrund	1,606	33,4	44,0	859	1390	3,65	31,7	38,5	61,8	67,8	73	+ 2,5
Nitroseide . . . (Lehnerseide)	sehr unregelmäßig, grob gelappt	1,572	69,6	82,0	2087	3030	0,77	17,8	38,7	45,2	46,4	67	+ 7,1
Viskoseseide . .	größtenteils nieren-förmig, mit zahlreichen Einkerbungen	1,528	39,6	51,0	627	1040	4,80	28,8	53,2	65,9	73,9	68	+ 8,7
Azetatseide . .	elliptisch	1,251	49,0	49,3	1364	1442	0,14	0,6	0,0	5,7	6,0	21	0

[1] Nach Herzog, A.: Textile Forsch. 1921, H. 1.

zenten der ursprüng-lichen Faserbreite, die Messungen an den ent-sprechenden Quer-schnittspräparaten und nicht, wie es früher allgemein üblich war, an den Längsansich-ten vornimmt; nur bei Kunstseiden mit voll-kommen kreisförmigen Querschnitten wäre dies zulässig. Ferner fand Herzog, daß bei den unregelmäßigen Querschnittsformen (Nitro- und Viskose-seide) die Quellung nicht ganz regelmäßig erfolgt, so daß der in Wasser liegende Quer-schnitt nicht immer ein vollkommen ge-treues vergrößertes Abbild des in der Luft liegenden vorstellt.

Optisches Ver-halten. Wie Höhnel zuerst gefunden hat, sind die Zellulose-seiden doppelbre-chend, d. h. das hindurchgehende Licht wird sozusagen in zwei Teile zerlegt, die einen verschie-denen Weg nehmen. Betrachtet man die Kunstseide im pola-risierten Licht bei gekreuzten Nikols, so erscheinen die Fäden in verschiedenen Far-ben auf dunklem Grunde. Es verhalten sich aber die einzelnen Arten von Kunstseide so verschieden dabei, daß A. Herzog[1]) diese optischen Unterscheidungsmerkmale zur Bestimmung der Art herangezogen hat; Azetatseide weist die schwächste, Nitroseide die stärkste spezifische Doppelbrechung auf. Auf den Dichroismus der Kunstseide kann hier nur hingewiesen werden. Ihr Lichtbrechungsvermögen ist geringer als das der Naturseide. A. Herzog stellt für die mittlere Lichtbrechung folgende Reihe auf:

Echte Seide	1,567	Nitroseide	1,532
Glanzstoff	1,538	Azetatseide	1,477
Viskoseseide	1,536		

Die eigentlichen Zelluloseseiden weisen also nur geringe Unterschiede in ihrem Lichtbrechungsvermögen auf.

Spezifisches Gewicht. Daß die Kunstseide um etwa $10\,^0/_0$ spezifisch schwerer ist als die Naturseide, ist eine den Verbrauchern schon längst bekannte, unangenehm empfundene Tatsache. Allerdings tritt auch hier insofern ein Ausgleich zugunsten der Zelluloseseiden ein, als die Dichte der entbasteten (gekochten) echten Seide, die 1,33—1,37 beträgt, durch das allgemein übliche Beschweren beträchtlich erhöht wird; Silbermann[2]) bestimmte das spez. Gew. einer abgekochten Naturseide zu 1,33 g, während dieselbe Seide mit $21\,^0/_0$ Zinnphosphatbeschwerung 1,52 g und mit $120\,^0/_0$ Beschwerung 1,88 g ergab. Die Zelluloseseiden unterscheiden sich untereinander nur wenig im spez. Gew. Der Bericht 1912 des Kgl. Materialprüfungsamts Berlin-Lichterfelde gibt die Dichte von absolut trockener Zelluloseseide zu 1,565 bis 1,570 an, bezogen auf Wasser von 4^0, während A. Herzog als Mittelwert 1,52 angibt. Laaser fand für lufttrockene Viskoseseide, bezogen auf Wasser von 4^0, 1,508. Auffällig ist, daß das spez. Gew. selbst bei Kunstseiden gleicher Herkunft Schwankungen unterliegt; so fand z. B. A. Herzog[3]) bei Küttnerscher Viskoseseide 1,51—1,52, bei „Adlerseide" 1,50—1,55 und bei Tubizeseide 1,52—1,56 g. Derselbe Forscher bestimmte das spez. Gew. von unbeschwerter Naturseide zu 1,37 g, der Spinnenseide zu 1,28 g und der Azetatseide zu 1,25—1,27 g. Bei der gefühlsmäßigen Beurteilung von Garnen und Geweben kommt es aber, wie A. Herzog betont, weniger auf das spez. Gew. der Substanz an, aus der die Fasern bestehen, sondern vor allem auf die Größe der luftgefüllten Hohlräume zwischen den Fasern. Je dichter also die Einzelfasern, z. B. infolge schärferer Drehung des Garnes, aneinanderliegen, desto größer ist das scheinbare spez. Gew., d. h. das Gewicht von 1 cm³ Garn samt der eingeschlossenen Luft. Ist d der Durchmesser eines Garns von der metrischen Nummer N oder vom legalen Titer T, so ist das

scheinbare spez. Gew. $s_1 = \dfrac{1{,}2732}{N\,d^2} = 0{,}000141\,471 \cdot \dfrac{T}{d^2}$. Der Luftgehalt

des Garns beträgt $\dfrac{100\,(s - s_1)}{s}$ Volumprozente. Bei einer weichen und

---

[1]) Herzog, Die mikroskopische Untersuchung der Seide und der Kunstseide. S. 61. 1924.

[2]) Über das spez. Gew. der Seide in bezug auf ihre Erschwerung. Chem.-Zg. 1894, S. 744.

[3]) Herzog, Die mikroskopische Untersuchung der Seide und der Kunstseide. Berlin: Julius Springer 1924.

geschmeidigen Viskoseseide fand A. Herzog z. B. $s = 1{,}528$, $s_1 = 0{,}172$ g und einen Luftgehalt von $88{,}8\,^0/_0$. Ein besonders niedriges scheinbares spez. Gew. weist natürlich Kunstseide mit hohlen Einzelfädchen auf („Soie nouvelle", „Celta", Blasenseide, S. 64).

Eine Folge der größeren Dicke der Einzelfädchen ist die im Vergleich zur Naturseide geringere **Deckkraft** der künstlichen Seiden beim Verweben. Diese Eigenschaft bedingt ihrerseits wieder im Verein mit dem größeren spez. Gew. der Kunstseide eine geringere Ausgiebigkeit, was bei Kalkulationen wohl zu berücksichtigen ist. Die feinfädigen Kunstseiden haben natürlich eine größere Deckkraft.

Dem elektrischen Strom gegenüber erweist sich die Zelluloseseide entsprechend ihrer Zellulosenatur als ein gutes Isoliermittel, dessen Wirksamkeit allerdings durch Aufnahme von Feuchtigkeit ziemlich stark beeinträchtigt wird. Ein noch höheres **Isoliervermögen** kommt der Azetatseide zu, die außerdem wenig hygroskopisch ist. In bezug auf die **spezifische Wärme** und das **Wärmeleitungsvermögen** entspricht die Zelluloseseide mehr den pflanzlichen Fasern, z. B. Flachs, als der echten Seide.

Was das Verhalten der künstlichen Seiden beim **Erhitzen** anlangt, so gilt im allgemeinen dasselbe, was S. 5 von der Zellulose gesagt wurde, nur daß die Kunstseide als Zellulosehydrat weniger widerstandsfähig ist als die unverholzten natürlichen Pflanzenfasern (Baumwolle, Flachs usw.). Kurzes Erhitzen auf höhere Temperatur ($140\,^0$) schadet oft weniger als längeres Einwirken von geringeren Hitzegraden. Die durch die Wärme bewirkten schädlichen Erscheinungen bestehen in einer Gelb- bis Braunfärbung und Abnahme der Festigkeit bis zum völligen Morschwerden. Am empfindlichsten gegen Hitze sind die Nitroseiden; dies hat nach Heermann[1]) seinen Grund darin, daß diese Seiden meist Zelluloseschwefelsäureester enthalten. Manchmal tritt nun schon beim Lagern solcher Kunstseide eine Zersetzung dieser Verbindungen unter Abspaltung von freier Schwefelsäure ein; diese wirkt dann beim Erhitzen oder nach längerem Lagern der Nitroseide zersetzend auf den übrigen Teil der Zelluloseschwefelsäureester ein und die gesamte freie Schwefelsäure wandelt dann die Zellulose in morsche Hydrozellulose um, eine von Heermann als **Säurefraß** bezeichnete Erscheinung. Daß dieser Fehler aber nicht unvermeidbar ist, ergibt sich daraus, daß selbst 20 Jahre alte Muster von Chardonnetseide nicht die geringsten Zersetzungserscheinungen aufwiesen.

Verhalten zu Farbstoffen. Die Zelluloseseiden verhalten sich den verschiedenen Farbstoffgruppen gegenüber im allgemeinen ähnlich wie gebleichte Baumwolle; doch nimmt die Kunstseide die Farbstoffe leichter an, wobei es allerdings auf die Art der Seide ankommt. Kupferseide (Glanzstoff) und Viskoseseide kommen in ihrem färberischen Verhalten der Baumwolle am nächsten und werden daher meist mit substantiven Baumwollfarbstoffen (Diaminfarben) ohne Beize gefärbt. Die Nitroseide hat den Vorzug, sich mit den basischen Farbstoffen direkt

---

[1]) Heermann, P.: Färberei- und textilchemische Untersuchungen. 4. Aufl., S. 291. Berlin, Julius Springer 1923.

anzufärben; zur Erzielung von tieferen Tönen und größerer Echtheit wird die Nitroseide aber trotzdem häufig vorher mit Tannin und Brechweinstein gebeizt. Schwefelfarbstoffe werden trotz ihren guten Echtheitseigenschaften selten verwendet, weil durch die Einwirkung des heißen schwefelnatriumhaltigen Bades der Glanz der Kunstseide etwas beeinträchtigt wird. Früher wurde die gefärbte Kunstseide fast nur auf Lichtechtheit beansprucht; mit der gesteigerten Verwendungsfähigkeit der jetzigen Kunstseiden, besonders für Bekleidungszwecke, sind auch die Echtheitsanforderungen (Waschechtheit, Schweißechtheit, Bügelechtheit usw.) gestiegen. Leider herrscht noch vielfach die irrige Meinung, daß man Kunstseide überhaupt nicht echt färben könne. Die deutsche Teerfarbenindustrie stellt aber schon seit längerer Zeit Farbstoffe her, deren reine und lebhafte Töne fast unzerstörbar sind (Indanthrenfarbstoffe der Badischen Anilin- u. Sodafabrik, Algolfarben der Elberfelder Farbenfabriken, Helidonfarbstoffe der Höchster Farbwerke, Cibafarbstoffe der Ges. für chem. Industrie in Basel). Für geringere Echtheitsansprüche genügen auch manche Entwicklungsfarben. Da sehr viel Kunstseide schwarz gefärbt wird, bringen einige Farbenfabriken, so z. B. die letztgenannte (Kunstseide-Echtschwarz) und die A.-G. für Anilinfabrikation in Berlin (Columbia-Echtschwarz) dafür besonders geeignete Farbstoffe in den Handel. Über die meist günstige Beeinflussung von Festigkeit und Dehnung durch das Färben hat K. Biltz[1]) berichtet.

Auf die praktische Durchführung des Färbens braucht hier nicht näher eingegangen zu werden; als oberster Grundsatz gilt es jedenfalls, die im nassen Zustand so empfindliche Kunstseide möglichst zu schonen. Man vermeidet daher eine zu hohe Temperatur der Farbflotte, indem man selten über 65° geht und sucht die Dauer des Prozesses möglichst abzukürzen. Bei Nichtbeachtung dieser Umstände kann der Glanz der Seide leiden (Abb. 80). Manche Färbungen lassen sich durch eine geeignete Nachbehandlung mit Metallsalzen (Kupfervitriol) in ihren Echtheitseigenschaften etwas verbessern. Das Entnässen darf nur durch Abschleudern geschehen, langes Liegenlassen der nassen Ware ist besonders schädlich und das Trocknen soll bei einer Temperatur von höchstens 50° erfolgen. Durch unsachgemäßes Färben kann die Kunstseide Schaden

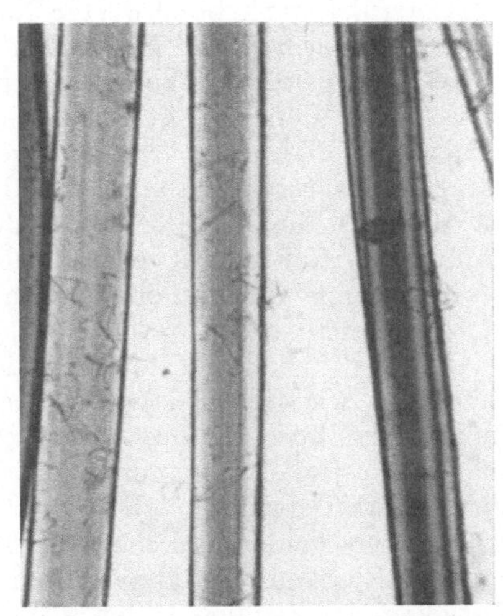

Abb. 80. Fibrillenbildung bei zu heiß gefärbter Tubizeseide. Vergr. 200.

---

1) Über das Verhalten der Kunstseide beim Färben. Textile Forsch. 1921, H. 3.

leiden, wie Verminderung des Glanzes, harter, strohiger Griff und Herabsetzung der Windbarkeit; bei Geweben können Risse auftreten. Besteht die zu färbende Ware nicht aus einheitlicher Kunstseide, so wird die Färbung meist unegal, was aber nicht dem Färber zur Last fällt. Für ganz helle Farbtöne muß die Kunstseide, wenn sie nicht rein weiß ist, vom Färber nachgebleicht werden. Nach O. Sanner [1]) wird Viskoseseide folgendermaßen gebleicht: Behandeln mit $5\,^0/_0$iger Soda- lösung bei $45\,^0$, Spülen mit Wasser, $2\,^0/_0$iger Salzsäure und Wasser, Ein- bringen in ein kaltes Chlorkalkbad von $0{,}5—1{,}0\,^0$ Bé, bzw. in elektro- lytische Bleichlauge auf etwa $^1/_2$ Stunde, Absäuern mit $2\,^0/_0$iger Schwefel- säure, Spülen mit kaltem Wasser, Behandlung mit einer verdünnten Natriumbisulfitlösung zur Entfernung von Chlorresten, Spülen mit kal- tem und heißem Wasser und Behandlung mit einer Seifen-Öl-Emulsion zur Erhöhung der Spulfähigkeit. Solche Kunstseiden, die trotzdem einen durch Bläuen nicht verdeckbaren gelblichen Stich behalten haben, werden nach dem zweiten Säuern und Spülen mit einem ko- chendheißen Marseillerseifenbad behandelt, gespült, noch einmal in das Bleichbad gegeben, gespült, abgesäuert und zum Schluß in einer kochenden $2—3\,^0/_0$igen Oxalsäurelösung umgezogen.

Verbrennungsprobe. Eines der einfachsten Unterscheidungsmerk- male zwischen Zelluloseseide und Naturseide ist das Verhalten beim An- zünden. Kunstseide brennt rasch ab, hinterläßt wenig Asche und ver- breitet dabei keinen nennenswerten Geruch. Bei der echten und den wilden Seiden, wie überhaupt bei den tierischen Fasern, verlischt die Flamme bald, wobei sich kohlige Blasen bilden, und es entwickelt sich der bekannte unangenehme Geruch nach verbrannten Haaren oder Federn. Bei stark beschwerter Naturseide, die wenig Fibroin enthält, treten diese schwarzen Blasen nicht auf, dafür hinterbleibt ein förm- liches Aschenskelett, eben das mineralische Beschwerungsmittel. Die Nitroseiden brennen, mit Ausnahme der sehr aschereichen Obourgseide, infolge der allerdings sehr geringen Mengen an gebundener Salpeter- säure etwas rascher ab als die übrigen Kunstseiden. Bemerkenswert ist, daß sich die Azetatseide bei der Verbrennungsprobe für das Auge ähnlich wie Naturseide verhält, indem die angesengten Fäden ebenfalls blasig zusammengeschmolzene, kohlige Enden aufweisen, wobei aber ein ganz anderer Geruch auftritt.

Festigkeit. Wohl läßt sich die für die Verarbeitung der Zellulose- seiden so wichtige Festigkeit auch ohne einen besonderen Apparat durch Zerreißproben annähernd schätzen, aber eine objektive, zahlen- mäßige Festigkeitsbestimmung ist nur durch Benutzung entsprechen- der Festigkeitsprüfer möglich (vgl. S. 124). Man muß bei der Kunstseide wohl unterscheiden zwischen der Festigkeit im trockenen und der im nassen Zustand. Im allgemeinen kann man sagen, daß die Trocken- festigkeit der Zelluloseseiden mehr oder weniger ($50—20\,^0/_0$) hinter der Festigkeit der gehaspelten Naturseide (Organsin, Trama) zurückbleibt, was allerdings bei dem Umstand, daß die echte Seite so hervorragend fest

---

[1]) Die Kunstseidenbleiche. Z. ges. Textilind. 1922, Nr. 22.

ist, keinen so argen Fehler bedeutet. Dazu kommt noch, daß durch das allgemein übliche Beschweren der Seide ihre Festigkeit mehr oder weniger vermindert wird. Nach Cross und Bevan ist die Festigkeit der künstlichen Seide 100—140 g für 100 dn, gegenüber 200—250 g bei Naturseide. Becker findet bei Kunstseide 130—150 g, Dreaper 131—134 g. Interessant sind die Ergebnisse der von R. Strehlenert[1]) angestellten Versuche, wobei aber zu bemerken ist, daß die künstlichen Seiden inzwischen stark verbessert worden sind:

	Absolute Festigkeit in kg auf 1 mm²		Verlust in %
	trocken	naß	
Chinesische Rohseide	53,2	46,7	12,2
Französische Rohseide	50,4	40,9	18,8
Dieselbe Seide, abgekocht u. aviviert	25,5	13,6	46,7(!)
Dieselbe Seide, rotgefärbt u. beschwert. . . .	20,0	15,6	22,0
Dieselbe Seide, blauschwarz gefärbt, mit 110% Beschwerung	12,1	8,0	33,9
Dieselbe Seide, schwarz gefärbt, mit 140% Beschwerung	7,9	6,3	20,3
Dieselbe Seide, schwarz gefärbt, mit 500 % Beschwerung	2,2	—	—
Chardonnetseide, ungefärbt	14,7	1,7	88,4
Lehnerseide, ungefärbt	17,1	4,3	74,8
Strehlenert-Nitroseide, ungefärbt	15,9	3,6	77,4
Glanzstoff, ungefärbt	19,1	3,2	83,2
Viskoseseide nach Croß und Bevan	11,4	3,5	69,3
Neueste Viskoseseide	21,5	—	—

Wie man sieht, liegt ein Hauptfehler der Kunstseide in der geringen Naßfestigkeit, die je nach der Art nur 15—40% der Trockenfestigkeit beträgt. Dieser Festigkeitsverlust ist eine Folge des Aufquellens des Zellulosehydrats, aus dem die künstliche Seide besteht. Im allgemeinen steht die Festigkeitsabnahme in einem geraden Verhältnis zur kubischen (räumlichen) Quellung, bzw. zu der von dieser wenig verschiedenen quadratischen Quellung. Nach dem Trocknen wird die ursprüngliche Festigkeit wieder erreicht. Kunstseide und daraus bestehende Waren müssen daher im nassen Zustand, z. B. beim Färben, sehr vorsichtig behandelt werden. Übrigens war der Fehler der geringen Naßfestigkeit früher viel ärger als jetzt; Hassack[2]), der 1900 als erster eine kritisch-vergleichende Beschreibung der damaligen Handelskunstseiden gab, fand als Grenzwerte für die Naßfestigkeit 4—20 % von der Trockenfestigkeit. Hingegen ergab eine in neuerer Zeit an Kupferseiden vorgenommene Messung der Handelskammer in Manchester die Werte 34—64%. Nachstehend einige eigene Untersuchungsergebnisse:

---

[1]) Chem.-Zg. 1901, S. 1101.
[2]) Öst. Chem.-Zg. 1900, S. 1101.

Art der Kunstseide	Trockenfestigkeit für 100 dn	Naßfestigkeit für 100 dn	Verlust in %
Nitroseide 1	260 g	78,7 g	69,7
„ 2	244 g	75,0 g	63,1
„ 3	228 g	35,5 g	84,4
Kupferseide 1a . . .	110 g	24,0 g	80,0
„ 1b . . .	215 g	67,8 g	68,5
„ 2	205 g	83,3 g	59,3
„ 3	140 g	36,0 g	74,3
Viskoseseide 1	228 g	86,9 g	61,9
„ 2	177 g	54,5 g	69,2
„ 3	173 g	47,0 g	72,8
„ 4	155 g	66,8 g	57,0

Da die Festigkeitseigenschaften der Kunstseiden selbst bei ein und derselben Fabrik (siehe Kupferseide 1a und 1b) verschieden sind, wäre es zwecklos, die genaue Herkunft anzugeben. Der Verbraucher tut am besten, die sehr einfache Festigkeitsbestimmung jeweils selbst vorzunehmen. Nitroseide 1 (Jülich) wird nicht mehr erzeugt. Man sieht also, daß die Nitroseiden an Trockenfestigkeit auch von den neueren Kunstseiden nicht übertroffen werden.

Sehr bemerkenswert sind auch die Mittelwerte der A. Herzogschen[1]) Untersuchungsergebnisse von 7 normalfädigen Kupfer- und 22 Viskoseseiden aus den Jahren 1903—1921:

	Kupferseiden	Viskoseseiden
Mittlere Breite der { trocken	31,4	34,1
Einzelfaser in μ { feucht	44,5	46,7
Ungleichmäßigkeit in der Breite (trocken) in %. .	7,9	12,4
Lineare Quellung in %	41,7	41,9
Zahl der Einzelfädchen im Garn	14,0	14,9
Querschnittsfläche der Einzelfaser in μ^2	733	627
Völligkeitsgrad in %	93	68
Feinheit der Einzelfaser in Deniers (aus der Querschnittsfläche berechnet)	10,1	8,3
Feinheit des Garns in Deniers (Titer)	130	123
Mittlere Fadenfestigkeit in g { trocken	166,0	178,4
{ naß	37,1	57,2
Ungleichmäßigkeit der Festigkeit in % { trocken. .	8,0	4,0
{ naß . . .	5,9	5,1
Festigkeitsverlust durch Befeuchten in %	77,6	68,0
Mittlere Festigkeit in kg auf 1 mm² (trocken) . .	19,0 [2])	19,7 [3])
Reißlänge in km (trocken)	11,9	13,0
Bruchdehnung in % { trocken	13,8	13,8
{ feucht	14,2	15,0

[1]) Zur Unterscheidung von Viskose- und Kupferseide. Textile Forsch. 1921, H. 1.
[2]) Bei einer nach dem Streckspinnverfahren hergestellten Kupferseide = 26,2 kg.
[3]) Höchstwert = 24,8 kg.

Anschließend sollen die Festigkeitswerte Platz finden, die A. Herzog[1]) bei der Untersuchung von Kunstroßhaar fand. Die Zahlen bedeuten kg für 1 mm².

	trocken	naß	Verlust in %
„Helios" (Viskoseverfahren)	20,9	3,1	74,7
„Pan" (Viskoseverfahren)	20,0	4,0	69,1
„Sirius" I (Glanzstoffverfahren) . . .	22,7	4,0	63,0
„Sirius" II (Glanzstoffverfahren) . .	18,9	3,3	61,0
„Meteor" (Kollodiumverfahren) . . .	21,7	1,8	80,3

Also hat auch hier das Kollodiumprodukt die größte Trockenfestigkeit und den größten Verlust. Auch aus diesen Zahlen ersieht man die durch das Aufquellen des Zellulosehydrats bewirkte geringe Festigkeit der Kunstseide im nassen Zustand, die beim Färben und Waschen Schwierigkeiten macht und gewisse Verwendungszwecke, wie z. B. für Schirmstoffe, einfach ausschließt. Schon Strehlenert (engl. P. 22540, 1896) suchte durch Zusatz von Formalin (eine etwa 40%ige Auflösung des gasförmigen Formaldehyds CH_2O in Wasser) zum Kollodium eine wasserfeste Kunstseide herzustellen. In neuerer Zeit hat man Versuche unternommen, die fertige Viskoseseide einer Behandlung mit Formaldehyd zu unterziehen, der von der Zellulose chemisch gebunden wird. Nach einer derartigen Vorschrift[2]) wird z. B. Viskoseseide mit dem 5fachen ihres Gewichts der folgenden Mischung in einem Autoklaven (Druckkessel) aus Kupfer oder Aluminium 6 bis 8 Stunden auf 60° erwärmt: 100 kg Azeton (Siedepunkt 56—58°), 5 kg Formalin (40%ig) und 0,05 kg Schwefelsäure von 66° Bé. Man läßt dann erkalten und den Überschuß der Flüssigkeit ablaufen. Das noch vorhandene Azeton wird durch Absaugen entfernt und wiedergewonnen. Die Seide wird dann mit Wasser gewaschen, durch ein 0,5%iges Seifenbad und hierauf durch 1%ige Milchsäure hindurchgezogen, abgeschleudert und getrocknet. Ohne Zusätze (außer eventuell schwach alkalischen Mitteln), aber bei wesentlich höherer Temperatur (90—160°), arbeitet man nach dem D. R. P. 382086, 1920, während nach dem ähnlichen F. P. 584904, 1924, die Temperatur von 90° nicht überschritten werden soll. Die Naßfestigkeit soll durch dieses als Sthenosage bezeichnete Verfahren bis auf das Doppelte erhöht werden. Doch nimmt die Kunstseide dabei auch ungünstige Eigenschaften an, indem sie an Elastizität verliert und sich nur schwierig gleichmäßig färben läßt. Letzterer Übelstand ließe sich allerdings dadurch umgehen, daß man erst die fertige Ware sthenosiert, wobei allerdings entsprechend echte Farbstoffe verwendet werden müßten. Außerdem ist der Formaldehyd, der durch Oxydation des Holzgeists gewonnen wird, verhältnismäßig teuer, so daß das Sthenosieren gegenwärtig nirgends im großen ausgeübt wird.

---

[1]) Kunststoffe 1911, S. 181.
[2]) Beltzer, F. J. G.: Einwirkung von Formaldehyd auf künstliche Seide, Zellulose und Stärke. Kunststoffe 1912, S. 442.

Eine sehr bemerkenswerte, im Deutschen Forschungsinstitut für Textilindustrie in Dresden ausgeführte Arbeit über die Festigkeitsverhältnisse bei Kunstseide und Stapelfaser veröffentlichte Krais in der Zeitschrift „Neue Faserstoffe" 1919, S. 122 und 266. Von den Ergebnissen der noch nicht abgeschlossenen Untersuchungen sei hier folgendes angeführt:

1. Kurzes Erhitzen von Kunstseide oder Stapelfaser auf 110^0 erhöht die Trockenfestigkeit, weniger die Naßfestigkeit (bei einem Viskose-Stapelfasergarn z. B. um $16\,^0/_0$). Auch nach Versuchen von Laaser[1]) bewirkt 2stündiges Erhitzen der Viskoseseide auf $105{-}125^0$ deutliche Erhöhung der Trockenfestigkeit.

2. Die Dickenzunahme der Einzelfädchen der Kunstseide beim Aufquellen mit Wasser wurde mit rund $45\,^0/_0$ bestimmt, hingegen wurde beim Einlegen in Petroleum eine Schrumpfung um $1,5\,^0/_0$ beobachtet.

3. Gewisse organische Flüssigkeiten wie Petroleum, Amylazetat, fette Öle, Toluol usw. beeinflussen die Festigkeit und wirken meist erhöhend auf diese.

So wurde bei einem Viskosekunstseidenzwirn durch mehrstündiges Einlegen in Petroleum die Trockenfestigkeit um $46\,^0/_0$ erhöht, hingegen bei einem Viskose-Stapelfasergarn (freie Einspannlänge 10 cm) um $19\,^0/_0$ vermindert. Es scheint hier sehr viel auf die Art der Viskoseseide und das Petroleum anzukommen, denn ich fand bei St. Pöltener Viskoseseide 1913 nach $8^1/_2$stündigem Einlegen in Baku-Petroleum (Kerosin) eine Abnahme der Festigkeit um $9\,^0/_0$; St. Pöltener Kupferseide 1913 verlor sogar $17\,^0/_0$ an Festigkeit. Hingegen erfuhren diese Kunstseiden durch 7stündiges Einlegen in Xylol eine Festigkeitserhöhung um 1,5, bzw. $3,2\,^0/_0$.

Sehr auffallend ist nach den Kraisschen Versuchen auch der Einfluß bestimmter chemischer Behandlungen. Es wurde z. B. ein Viskose- und ein Kupfer-Stapelfasergarn durch Behandeln mit einer alkalischen Bleizuckerlösung und einer Zinksulfat enthaltenden Kaliumbichromatlösung chromgelb gefärbt. Andere Proben wurden mit Tannin-Gelatine getränkt. Festigkeit in g:

	$^0/_0$ relative Luftfeuchtigkeit	trocken	naß	Verlust in $^0/_0$
Viskose-Stapelfasergarn Nr. 30/2, gekämmt.				
Unbehandelt	35	678	171	74,8
Chromgelb gefärbt . .	54	693	269	61
Tannin-Gelatine. . . .	52	523	186	64
Kupfer-Stapelfasergarn Nr. 32.				
Unbehandelt	48	118	53	55
Chromgelb gefärbt . .	46	143	131	**8,4**
Tannin-Gelatine. . . .	52	137	129	**5,8**

---

[1]) Prüfung von Kunstseide. Dt. Faserst. u. Spinnpfl. 1921, Nr. 3.

Während beim Viskose-Stapelfasergarn die Wirkung nur mäßig ist, ist sie beim Kupfer-Stapelfasergarn fast unglaublich groß. Zu beachten ist aber, daß das letztere Garn, das etwa die doppelte Nummer des Viskosegarns hat, also ungefähr halb so fest sein müßte, verhältnismäßig viel weniger fest ist $\dfrac{678}{118} = 5{,}7$ und $\dfrac{32}{\left(\dfrac{30}{2}\right)} = 2{,}1$.

Wie man sieht, sind die Verhältnisse noch nicht ganz geklärt, doch muß man Krais beipflichten, wenn er meint, daß es vielleicht doch noch gelingen werde, den Fehler der geringen Naßfestigkeit der Kunstseide durch eine entsprechende chemische Behandlung zu verringern.

VIII. Kunstseide aus Zelluloseverbindungen.
1. Azetatseide.

Während die bis jetzt besprochenen Verfahren, von Zellulose ausgehend, eine Kunstseide liefern, die wesentlich wieder aus Zellulose besteht, gibt es auch Herstellungsarten, die zwar ebenfalls die Zellulose als Rohstoff benützen, wobei aber die fertigen Fäden aus einer chemischen Verbindung der Zellulose bestehen und infolgedessen z. T. ganz andere Eigenschaften aufweisen als die Zelluloseseiden. Die mit der Zellulose chemisch verbundenen Stoffe sind entweder die Essigsäure (Azetatseide) oder der Äthylalkohol (Ätherseide), obwohl man zur Darstellung andere, reaktionsfähigere Verbindungen verwendet, die die Azetyl-, bzw. Äthylgruppe enthalten. Von wem und wann zuerst Azetatseide versuchsweise hergestellt wurde, läßt sich nicht mit Sicherheit feststellen; jedenfalls findet sich in dem 1910 erschienenen Buche A. Herzogs über die Unterscheidung der natürlichen und künstlichen Seiden bereits Azetatseide der Henckel-Donnersmarkschen Werke beschrieben. Die fabrikmäßige Erzeugung ist aber viel jüngeren Datums; sie wurde anscheinend zuerst in den Vereinigten Staaten aufgenommen und dann 1920 auch in England. Die Herstellung der Ätherseide steckt noch im Versuchsstadium.

Die Azetatseide besteht aus einer chemischen Verbindung, einem sogenannten Ester der Zellulose mit Essigsäure, die als Zelluloseazetat oder Azetylzellulose bezeichnet wird. Einen anderen Zelluloseester haben wir bereits in der Kollodiumwolle kennen gelernt. Beim Nitrozelluloseverfahren besteht ja die Kunstseide zunächst aus Zellulosenitrat, das aber trotz seiner hervorragenden Festigkeit und Wasserbeständigkeit wegen seiner großen Feuergefährlichkeit durch das Denitrieren wieder in Zellulose rückverwandelt werden muß. Da diese unangenehme Eigenschaft nur auf die Salpetersäure (die meisten Explosivstoffe werden ja mit ihrer Hilfe erzeugt) zurückzuführen ist, lag der Gedanke nahe, Verbindungen der Zellulose mit andern Säuren für die Kunstseidenfabrikation heranzuziehen. Wegen der Unbeständigkeit der von den anderen Mineralsäuren (z. B. Schwefelsäure) gebildeten Zelluloseester, mußte man sich den organischen Säuren zuwenden, wobei vor allem die Essigsäure, weniger die Ameisensäure, in Betracht kommt. Da diese Ester als Zelluloseazetat, bzw. Zelluloseformiat bezeichnet werden, spricht man kurzweg von Azetat- oder Formiatseide. Letztere spielt vorläufig noch nicht die geringste Rolle.

Die Herstellung der Azetatseide[1]) ist natürlich im wesentlichen der Nitroseidenfabrikation gleichartig: Vorbehandlung der Baumwolle (Linters), Überführung derselben in Zelluloseazetat, Auflösen desselben in einem geeigneten Lösungsmittel zur Spinnlösung, Filtrieren und Entlüften, Verspinnen usw. Da sich die Baumwolle bei der gewöhnlichen Art des Azetylierens auflöst, könnte man auch diese primäre Lösung des Zelluloseazetats direkt in Wasser verspinnen. Zelluloseazetat wurde schon 1866 von Schützenberger durch Erhitzen von Zellulose mit Essigsäureanhydrid unter Druck hergestellt. Das Essigsäureanhydrid ist eine scharfriechende, farblose, bei 138° siedende Flüssigkeit, die aus Eisessig (wasserfreie Essigsäure) durch Abspaltung von Wasser[2]) entsteht. Nach einem neueren Verfahren (Schweizer P. 101168 des Konsortiums für elektrochemische Industrie G. m. b. H.) wird Essigsäuredampf durch erhitzte Quarzgutrohre geleitet, die Bimssteinstückchen mit darauf niedergeschlagenem Katalysator (Metaphosphate oder Borate von Kalzium, Zink, Zerium oder Aluminium) enthalten. Die Essigsäure wird entweder durch Zersetzungsdestillation des Holzes (Holzessig) oder aus dem Kalziumkarbid, bzw. Azetylen (Karbidessigsäure) gewonnen. Eine Zeitlang wurde sogar in England Karbidessigsäure zur Herstellung von Zelluloseazetat verwendet. Außer dem Essigsäureanhydrid braucht man zum Azetylieren auch Eisessig, der das gebildete Azetat auflöst und ein auf die Zellulose quellend und hydrolytisch abbauend wirkendes Mittel, wie Zinkchlorid oder Schwefelsäure (60° Bé). Je nachdem ein Molekül Zellulose mit 1, 2 oder 3 Molekülen Essigsäure verbunden ist, spricht man von einem Mono-, Di- oder Triazetat. Wie alle Ester können auch die Zelluloseazetate durch Behandeln mit Säuren oder Alkalien wieder in ihre Bestandteile zerlegt werden, was man als Verseifung bezeichnet. Dabei ist es aber nicht zu vermeiden, daß die regenerierte Zellulose, namentlich bei Anwendung eines sauren Spaltungsmittels, stark angegriffen wird. Wie Ost[3]) gezeigt hat, erhält man aus Baumwollzellulose bei tunlichster Vermeidung eines zu großen Abbaus derselben (Zinkchlorid, niedrige Temperatur) ein einheitliches Triazetat mit einem Essigsäuregehalt von 62,5 %.

$$C_6H_{10}O_5 \quad + \quad 3\,(CH_3CO)_2O \quad = \quad C_6H_7O_2(CH_3CO_2)_3 \quad + \quad 3\,CH_3COOH$$
162 g Zellulose   306 g Essigsäureanhydrid   288 g Zellulosetriazetat   180 g Essigsäure

Praktisch wird aber ein Überschuß an Essigsäureanhydrid genommen, nämlich 400 g auf 100 g lufttrockene Zellulose. Man löst 100 g Zinkchlorid in 400 g Eisessig auf, trägt allmählich die lufttrockene Baumwolle (mit 5—6 % Wassergehalt) ein und fügt unter Kühlung nach und nach

---

[1]) Becker: Die Kunstseide. S. 309—323. Eichengrün: Acetylcellulose in Ullmanns Encyklopädie der technischen Chemie Bd. 1. Worden: Technology of Cellulose Esters. F. N. Spon, Ltd. London E, 1921. Ost: Chloroform- und acetonlösliche Celluloseacetate. Z. angew. Chem. 1919, S. 66.

[2]) Bzw. von Wasserstoff und Sauerstoff.   [3]) Z. angew. Chem. 1919.

das Anhydrid hinzu. Von diesem wird ein Teil durch das in der Baumwolle und im technischen Eisessig enthaltene Wasser unter Wärmeentwicklung in Essigsäure umgewandelt:

$$(CH_3CO)_2O + H_2O = 2 \cdot CH_3COOH.$$

Die Reaktionsdauer hängt von der Temperatur ab und beträgt bei 10—20° 2—3 Wochen und selbst bei 40—70° einige Tage; je höher aber die Temperatur, desto leichter tritt ein Abbau des Zellulosemoleküls ein.

Die erhaltene sirupdicke Lösung des Zellulosetriazetats wird nach vorheriger Verdünnung mit Eisessig in Wasser gegossen, wodurch sich das Azetat abscheidet. Nach dem Abfiltrieren wird es säure- und zinkfrei ausgewaschen und getrocknet. Dieses Zellulosetriazetat ist unlöslich in Azeton, hingegen löslich in Chloroform (Siedepunkt 61°), Azetylentetrachlorid (sym. Tetrachloräthan, 147°), Ameisensäure (100°), Eisessig (118°), Nitrobenzol (208°), Anilin (189°), Pyridin (115°), also lauter giftige oder ätzend wirkende Flüssigkeiten von meist hohem Siedepunkt, was für die technische Verwendung sehr ungünstig ist. Zwar ist dieses Triazetat sogar gegen kochendes Wasser vollkommen beständig, aber daraus hergestellte Fäden und Filme erwiesen sich als spröde und brüchig. Die chloroformlöslichen Zelluloseazetate wurden übrigens schon 1894 von Croß und Bevan technisch hergestellt, aber für Tetraazetate gehalten. Eine Reihe von Patenten, auch anderer Erfinder wie Lederer, befaßt sich mit der Herstellung von chloroformlöslichen Zellulosetriazetaten. Die Angaben der verschiedenen Patentschriften stehen aber oft in Widerspruch miteinander und es ist das große Verdienst Osts, durch seine früher erwähnte Arbeit dieses durch mancherlei Geschäftsinteressen verdunkelte Gebiet aufgehellt zu haben. Ein von W. Weltzien[1]) aus Baumwollzellulose mittels Azetylchlorid (CH_3COCl) hergestelltes Triazetat (Ausbeute nur 60 $^0/_0$) zeigte ebenfalls die erwähnten Löslichkeitsverhältnisse; beim Schmelzen (270—275°) trat unter Bräunung und Gasentwicklung Zersetzung ein. Es war ein großer technischer Fortschritt, als es 1894 Eichengrün und Becker gelang, durch Hydrolyse der chloroformlöslichen Triazetate mittels verdünnter Schwefelsäure azetonlösliche Zelluloseazetate zu erhalten. Nach Ersterem werden z. B. 100 g Zellulose mit einem Gemisch von 240 g Essigsäureanhydrid, 400 g Eisessig und 15 g Schwefelsäure bei niedriger Temperatur azetyliert. Die Schwefelsäure wirkt viel stärker abbauend auf die Zellulose als das Zinkchlorid und es bildet sich als Zwischenstadium eine Verbindung aus Zellulose, Essigsäure und Schwefelsäure, ein Sulfosäureester des Zellulosediazetats. Diese Verbindung spaltet aber allmählich die Schwefelsäure ab und nimmt Essigsäure auf, so daß zum Schluß ein chloroformlösliches Zellulosetriazetat entsteht, das aber wegen des stärkeren Abbaus der Zellulose mit dem von Ost mittels Zinkchlorid hergestellten nicht identisch ist. Die mittels Schwefelsäure erzeugten primären Zellulosetriazetate dürfen nach Ost nicht mehr als 0,5—1,0 $^0/_0$ gebundene Schwefelsäure enthalten, da sonst die daraus hergestellten Produkte, wie Filme, sich nach Jahren unter Abspaltung

---

[1]) Über die Acetylierung der Cellulose. Liebigs Ann., Bd. 435. 1923.

von Essigsäure zersetzen, eine dem „Säurefraß" der Nitroseide ähnliche Erscheinung. Auch stellte Ost fest, daß reine Azetate im trockenen Zustand bis 125⁰ und selbst darüber erhitzt werden können, während Zelluloseazetate mit mehr als 0,6⁰/₀ gebundener Schwefelsäure sich schon bei 100—120⁰ bräunen. Die Umwandlung des chloroformlöslichen Zelluloseazetats in das azetonlösliche geschieht durch teilweise Verseifung, indem man dem Reaktionsgemisch z. B. ein Gemisch von 25 g Eisessig, 25 g Wasser und 2,5 g Schwefelsäure hinzufügt und 12 Stunden auf 50⁰ erwärmt. Es wird aber dadurch nicht nur die Zellulose weiter abgebaut, sondern auch ein Teil der Essigsäure abgespalten, so daß die azetonlöslichen Zelluloseazetate, die man als Hydroazetate bezeichnet, einen geringeren Essigsäuregehalt aufweisen (nach Ost 50,9—57,6⁰/₀) als die chloroformlöslichen Triazetate. Auch die gebundene Schwefelsäure wird fast vollständig abgespalten. Die teilweise Verseifung (Hydrolyse) muß aber unter bestimmten Umständen vorgenommen werden; z. B. auch mittels 95⁰/₀iger Essigsäure, Phenol oder Anilin, während 10⁰/₀ige Schwefelsäure, trotzdem sie schon bei 20⁰ gut verseift, kein azetonlösliches Hydroazetat gibt.

Die azetonlöslichen Zelluloseazetate, die nach Ost niemals primär erhalten werden können, sind in Chloroform nur schwer löslich und in Azetylentetrachlorid nur quellbar, lösen sich hingegen außer in Azeton (56⁰) auch in Essigester (77⁰), Ameisensäureestern und anderen organischen Flüssigkeiten. Über die Viskosität von Zelluloseazetatlösungen hat E. W. I. Mardles[1]) Versuche angestellt; demnach bestehen zwischen der Viskosität und der Konzentration der Lösungen keine einfachen Beziehungen. Die lösende Wirkung einer organischen Flüssigkeit auf Zelluloseester nimmt um so schneller ab, eine je höhere Stellung sie in einer homologen Reihe einnimmt. Technisch von größter Bedeutung ist Eichengrüns Entdeckung (1909), daß sich die azetonlöslichen Zelluloseazetate auch in Gemischen verschiedener Flüssigkeiten lösen, die für sich genommen kein Lösungsvermögen besitzen (z. B. Alkohol-Benzol) und sich unter bestimmten Bedingungen wieder als gelatineartige Masse abscheiden. Es beruht darauf die Erzeugung von unentflammbarem Zelluloid (Zellon, Siccoid), wobei statt des hier unbrauchbaren Kampfers andere Stoffe, wie Triazetin und Triphenylphosphat angewendet werden. Auch die so vielfacher Anwendung fähigen Zellonlacke sind hier zu nennen. Hingegen sind die Azetollacke Lösungen von chloroformlöslicher Azetylzellulose in Tetrachloräthan. Wenn man beim Azetylieren statt des lösend wirkenden Eisessigs ein Nichtlösungsmittel für das Zelluloseazetat verwendet, z. B. Benzol, so erhält man das Azetat in der unveränderten Form der angewendeten Baumwolle, was die Rückgewinnung des Azetylierungsgemisches erleichtert. Bemerkenswerterweise lassen sich nach Ost auch aus Hydrozellulose für technische Zwecke brauchbare Zelluloseester herstellen. Ost wandelt z. B. Baumwolle durch 3stündiges Erwärmen mit einer Lösung von 1 Gew.-Teil Schwefelsäure in 100 Gew.-Teilen Eisessig auf 65⁰ in Hydrozellulose um

---

[1]) J. Soc. Chem. Ind. Bd. 42.

und azetyliert diese bei Verwendung von nur 1—2 % Schwefelsäure bei 10—18° in 20—40 Stunden zu einem Azetat; daraus hergestellte Filme waren von normaler Beschaffenheit, trotz der geringen Festigkeit der Hydrozellulose.

Auf die Herstellung von künstlichen Fäden aus Zelluloseazetat beziehen sich u. a. folgende Patente: 1895 Little (amerik. P. 532468, Fäden für Glühlampen), 1902 Mork, Little u. Walker (amerik. P. 712000), 1904 Bayer (franz. P. 350442), 1907 Henckel-Donnersmark Werke (D. R. P. 235599), 1911 Heyden (franz. P. 426436). Nach dem amerik. P. 1156969 soll der Zelluloseazetatlösung (z. B. in Azeton) ein Kondensationsprodukt (Dioxydimethyldiphenylmethan) aus Azeton und Phenol zugesetzt und hierauf in Benzol versponnen werden. Von sonstigen neueren Patenten sind besonders die von Dreyfus bemerkenswert, nach denen in England gearbeitet wird (z. B. die engl. P. 177868, 1921, 182166, 1922 und 210108, 1922), ferner das amerik. P. 1467493, 1921.

Über die Art, wie gegenwärtig in England die Azetatseide hergestellt wird, sind begreiflicherweise keine Einzelheiten bekannt. Schon die von A. Herzog untersuchten Azetatseiden wurden auf verschiedene Weise erzeugt, wie aus dem Aussehen der Einzelfädchen hervorgeht; bei dem älteren Muster sind die Querschnittsformen unregelmäßiger als bei Nitroseide, wogegen eine neuere Probe fast kreisrunde Querschnitte wie Kupferseide aufwies. Auch in England werden auf Grund der Patente von Dreyfus verschiedene Arten von Azetatseide erzeugt, die sich sowohl chemisch durch ihren verschiedenen Gehalt an Essigsäure, als auch durch ihr mikroskopisches Aussehen unterscheiden (siehe Abb. 81 und 83). Angeblich wird sowohl die durch Azetylieren von Linters erhaltene primäre Zelluloseazetatlösung nach dem Filtrieren, als auch eine Lösung des Zelluloseazetats in organischen Flüssigkeiten (Azeton) in Wasser oder eine Salzlösung (z. B. Ammoniumrhodanid, Kalziumrhodanid) versponnen. Bei Verwendung organischer Lösungsmittel ist sowohl das Trockenspinnen, als auch das Naßspinnen möglich. Im ersteren Fall muß das Lösungsmittel möglichst flüchtig sein und die Koagulation durch Wärme unterstützt werden. Das Lösungsmittel muß natürlich wie bei der Nitroseidenfabrikation so weit als möglich

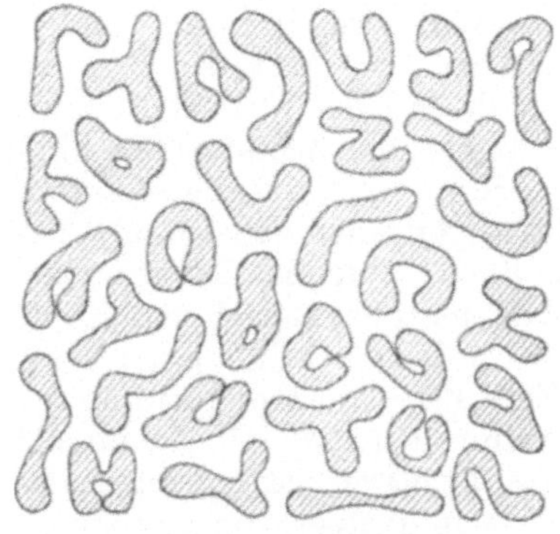

Abb. 81. Querschnittsformen von naßgesponnener Azetatseide (England).

zurückgewonnen werden, wobei sich ebenfalls das Brégeat-Verfahren empfiehlt. Nach dem engl. P. 210108, 1922 (Dreyfus), werden 25 bis 30%ige Lösungen verwendet. Gegenwärtig wird fast ausschließlich das eine festere Seide liefernde Trockenspinnverfahren benützt. Beim

Naßspinnen muß als Fällbad eine Flüssigkeit gewählt werden, in der das Zelluloseazetat und das eventuell zugesetzte weichmachende Mittel unlöslich ist, die sich aber andererseits mit dem verwendeten Lösungsmittel des Spinnbads mischt. Nach den E. P. 224404 und 229075, 1924, wird als Fällbad ein Pflanzenöl (z. B. Leinöl) oder ein Gemisch von Ölsäure und Öl verwendet. L. A. Levy will die Zelluloseazetatlösung auch halbtrocken verspinnen; d. h. man verspinnt zunächst in Luft und behandelt die noch nicht erhärteten Fäden mit einer Flüssigkeit (z. B. Wasser) nach. Nach dem engl. P. 219333, 1923, soll auch bei Azetatseide ein Streckspinnverfahren möglich sein, wenn man der Spinnlösung eine Substanz zusetzt, die vom Fällbad leichter aufgenommen wird als das Lösungsmittel (z. B. Pyridinzusatz beim Spinnen in eine Chlorkalziumlösung).

a) Eigenschaften der Azetatseide.

Die Azetatseide besitzt eine mehr oder weniger weiße Farbe und entsprechend dem mikroskopischen Aussehen einen flimmernden Glanz wie Nitroseide. Der Griff ist aber härter als bei den Zelluloseseiden. Auch beim Verbrennen verhält sich die Azetatseide abweichend, was zu ihrer leichten Erkennung dient. Sie ist schwerer entflammbar als die übrigen Kunstseiden, schmilzt vorher und infolge der sich bildenden gasförmigen Zersetzungsprodukte, die aber im Gegensatz zu den tierischen Seiden saurer Natur sind, erlischt die Flamme meist von selbst. Frische Seide, die noch brennbares organisches Lösungsmittel enthält, brennt besser. Auf das charakteristische Aussehen der angesengten Fasern wurde bereits S. 96 hingewiesen. Man hatte früher der Azetatseide eine fast vollkommene Unempfindlichkeit gegen Wasser nachgerühmt, bis A. Herzog[1]) durch seine klassischen Untersuchungen nachwies, daß auch die Azetatseide im nassen Zustand beträchtlich weniger fest ist als trocken. Dies fällt um so mehr ins Gewicht, als die Trockenfestigkeit der Azetatseide geringer ist als die der besten Zelluloseseiden. Herzog fand z. B. bei der Prüfung von Kunstroßhaar, daß ein Zelluloseazetatfaden von 1 mm² Querschnitt (1,13 mm dick) trocken 11,3 kg, naß nur 8 kg Festigkeit hatte (Verlust 29,6%); die entsprechenden Zahlen für einen nach dem Kupferoxydammoniakverfahren hergestellten, gleich dicken Zellulosefaden waren aber 22,7 und 8,4 kg (Verlust 63%). Eine 1910 von Herzog untersuchte Azetatseide verlor im Mittel beim Naßwerden 45%, ein Azetatroßhaar 23% der Trockenfestigkeit. Dieser Festigkeitsverlust erschien deshalb so auffällig, weil diese Azetatseide in Wasser von gewöhnlicher Temperatur nicht nachweisbar aufquoll, obwohl das Zelluloseazetat nach Eichengrün etwa 3% Wasser aufnimmt. Nach dem Trocknen nahm die Azetatseide wie die Zelluloseseiden wieder ihre ursprüngliche Festigkeit an. Diese Azetatseide vertrug auch im Gegensatz zu den jetzt hergestellten Produkten siedendheißes Wasser ohne dauernde Schädigung. Beim Erhitzen mit Wasser unter Druck trat Zersetzung in Zellulose und Essigsäure ein. Sehr bemerkens-

---

[1]) Chem.-Zg. 1910, S. 347. Kunststoffe 1900, S. 209, ebenda 1913, S. 172.

wert ist auch, daß die Azetatseide weniger widerstandsfähig gegen trokkene Hitze ist als die Zelluloseseiden. Die 1910 von Herzog untersuchte Seide wurde bereits nach zweistündigem Erhitzen auf 100° deutlich gelb und verlor dabei 22% an Festigkeit; bei 130° trat unter Braunfärbung bereits vollständige Zermürbung ein. Sie dürfte wohl aus einem primären Triazetat mit mehr als 0,6% gebundener Schwefelsäure bestanden haben. In dieser Beziehung ist wieder die englische Azetatseide besser, die ein vielstündiges Erhitzen auf 100° ohne Schaden aushält. Immerhin darf sie auch nicht viel höher erhitzt werden, worauf beim Konditionieren, der Ätzspitzenfabrikation und besonders beim heißen Kalandern von Geweben Rücksicht zu nehmen ist. Zwei besondere Vorzüge der Azetatseide, das niedrige spez. Gew. (1,251) und das große Isoliervermögen[1]) gegen Elektrizität wurden ebenfalls schon von dem genannten Forscher festgestellt. Zu erwähnen wäre noch die große Tropenbeständigkeit der Azetatseide gegenüber stark beschwerter Naturseide, die im feuchtheißen Klima bald morsch wird. Herzogs Untersuchungen neuerer englischer Azetatseiden (Dreyfus verfahren) ergaben folgendes: Stärke der Einzelfaser 5 dn, Dicke 33,5 μ gegen 42,3 der alten Azetatseide. Über die Reißfestigkeit in kg auf 1 mm² im Vergleich zu sehr guten Zelluloseseiden und unbeschwerter Naturseide gibt folgende Tabelle Auskunft:

	trocken	naß	Verlust in %
eine Kupferseide	31	23	27,3
eine Viskoseseide	32	18	50,8
eine Nitroseide	39	22	43,3
eine Dreyfusseide	18	15	16,4
Naturseide	78	73	6,4

Die Zelluloseseiden, besonders die Kupfer- und die Nitroseiden, dürften wohl sthenosiert gewesen sein.

Sehr beachtenswert sind auch die Ergebnisse, die A. Herzog bei der Untersuchung einer anderen englischen Azetatseide in bezug auf die Quellbarkeit durch Wasser fand: Längenzunahme beim Einlegen in Wasser 0,14%, lineare Quellung in der Längsansicht gemessen 0,0% (nicht nachweisbar), hingegen auf dem Querschnitt gemessen 0,6%, quadratische Quellung (Zunahme der Querschnittsfläche) 5,7%, Festigkeitsverlust durch Befeuchten 21%. Von einer aus dem Jahre 1922 stammenden englischen Azetatseide mit flach-bandartigem Querschnitt gibt A. Herzog[2]) folgende Zahlenwerte an:

mittlere Breite in μ 33,2
mittlere Dicke in μ 8,9
Querschnittsfläche in μ^2 245,0
Feinheit in Deniers 2,9

---

[1]) Auf Grund dieser Eigenschaft kann man sogar die Azetatseide mit Hilfe des „Texilscopes" von Dr. Scott-Huntington in Middlesex, einer Art Elektroskops, leicht von den andern Kunstseiden unterscheiden.
[2]) Die mikroskopische Untersuchung der Seide und der Kunstseide. S. 158. 1924.

wirklicher legaler Titer des Fadens in Deniers   47,5
Solltiter   45,0
Zahl der Einzelflächen im Faden   15
Spez. Gew. in g   1,3

Eine Probe (Kord. 2 × 5) der von der British Celanese, Ltd.[1]) unter dem Namen „Celanese" in den Handel gebrachten Azetatseide lieferte mir folgende Untersuchungsergebnisse. Das Muster bestand aus zwei scharf zusammengedrehten Fäden von 1560 dn, die sich ihrerseits aus je 5 schwach gezwirnten Fäden zu je 50 Primärfädchen zusammensetzten. Die Einzelfädchen haben bei einem mittleren Durchmesser von 34 μ eine Stärke von 6,1 dn. Dem mikroskopischen Aussehen

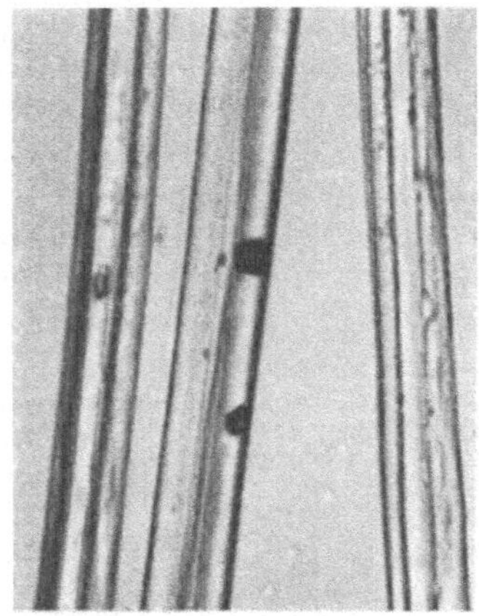

Abb. 82.   Azetatseide („Celanese").
Trocken gesponnen. Vergr. 150.

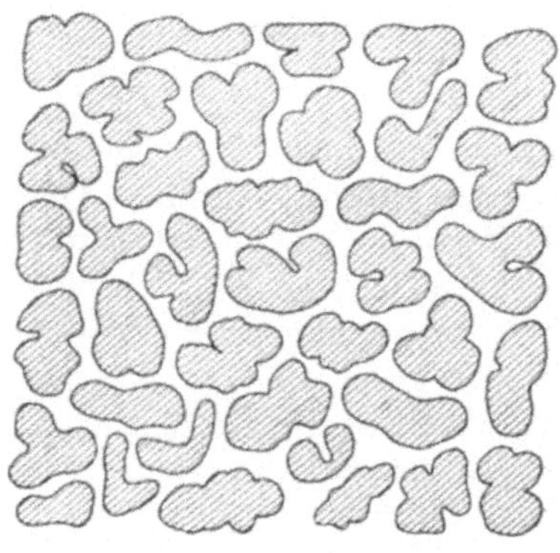

Abb. 83.   Querschnittsformen von
trocken gesponnener Azetatseide
(„Celanese").

entsprechend (Abb. 82 und 83) ist der Glanz nitroseidenartig. Bei einer relativen Luftfeuchtigkeit von 65 % wurde der Wassergehalt zu 5,0 % bestimmt. Der Aschengehalt der wasserfreien Seide beträgt 0,32 %. Gebundene Schwefelsäure war nur n Spuren nachweisbar. Die Trockenfestigkeit des Einzelfadens war 386 g. Nach dem Einweichen in 10 %igem Glyzerinwasser von Zimmertemperatur sank die Festigkeit auf 300 g (Verlust 22,3 %), nach einstündigem Liegenlassen in Glycerinwasser von 50° C auf 236 g (Verlust 38,8 %) und nach 60 Minuten Kochen in Wasser auf 230 g (Verlust 40,4 %). Das Kochen wirkt nur insofern ungünstig auf die Azetatseide, als sie dabei stark einschrumpft und matt wird. Durch Strecken im nassen Zustand kann zwar die Schrumpfung des Fadens wieder beseitigt werden, eine gewisse Verminderung der Glanzes bleibt aber zurück. Beim Färben müssen daher zu hohe Temperaturen vermieden werden.

---

[1]) Früher „British Cellulose and Chemical Manufacturing Co., Ltd.". Die „Celanese" wird in den Titern von 45—300 dn erzeugt.

Zur Erkennung der Azetatseide kann man mit Vorteil auch ihr Verhalten zu verschiedenen Reagentien und organischen Lösungsmitteln heranziehen, wobei man bei geringen Mengen auch unter dem Mikroskop arbeiten kann. Natron- und Kalilauge üben auf die Azetatseide eine zersetzende Wirkung aus (Verseifung), die mit der Laugenkonzentration, Temperatur und Einwirkungsdauer zunimmt. 18 %ige Natronlauge bewirkt schon bei gewöhnlicher Temperatur eine schwache Gelbfärbung und leichte Quellung. Kocht man die Seide damit eine halbe Stunde, so färbt sich auch die Lauge infolge gelöster Hydrozellulose stark gelb. Die gewaschene und getrocknete Seide erweist sich dann als ganz matt und mürbe, da sie nicht mehr aus Azetat, sondern aus stark abgebauter Zellulose besteht. Konzentrierte Schwefelsäure löst die Azetatseide in etwa 30 Minuten (langsamer als die Viskoseseide) unter Gelbbraunfärbung. Konzentrierte Salzsäure verwandelt die Azetatseide in 30 bis 60 Minuten in eine schwach gelbliche Gallerte. Konzentrierte Salpetersäure ($s = 1,4$) löst in 10—15 Minuten zu einer farblosen, viskosen Flüssigkeit. Phosphorsäure ($s = 1,7$) löst sehr langsam (4 Stunden). Rascher wirkt heiße konzentrierte Zinkchloridlösung. Jod-Jodkalilösung färbt goldgelb. Mehr oder weniger rasch lösend wirken folgende Flüssigkeiten: Methyl- und Äthylformiat, Methylazetat, Pyridin, α-Pikolin, Eisessig, Ameisensäure, Azeton, Epichlorhydrin, $\alpha\alpha'$-Dichlorhydrin, Äthylazetat, Propylformiat, Methyläthylketon; ferner heiß, bzw. geschmolzen: Anilin, Milchsäure, Tetrachloräthan, Benzylalkohol, Benzylazetat, Äthyltartrat, Chinolin, Piperidin, Nikotin, Triazetin, Phenol, Monochloressigsäure und Kampfer. Mehr oder weniger stark quellend wirken: Chloroform, Amylformiat, Tetralin, Eugenol, Äthylchlorid; heiß: Methyl-, Äthyl- und Benzylbenzoat. Wenig oder gar nicht quellend wirken: Methyl-, Äthyl-, Propyl-, Isobutyl- und Amylalkohol, Isobutyl- und Amylazetat, Tetrachlorkohlenstoff, Trichloräthylen, Äthyläther, Äther-Alkohol, Glyzerin, Benzin, Ligroin, Benzol, Toluol, Xylol, p-Kresolmethyläther, Triphenylphosphat, ätherische, fette und mineralische Öle.

b) Färben der Azetatseide.

Während das Färben der Zelluloseseiden keine besonderen Schwierigkeiten macht, kann die gewöhnliche Azetatseide, wie schon A. Herzog 1910 festgestellt hatte, wegen ihrer außerordentlich geringen Quellbarkeit in wässerigen Farbstofflösungen nicht ohne weiteres gefärbt werden. Wohl könnte man schon der Spinnlösung einen darin löslichen Farbstoff zusetzen, doch kann eine solche in der Masse gefärbte Seide die vom Verbraucher geforderte mustergemäß färbbare Seide nur ausnahmsweise ersetzen. Das Färben mittels Lösungen von Farbstoffen in organischen Flüssigkeiten, die quellend auf die Azetatseide wirken oder Zusatz von organischen Lösungsmitteln [Azeton, Eisessig, Pyridin (engl. P. 215373, 1924)] zur wässerigen Farbflotte stellt sich zu teuer. Da gelang es, die Aufgabe auf die Weise zu lösen, daß durch Einwirkung von verseifend wirkenden Mitteln (verdünnte Säuren, saure Salze und besonders Alkalien) die äußeren Schichten der Primärfädchen mehr oder weniger in Zellulose zurückverwandelt werden, wodurch sie quellen und den Farbstoff aufnehmen. Diese teilweise Verseifung kann mittels eines eigenen Vorbads (verdünnte Natronlauge) vorgenommen werden oder das Mittel wird, wenn es auf den Farbstoff nicht einwirkt, gleich der Farbflotte zugesetzt. Die Verseifung darf natürlich nicht weiter gehen, als zum Färben unbedingt notwendig ist, da ja mit der Rückverwandlung in Zellulose die Naßfestigkeit abnimmt, so daß es vorteilhafter wäre, gleich von Haus aus die im Glanz ähnliche und billigere Nitroseide zu verwenden. Auch kann der Glanz Schaden leiden. Infolge der Abspaltung von Essigsäure erleidet die Azetatseide bei der teilweisen Verseifung einen Gewichtsverlust, der ungefähr dem Gewicht des angewandten Ätznatrons entspricht. Nach dem franz. P. 558900, 1922, der Badischen Anilin- und Sodafabrik wird dieser bei erhöhter Echtheit der Färbung stark vermindert, wenn man die Azetatseide bei Gegenwart von verseifenden Mitteln und löslichen Aldehyden (Formaldehyd, Formaldehydbisulfit usw.) färbt. R. Clavel färbt die Azetatseide im Schaumapparat, indem er der Farbstofflösung ein Schutzkolloid (Leim, Gelatine usw.), eine organische Säure (Essig- oder Ameisensäure) und größere Mengen eines wasserlöslichen Salzes (Chloride des Zinns, Zinks oder Magnesiums) zusetzt.

Eine wie die Zelluloseseiden färbbare Azetatseide kann man nach Dreyfus (franz. P. 567348, 1922) auch so erhalten, daß man neben dem Zelluloseazetat auch etwas Nitrozellulose auflöst und die Fäden denitriert. Obwohl wässerige Lösungen der Teerfarbstoffe die Azetatseide nicht anfärben, gibt es doch einzelne Farbstoffgruppen, wie die sogenannten basischen und die meisten Beizenfarbstoffe, die infolge der sauren Natur der Azetatseide eine gewisse Affinität zu dieser Faser aufweisen. Wenn man der Farbstofflösung gewisse Salze, wie Magnesiumchlorid, Zinnchlorür oder Zinknitrat zusetzt, lassen sich sogar mit einer beschränkten Anzahl von basischen Farbstoffen Färbungen durchführen. Noch besser gelingt dies nach einem Verfahren der British Celanesé, Ltd., die hochdisperse kolloide Lösungen dieser Farbstoffe in wasserlöslichen Rizinusölprodukten (sulfoniertes Rizinusöl, Türkischrotöl) verwendet. Setzt man außerdem noch Kochsalz oder Glaubersalz hinzu, so erhält man tiefere Töne. Besonders Aminoanthrachinonfarbstoffe sind für dieses Verfahren geeignet (engl. P. 211720, 1923) der British Dyestuffs Corporation, Ltd.). Das Färben mit basischen Farbstoffen gelingt nach dem E. P. 215783 auch durch Zusatz gewisser basischer Stickstoffverbindungen, wie Harnstoff, Piperidin, Guanidin usw. zur Farbflotte, während nach dem F. P. 579896, 1924, aromatische Sulfo- oder Karbonsäuren, die auch Phenolgruppen enthalten können, zugesetzt werden (z. B. Benzolsulfosäure, Benzoesäure, Salizylsäure usw.).

In jüngster Zeit ist es A. G. Green und K. H. Saunders[1]) gelungen, Farbstoffe herzustellen, die Azetatseide im schwach sauren oder alkalischen Bad direkt anfärben und von der British Dyestuffs Corporation unter dem Namen „Ionamine" in den Handel gebracht

---

[1]) J. Soc. of Dyers and Colourists 1923; engl. P. 200873, 1922.

werden. Sie werden aus primären oder sekundären Amidoverbindungen geringer Molekulargröße (z. B. Amidobenzol) durch Behandeln mit Aldehydbisulfiten hergestellt, wobei sich ω-Sulfosäuren bilden. Die färbende Wirkung der Ionamine beruht darauf, daß beim langsamen Erwärmen der schwach sauren (z. B. Ameisensäure) oder alkalischen (Soda) Farbflotte die Sulfogruppe abgespalten und die in Wasser schwer lösliche Farbbase von der Azetatseide aufgenommen wird. Die Temperatur von 75⁰ darf hierbei nicht überschritten werden, da sonst der Glanz der Seide leidet. Die von primären Amidoverbindungen abgeleiteten Ionamine können auf der Faser durch Diazotieren (Behandeln mit einer kalten verdünnten salzsauren Lösung von Natriumnitrit) und darauffolgendes Entwickeln mit unsulfurierten Phenolen oder Aminen (z. B. β-Naphthol) in andere Farbtöne umgewandelt werden. Baumwolle und Zelluloseseiden werden im allgemeinen nicht angefärbt. Auch den deutschen Farbstoffwerken ist die Herstellung von Sonderfarbstoffen für Azetatseide gelungen (Bayers Pellitechtfarben).

Das abweichende Verhalten der Azetatseide zu den Farbstoffen bietet aber andererseits den Vorteil, daß man Gewebe, die zum Teil aus Azetatseide, zum Teil aus echter Seide, Viskoseseide oder merzerisierter Baumwolle bestehen, im ungefärbten Zustand auf Lager halten kann, um sie dann entsprechend der wechselnden Moderichtung oder den besonderen Wünschen des Käufers beliebig färben zu lassen.

Über das Färben von Azetatseide berichten u. a. E. Clayton und Briggs[1]), E. Sanderson[2]) und L. G. Lawrie[3]), ferner beziehen sich darauf die franz. P. 548899, 1921; 557639, 1921; 558917, 1922 und 563785, 1923; das amerik. P. 1440501, 1921 und die engl. P. 202157, 1922; 202280, 1923; 204179, 1922 und 207711, 213593, 214246, 216838, 219349, 220505, 224077, 224681, 224925 und 226948, alle ab 1923; außerdem die engl. Patente 225862, 1924 und 228557, 1925.

Wie bei allen natürlichen und künstlichen Fasern hat auch bei der Azetatseide das Färben einen Schutz gegen die zerstörende Wirkung der ultravioletten Strahlen zur Folge. Azetatseide wird im ungefärbten Zustand stärker angegriffen als die übrigen Kunstseiden (Melliands Textilberichte Bd. 4, S. 586).

Das Bedrucken von Azetatseidengeweben kann auf die Weise geschehen, daß man zunächst nur Natronlauge aufdruckt und dämpft, wodurch an den betreffenden Stellen eine teilweise Verseifung eintritt; hierauf wird mit direkten, Schwefel- oder Küpenfarbstoffen gefärbt, wobei nur die bedruckten Stellen die Farbe annehmen. Bei vielen Farbstoffen kann man auch gleich ein Gemisch von Lauge, Farbstoff und Verdickungsmittel, meist mit Zusatz von Stärkezucker (Glukose), aufdrucken. Nach dem Trocknen wird nur 5 Minuten bei 100—101⁰ feucht gedämpft und die Verdickung samt dem nichtgebundenen Farbstoff mittels Seifenlösung von höchstens 80⁰ herausgewaschen. Ohne Laugenzusatz lassen sich nur die besonderen Azetatseidenfarbstoffe

---

[1]) J. Soc. of Dyers and Colourists 1921, Nr. 12.
[2]) J. Soc. of Dyers and Colourists 1922, Nr. 38.
[3]) J. Soc. of Dyers and Colourists 1924, S. 69.

(wie die Ionamine) direkt aufdrucken, doch sind die Töne nicht sehr waschecht.

Wolleffekte lassen sich nach dem D. R. P. 411798, 1923, bzw. dem F. P. 510175, 1922, dadurch erzielen, daß man die Azetatseidengewebe bei erhöhter Temperatur mit verdünnten Lösungen organischer Säuren (Ameisen- oder Essigsäure) behandelt, der Schutzkolloide und Salze zugesetzt sein können.

Was die **Formiatseide** anbetrifft, so ist nach den Ergebnissen der Versuche, die **Rassow** und **Döget**[1]) durchgeführt haben, keine Aussicht, daß die ameisensaure Zellulose jemals für die Kunstseidenerzeugung verwendet werden könnte. Die durch Einwirkung eines Gemisches von Ameisensäure, Phosphoroxychlorid und Natriumazetat auf Zellulose erhaltenen Zelluloseformiate (Gemische von Mono- und Diformiat) sind nämlich sehr unbeständige Verbindungen, die durch Einwirkung von Wasser, ja sogar durch bloßes Aufbewahren an der Luft Ameisensäure abspalten und sich in (stark abgebaute) Zellulose zurückverwandeln.

2. Zelluloseätherseide.

Die neueste Kunstseide, die allerdings noch keine Handelsware bildet, verdankt ihre Erfindung dem auch sonst sehr erfolgreichen Wiener Chemiker Dr. Leon Lilienfeld. Diese Seide wird aus einer wissenschaftlich noch wenig erforschten Art von Zelluloseverbindungen hergestellt, nämlich aus Zelluloseäthern. Die Äther sind bekanntlich solche chemische Verbindungen, die man sich aus Alkoholen oder Phenolen dadurch entstanden denken kann, daß die Wasserstoffatome der Hydroxylgruppen ganz oder teilweise durch gleiche oder verschiedene Alkyl- oder Arylreste, wie $-CH_3$, $-C_2H_5$, $-C_6H_5$, $-CH_2C_6H_5$ usw. ersetzt worden sind. Bei der Nitroseidenfabrikation ist uns bereits der vom Äthylalkohol abzuleitende Äthyläther $C_2H_5 \cdot O \cdot C_2H_5$ begegnet. Da sich die Zellulose wie ein dreiwertiger Alkohol verhält, gibt es entsprechend der Art und Zahl der Alkylgruppen (auch Alkoholradikale genannt) eine große Zahl von Zelluloseäthern. Technische Bedeutung scheinen vorläufig allerdings nur die Methyl(CH_3)- und die Äthyl(C_2H_5)-äther zu besitzen. Die Zelluloseäther können sich aber auch bei gleichem Gehalt an Alkylgruppen noch durch den verschiedenen Grad des Abbaus des Zellulosemoleküls wesentlich unterscheiden. Dieser kann so weit gehen, daß wasserlösliche Produkte entstehen.

Für die Herstellung der besonders wichtigen Äthylzellulose kommen zwei Verfahren in Betracht:

1. Einwirkung von Äthylchlorid unter Druck auf Alkalizellulose:

$$C_6H_7O_2{\Big\langle}{\overset{\textstyle ONa}{\underset{\textstyle ONa}{-ONa}}} + 3\,C_2H_5Cl \qquad C_6H_7O_2{\Big\langle}{\overset{\textstyle O\cdot C_2H_5}{\underset{\textstyle O\cdot C_2H_5}{-O\cdot C_2H_5}}} + 3\,NaCl$$

    Alkalizellulose   Äthylchlorid   Triäthylzellulose   Natriumchlorid

2. durch Einwirkung von Diäthylsulfat, $(C_2H_5)_2SO_4$, auf Alkalizellulose, wobei die Reaktion ohne Überdruck analog verläuft.

---

[1]) Über Formylzellulosen. Chem. Zg. 1922, Nr. 117.

Zur Darstellung von Äthylchlorid und Äthylsulfat ging man früher von dem teuren Äthylalkohol aus, während die neueren Verfahren sich des in den Kokereigasen enthaltenen Äthylens (C_2H_4) bedienen. Curme (A. P. 1339947, 1920) läßt auf konzentrierte Schwefelsäure unter Druck einen Strom von Äthylengas einwirken, der das gebildete Diäthylsulfat mit sich führt:

$$H_2SO_4 \quad + \quad 2\,C_2H_4 \quad = \quad (C_2H_5)_2SO_4$$
Schwefelsäure $\qquad$ Äthylen $\qquad$ Diäthylsulfat

Das Diäthylsulfat bildet ein farbloses, in Wasser unlösliches Öl, das bei 208⁰ unter teilweiser Zersetzung siedet und bei — 24,5⁰ erstarrt. Unter einem Druck von 40 mm siedet es bei 118⁰ unzersetzt. Es ist schwerer als Wasser (D_{19} 1,1837). Durch Wasser wird es bei gewöhnlicher Temperatur äußerst langsam, beim Kochen rascher zersetzt, wobei sich Äthylalkohol und Äthylschwefelsäure bilden. Für die technische Verwendung des Diäthylsulfats nachteilig ist seine Giftigkeit. Äußerlich wirkt es entzündungserregend und ätzend, eingeatmet greift es die Atmungsorgane an und schädigt das Zentralnervensystem. Die besondere Gefährlichkeit des fast geruchlosen Diäthylsulfats besteht darin, daß die Erscheinungen (Konvulsionen, Lähmungen usw.) der letztgenannten Schädigung erst einige Zeit nach der Vergiftung auftreten.

Analog stellt Curme (A. P. 1518182,1922) das Äthylchlorid (Chloräthyl) durch Einwirkung von Chlorwasserstoff (Salzsäuregas) auf Äthylen her; ein Gemisch dieser Gase wird über Aluminiumchlorid als Katalysator geleitet, wobei bei einem Druck von 35 Atm. die Reaktion schon bei gewöhnlicher Temperatur vor sich geht:

$$C_2H_4 \quad + \quad HCl \quad = \quad C_2H_5Cl$$
Äthylen $\qquad$ Chlorwasserstoff $\qquad$ Äthylchlorid

Nach dem E. P. 209722, 1922, wird Wismut- oder Antimonchlorid als Katalysator verwendet. H. Suida (D. R. P. 361041 und 369702) wendet höhere Temperaturen an. Methylchlorid kann durch Erhitzen von Trimethylaminchlorhydrat auf 360⁰ hergestellt werden. Letzteres kann aus den Zersetzungsgasen bei der trockenen Destillation der bei der Melassebrennerei abfallenden Rübenschlempe gewonnen werden.

Methylchlorid und Äthylchlorid sind beide bei gewöhnlicher Temperatur farblose, angenehm riechende Gase, die verflüssigt in Bomben in den Handel kommen. Das Methylchlorid siedet schon bei — 24⁰, das Äthylchlorid erst bei + 12,2⁰ (D_8 = 0,918). Letzteres dient auch als örtliches Anästhetikum bei kleineren Operationen (Verdunstungskälte). Vor dem Krieg galten etwa folgende Kilogrammpreise: Schwefelkohlenstoff 0,44 M., Eisessig 1,45 M., Essigsäureanhydrid 3,75 M., Äthylchlorid 4 M., Dimethylsulfat 6,60 M. und Diäthylsulfat 26 M. Man sieht also, daß die billige Herstellung der Alkylierungsmittel eine Lebensfrage der Ätherseidenerzeugung bedeutet.

Was die Eigenschaften der Zelluloseäther (Äthylzellulose, Methylzellulose) anlangt, so sind sie je nach der Art und Zahl der Alkylgruppen und dem Grad des Abbaus des Zellulosemoleküls sehr verschieden. Die nach dem Verfahren von Lilienfeld hergestellten Zelluloseäther zeichnen sich nach den Angaben des Erfinders vor allem durch eine außerordentliche Beständigkeit und Indifferenz aus. Sie können ohne Zersetzung bei An- und Abwesenheit von Wasser viel höher erhitzt werden als die Zelluloseester (z. B. Azetat). Von diesen unterscheiden sie sich auch vorteilhaft dadurch, daß sie weder beim Erhitzen mit verdünnten Säuren noch mit Laugen zerlegt werden. Sie sind in einer großen Zahl von organischen Flüssigkeiten bzw. Gemischen derselben quellbar oder löslich und mit vielen festen organischen Verbindungen mischbar. Eine Patentschrift nennt u. a.: Methyl- und Äthylalkohol, Ameisensäure, Essigsäure, Methyl- und Äthylazetat, Amylazetat, Butylazetat, Azeton, Tetrachlorkohlenstoff, Chloroform, Azetylendichlorid, Trichloräthylen, Tetrachloräthan, Benzol, Toluol, Xylol, Nitrobenzol, Anilin, Terpentinöl, Rizinusöl, Leinöl, Olivenöl, Paraffinöl, Phenol, Naphthalin, Kampfer, Triphenylphosphat, Trikresylphosphat usw. Die aus ihren Lösungen in organischen Flüssigkeiten erhaltenen Häute oder Fäden sind von großer Festigkeit und Geschmeidigkeit, unentflammbar und von niedrigem spezifischem Gewicht.

Merkwürdig ist, daß bei den infolge des stärkeren Abbaus des Zellulosemoleküls gegen Wasser empfindlichen Zelluloseäthern die quellende oder lösende Wirkung um so stärker ist, je kälter das Wasser ist. Lilienfeld hat z. B. eine Äthylzellulose hergestellt, die in Wasser von 16^{0} und darüber unlöslich, in solchem von $8-10^{0}$ stark quellbar und unter 4^{0} löslich ist. So eine Lösung erstarrt aber bei höherer Temperatur wieder zu einer Gallerte. Wie ebenfalls Lilienfeld gefunden hat, besitzen die wasserquellbaren bzw. wasserlöslichen Zelluloseäther (Alkylzellulosen) die für die technische Verarbeitung wichtige Eigenschaft, mit eiweißfällenden Mitteln wie Gerbstoffen (Tannin) und Formaldehyd wasserunlösliche oder wenig quellbare Verbindungen einzugehen (D. R. P. 406081, 1922).

Nach Lilienfeld haben sich auch andere Forscher, wie Denham und Woodhouse[1]) mit der Herstellung von Zelluloseäthern beschäftigt. Sie ließen auf Alkalizellulose (aus 1 Mol Baumwollzellulose + 2 Molen Ätznatron) unter Kühlung in mehreren Anteilen einen großen Überschuß von Dimethylsulfat einwirken und erhielten nach dem Auswaschen mit Wasser und Trocknen einen Methyläther der Zellulose. I. C. Irvine und E. L. Hirst[2]) stellten aus Baumwollzellulose durch wiederholte Methylierung (14mal!) einen Zelluloseäther her, der mit $45,8^{0}/_{0}$ $O \cdot CH_3$-Gehalt als Trimethylzellulose (theoret. Wert $45,6^{0}/_{0}$) anzusprechen wäre. Nach Bayer & Co. wird die Zellulose mit $50^{0}/_{0}$iger Natronlauge 1 bis 2 Tage lang quellen gelassen, scharf abgepreßt und der Alkalizellulose das überschüssige Wasser durch Abdestillieren nach vorherigem Zusatz von Toluol entzogen; oder es wird im Vakuum getrocknet. Die nur noch wenig Wasser enthaltende Alkalizellulose wird dann mit 3 Teilen Äthylchlorid auf 1 Teil Zellulose unter Druck etwa 8 Stunden lang auf 130^{0} erhitzt. Nach dem Abdestillieren des überschüssigen Äthylchlorids wird die Reaktionsmasse mit Wasser ausgelaugt (Entfernung des Natriumchlorids), der Rückstand getrocknet, in einem geeigneten orga-

---

[1]) J. of Soc. of Chem. Ind. 1913, S. 1735 und 1921, S. 77.
[2]) J. Chem. Soc. Bd. 123, S. 518.

nischen Lösungsmittel (z. B. Azeton) gelöst und hierauf durch Wasser-
zusatz der Äther wieder ausgeschieden; nach dem Abfiltrieren und
Trocknen bildet er ein weißes amorphes Pulver. Eine Trimethylzellulose
erhielt auch W. Weltzien[1]) durch Methylieren einer durch Verseifung
von Baumwollzellulosetriazetat gewonnenen Zellulose mittels Dimethyl-
sulfats und Bariumhydroxyds in zwei Stufen. Sie bildet ein weißes,
bei 217° schmelzendes Pulver, unlöslich in heißem, aber löslich in kaltem
Wasser, ebenso in Chloroform und Eisessig. Während die Lösung dieses
Zelluloseäthers in Chloroform optisch inaktiv war, erwies sich die wässerige Lösung als linksdrehend, — $[a]_D^{10} = 18{,}1°$. G. Young (E. P.
184825) tränkt Zellulose $1/2$ Stunde lang mit einer 40 %igen Ätznatronlösung und preßt dann derart ab, daß auf 2 Teile Zellulose 2—3 Teile
Ätznatron und 1—1,5 Teile Wasser kommen. Diese Alkalizellulose wird
dann in einem mit einem Rührwerk versehenen Autoklaven mit einem
großen Überschuß von Äthylchlorid (20 Mole auf 1 Mol Zellulose) 6 bis
8 Stunden auf 100—150° erhitzt, worauf das überschüssige Äthylchlorid
abdestilliert und der Rückstand mit Wasser gewaschen wird. Die so
erhaltene Äthylzellulose wird dann noch durch Auflösen in Eisessig
und Ausfällen mit Wasser gereinigt. Dieser Zelluloseäther ist nach der
Patentschrift unlöslich in Methyl- und Äthylalkohol, Benzol und Kupferoxydammoniak, gegen kaltes und heißes Wasser beständig und schmilzt
bei 200°. Zur Beschleunigung des Verfahrens empfiehlt Young beachtenswerterweise die Anwendung von Katalysatoren (z. B. fein verteiltes
Kupfer) bei Gegenwart einer indifferenten Flüssigkeit (Benzol). Auf
ähnliche Weise, durch Einwirkung der Halogenester von mehrwertigen
Alkoholen, aber bei niedriger Temperatur (0°) will Dreyfus (E. P.
166767, 1920) neue Zelluloseäther herstellen. Die Patentschrift erwähnt das Äthylenchlorhydrin $CH_2Cl — CH_2 \cdot OH$ und das Epichlorhydrin $CH_2—CH—CH_2Cl$ als Ester des Glykols ($CH_2OH—CH_2OH$,
$\diagdown O \diagup$

bzw. des Glyzerins [$C_3H_5(OH)_3$]).

Eines Katalysators [Dimethylanilin, $C_6H_5 \cdot N(CH_3)_2$] bedient sich auch
E. Hubert bei der durch das D. R. P. 363192, 1920, den Elberfelder
Farbenfabriken geschützten Herstellung von Glykoläthern der Zellulose.
Das Glykol selbst ist ein zweiwertiger Alkohol und bildet eine farblose,
ölige Flüssigkeit (Dichte 1,125, Siedepunkt 197,5°). Die Glykoläther
der Zellulose entstehen durch Einwirkung von Äthylenoxyd, $\begin{matrix} CH_2 \\ | \\ CH_2 \end{matrix} \rangle O$,
auf Zellulose, am besten bei höherer Temperatur und Gegenwart eines
Katalysators. Das Äthylenoxyd ist bei gewöhnlicher Temperatur und
atmosphärischem Druck ein ätherisch riechendes Gas, das sich schon
durch Abkühlen unter $+13°$ verflüssigen läßt. Je nach den Umständen der Einwirkung entstehen verschiedene Glykoläther, die sich
von den früher besprochenen Zelluloseäthern dadurch unterscheiden,
daß sie im Alkylrest eine Hydroxylgruppe besitzen. Da sie alle mit Wasser

---

[1]) Liebigs Ann. Bd. 435. 1923.

quellbar, manche sogar wasserlöslich sind, könnten sie erst nach einer weiteren chemischen Umwandlung (Veresterung, Verätherung, Gerbung) auf Kunstseide verarbeitet werden. Dies und der hohe Preis des Äthylenoxyds (1913: 1 kg 700 M.) schließen diese Derivate vorläufig von dem Wettbewerb mit den Alkylzellulosen aus. Noch weniger Bedeutung für die Kunstfädenindustrie dürfte der von Jansen (D.R.P. 332203, 1921) der Celluloidfabrik Eilenburg) entdeckten Zelluloseglykolsäure ($C_6H_9O_4 \cdot O \cdot CH_2 \cdot COOH$) zukommen, die durch Einwirkung von Monochloressigsäure ($CH_2Cl \cdot COOH$) auf Alkalizellulose entsteht. Das Natriumsalz dieser in Wasser unlöslichen Verbindung ist in Wasser leicht löslich, hingegen unlöslich in organischen Flüssigkeiten. Die zwei restlichen Hydroxylgruppen der Zelluloseglykolsäure können durch Säure- oder Alkoholradikale ersetzt werden.

Ätherseide nach Lilienfeld.

Die Lilienfeldsche Ätherseide (wohl meist Äthylzelluloseseide) wird im großen und ganzen ähnlich wie die Azetatseide hergestellt, wobei man sich ebenfalls nicht an ein starres System halten muß, sondern die Erzeugung je nach den Preisverhältnissen der Roh- und Hilfsstoffe verschieden gestalten kann. Die Hauptstadien werden also sein:

1. Herstellung des Zelluloseäthers.
2. Herstellung der Spinnlösung durch Auflösen des Zelluloseäthers in einem geeigneten organischen Lösungsmittel; eventuell unter Zusatz von Nitro- oder Azetylzellulose oder auch noch von weichmachenden Mitteln; Filtrieren und Entlüften der Spinnlösung.
3. Verspinnen der Spinnlösung (trocken oder naß).
4. Abhaspeln der Spinnspulen oder Fadenkuchen.
5. Nachbehandlung der Strähne entsprechend der Zusammensetzung der Fäden (z. B. Denitrieren, teilweise Verseifung, Gerben, Bleichen usw.)
6. Wiedergewinnung des Lösungsmittels.

Da die in Wasser von jeder Temperatur unquellbaren Zelluloseäther sich ebenso wie ein ganz unquellbares Zelluloseazetat mit wässerigen Farbstofflösungen nicht färben lassen, verwendet Lilienfeld solche Zelluloseäther, die zwar bei gewöhnlicher Temperatur kein Wasser aufnehmen, bei niedriger Temperatur aber mehr oder weniger aufquellen und in diesem Zustand gefärbt werden können. Um Äthylzellulose zu erhalten, die in Wasser von Zimmertemperatur und darüber unlöslich, unter $+ 10^0$ aber quellbar oder löslich ist, geht man von Äthylzellulose aus, die schon bei Zimmertemperatur löslich ist, bzw. von Reaktionsgemischen, die solche Äthylzellulosen enthalten. So eine Äthylzellulose bzw. das Reaktionsgemisch wird durch Einwirkung von Ätznatron und Äthylsulfat einer weiteren Äthylierung unterzogen, wobei der Gehalt der Reaktionsmassen an Ätznatron so eingerichtet sein muß, daß er nicht weniger als $^1/_{10}$ und nicht mehr als $^1/_4$ des im Reaktionsgemisch enthaltenen Wassers beträgt.

Zur Herstellung von Äthylzellulose, die bei Zimmertemperatur und darüber in Wasser löslich ist, geht man nach Lilienfeld von einer gereinigten Viskose aus. 2400 kg einer solchen aus 200 kg Sulfitzellulose gewonnenen, durch Ausfällen (Salz- oder Wärmewirkung), Waschen und Wiederauflösen gereinigten Viskose[1]), die 200 kg Ätznatron enthält, werden in einzelnen Anteilen mit 600 kg Diäthylsulfat versetzt. Der Zusatz dauert 2 Stunden, wobei die Temperatur von 16 auf 41° steigt. Hierauf wird noch etwa 2 Stunden erwärmt, wobei die Temperatur 55° nicht übersteigen soll. Das Reaktionsgemisch bildet dann eine salbenähnliche Masse, die außer den Nebenprodukten den in Wasser von 16° und darunter löslichen Äthyläther der Zellulose enthält.

Um diesen in einen auch in eiskaltem Wasser (1—3°) unlöslichen und nur schwach quellbaren Äthyläther zu verwandeln, werden der Reaktionsmasse bei 50° 120 kg Ätznatronpulver einverleibt. Hierauf werden 200—360 kg Diäthylsulfat eingerührt und auf 70—90° erwärmt. In den entstandenen Brei werden bei etwa 80° neuerdings 120 kg Ätznatronpulver eingeknetet, worauf wieder 200—360 kg Diäthylsulfat zugesetzt und bei 70—90° einwirken gelassen werden. Das Reaktionsgemisch wird noch 3 mal in derselben Weise mit 120 kg Ätznatronpulver und mit 200—360 kg Diäthylsulfat behandelt. Insgesamt werden also 600 kg Ätznatron und 1000—1800 kg Diäthylsulfat zugesetzt. Um den fertig gebildeten Zelluloseäther zu isolieren, wird das Reaktionsgemisch mit Wasser verdünnt und auf eine Filtriervorrichtung gebracht. Die auf dem Filter zurückbleibende Äthylzellulose wird mit Wasser von Zimmertemperatur gründlich gewaschen, hierauf vom Filter genommen, mit verdünnter Schwefelsäure[2]) oder Salpetersäure angerührt, wieder auf eine Filtriervorrichtung gebracht und mit Wasser säurefrei gewaschen. Zum Schluß wird die Masse an der Luft oder im Vakuum getrocknet und zu einem weißen Pulver zerkleinert.

Nach Lilienfeld kann man aber zur Herstellung von Äthyläthern der Zellulose, die in Wasser von 16° und darüber unlöslich sind, unter 10° aber quellen oder sich lösen, auch von Zellulose selbst oder ihren in Alkalien unlöslichen Umwandlungsprodukten ausgehen, indem man sie derart mit Äthylierungsmitteln behandelt, daß auf 1 Gew.-Teil Zellulose 0,3—2,5 Gew.-Teile Wasser und 0,6—3 Gew.-Teile Ätznatron kommen. Als Äthylierungsmittel kann Diäthylsulfat oder Äthylchlorid verwendet werden. Während man mit Diäthylsulfat ohne Druck arbeiten kann und nur die entweichenden Dämpfe (schon wegen der Giftigkeit) durch Kühlung verflüssigt und zurückfließen läßt, muß man bei Verwendung von Äthylchlorid ein Druckgefäß (Autoklav) benützen. Als Katalysatoren, die die Reaktionsdauer herabsetzen, verwendet Lilienfeld Kupfer- und Eisensalze. Es seien zwei Ausführungsbeispiele wiedergegeben.

200 kg einer 50 %igen Natronlauge werden unter Kühlung mit 100 kg gepulverten Ätznatrons zusammengerieben. In die kalte Mischung werden mittels einer mit Kühlvorrichtung versehenen Mischmaschine (Zerfaserer) 100 kg fein verteilte Sulfitzellulose eingeknetet. Die Masse zieht an der Luft 20—60 kg Wasser und etwas Kohlendioxyd an. Sie wird

---

[1]) Die Lösung enthält aber nicht mehr als 150 kg Zellulose.
[2]) Die Eastman Kodak Company (amerik. P. 1510735, 1922) bedient sich der leicht flüchtigen schwefligen Säure.

jetzt in einen Autoklaven gebracht, mit 310 kg Äthylchlorid versetzt und 8—12 Stunden auf einer Temperatur von 90—150⁰ gehalten. Während der Reaktion muß entweder gerührt oder der Autoklav in Bewegung gehalten werden. Nach dem Erkalten des Autoklaven wird die Reaktionsmasse mit Wasser von Zimmertemperatur angerieben und die Äthylzellulose auf die oben beschriebene Weise isoliert und getrocknet. Sie bildet eine krümelig-flockige Masse, die in kaltem Wasser (1—5⁰) löslich ist. Diese Lösung erstarrt jedoch schon bei 16⁰ zu einer Gallerte. Diese Äthylzellulose ist auch in den schon früher genannten organischen Lösungsmitteln löslich; beim Eindunsten solcher Lösungen bildet sich eine durchsichtige, geschmeidige Haut, die in Wasser von 16⁰ und darüber unlöslich, in Wasser von 8—10⁰ ohne Zerfall quillt und sich in Wasser von 4⁰ und darunter auflöst.

200 kg fein verteilter Sulfitzellulose werden mit 1800 kg einer 18 %-igen Natronlauge getränkt und 12—28 Stunden bei Zimmertemperatur stehengelassen. Dann wird die Masse auf 500—720 kg abgepreßt. Die erhaltene Alkalizellulose wird nunmehr unter Kühlung mit 250—260 kg Ätznatronpulver zusammengeknetet. Die gleichmäßig gewordene Masse wird dann in einen Autoklaven gebracht, mit 450—600 kg Äthylchlorid versetzt und unter Rühren oder Bewegen 6—12 Stunden auf 100—150⁰ erhitzt. Aus der abgekühlten Reaktionsmasse wird dann die Äthylzellulose auf die eben beschriebene Weise isoliert. Sie bildet nach dem Trocknen eine griesartige Masse, die weder bei 16⁰ noch unterhalb 10⁰ in Wasser löslich ist. In sehr kaltem Wasser (1—5⁰) zeigt sie aber deutliche Quellung. Die durch Eindunsten der Lösungen dieses Zelluloseäthers in organischen Flüssigkeiten erhaltenen durchsichtigen und geschmeidigen Häutchen quellen erst unterhalb 5⁰ ohne Zerfall. Im allgemeinen entstehen nach Lilienfeld bei geringer Ätznatronkonzentration und niedriger Temperatur wasserquellbare, hingegen bei wenig Wasser, viel Ätznatron und höherer Temperatur harte, für Lacke verwendbare Zelluloseäther.

Eine weitere wichtige Entdeckung Lilienfelds besteht darin, daß die in kaltem Wasser mehr oder weniger quellbaren oder gar löslichen Alkylzellulosen mit eiweißfällenden Mitteln, wie besonders Gerbstoffen (Tannin) wasserunlösliche Verbindungen eingehen, die auch viel weniger quellbar sind als die betreffende Alkylzellulose. Auch dem Formaldehyd und den synthetischen Gerbstoffen kommt diese Eigenschaft zu; bei letzteren ist allerdings die meist dunkle Färbung nachteilig. Diese Alkylzellulose-Gerbstoffverbindungen sind nicht nur gegen Wasser, sondern auch gegen wässerige schwache Alkalien, wie Sodalösung oder Ammoniak beständig; hingegen werden sie durch Natron- oder Kalilauge zersetzt. Ferner sind diese neuen Verbindungen in denselben organischen Flüssigkeiten löslich wie die Ausgangsalkylzellulosen. Die Bildung dieser gegerbten Zelluloseäther kann auf folgende Arten erfolgen: 1. Die wässerige Lösung oder Gallerte einer Alkylzellulose wird mit einer starken wässerigen Gerbstofflösung (10—30 %) versetzt, der Niederschlag abfiltriert, ausgewaschen und getrocknet. Die Verbindung kann in organischen Lösungsmitteln gelöst und auf technische Produkte

(Kunstseide, Filme usw.) verarbeitet werden. Mit Wasser mischbare organische Flüssigkeiten, wie Eisessig, Alkohol und Azeton, können auch den noch feuchten Niederschlag lösen. 2. Schon geformte Zelluloseäther (Kunstseide, Filme) werden zur Erhöhung der Wasserbeständigkeit mit wässerigen Gerbstofflösungen (5—10 $^0/_0$ig) behandelt. 3. Zu der Lösung von Alkylzellulose in einem organischen Lösungsmittel setzt man den gleichfalls darin löslichen Gerbstoff zu und verarbeitet die Lösung auf bekannte Weise zu technischen Produkten (Filme, Kunstseide); diese bestehen dann aus gegerbter Alkylzellulose. 4. Die mit Gerbstoff versetzte Lösung der Alkylzellulose in einem organischen Lösungsmittel wird in Wasser gegossen, wodurch die neue Zelluloseverbindung ausfällt. Sie wird gewaschen und getrocknet und kann dann (eventuell unter Zusatz von anderen Zelluloseverbindungen oder sonstigen Stoffen) neuerdings in einem organischen Lösungsmittel gelöst und die Lösung auf technische Produkte verarbeitet werden.

Die Herstellung der Spinnlösung erfolgt durch Auflösen des Zelluloseäthers in einer geeigneten organischen Flüssigkeit bzw. einem Flüssigkeitsgemisch, wobei man sich der schon von der Nitroseidenfabrikation her bekannten Lösetrommeln bedient. Das Lösungsmittel kann den veränderlichen Preisverhältnissen entsprechend gewechselt werden. Es können auch mehrere Alkylzellulosen (z. B. Methyl- und Äthylzellulose) zugleich gelöst werden, auch kann man Zelluloseazetat und plastischmachende Mittel, wie Triphenylphosphat, zusetzen. Für das viel festere Fäden ergebende Trockenspinnen müssen Lösungsmittel von niedrigem Siedepunkt verwendet werden. Auch müssen die Lösungen viel konzentrierter sein als beim Naßspinnen. Für letzteres löst man z. B. 40—80 Teile Äthylzellulose in einem Gemisch von 100 Teilen Methylazetat und 300 Teilen Methylalkohol.

Als Fällbad am geeignetsten und wirtschaftlichsten ist heißes Wasser, dem man eventuell zur Erhöhung der Koagulationswirkung und Verbesserung der Eigenschaften des Fadens (Glanz, Festigkeit, Geschmeidigkeit) verschiedene Stoffe, wie Salze, Säuren, darunter auch Milchsäure, Alkalien, Zucker, Glykole u. dgl. zusetzen kann. Die Spinnmaschinen sind dieselben wie bei der Nitro- bzw. Azetatseidenfabrikation. Durch Verwendung eines milde wirkenden Fällbads kann man bei entsprechender Streckung sehr feine Fäden erhalten. Das organische Lösungsmittel geht z. T. in das Fällbad, z. T. in die Luft über und außerdem wird ein Teil von den Fäden zurückgehalten. Die Wiedergewinnung des Lösungsmittels geschieht wie bei den vorerwähnten Verfahren. Das E. P. 224405, 1924 (Courtaulds, Ltd.) empfiehlt fette Öle (z. B. Leinöl) als Fällbad.

Was die Eigenschaften der Ätherseide anlangt, so können diese nach dem Gesagten sehr verschieden sein. Man kann trocken und naß, grobe und feine Fäden spinnen, die wie bei der Azetatseide je nach der Zusammensetzung von Spinnlösung und Fällbad verschiedene Querschnittsformen aufweisen können. Dasselbe gilt vom Glanz dieser neuen Kunstseide. Ein von mir untersuchtes kleines Muster einer von Lilienfeld aus Pentaäthylzellulose (auf $C_{12}H_{20}O_{10}$ berechnet) versuchsweise naßgesponnenen Ätherseide zeigte einen mehr oder weniger kreisrunden Querschnitt (Abb. 84 und 85) bei einem mittleren Durchmesser von 30 μ. Das spez. Gew. eines Äthylzelluloseroßhaars fand ich zu 1,25. Die Verbrennungsprobe wird wie bei der Azetatseide stark durch hartnäckig zurückgehaltene Reste von organischen Lösungsmitteln beeinflußt. Das Äthylzelluloseroßhaar brannte wie Baumwolle oder Zelluloseseide gleichmäßig ab, ohne daß, wie es bei der Azetatseide meist der Fall ist, die Flamme von selbst erlosch. Hingegen haben die Alkylzellulosen mit den Zelluloseazetaten das gemein, daß vor dem Verbrennen deutlich das Schmelzen beobachtet werden kann. Die Erkennung der Ätherseide geschieht am sichersten durch ihr Verhalten zu verschiedenen organischen Flüssigkeiten (z. B. Alkohol, Chloroform), die quellend oder lösend auf sie wirken (S. 121). Die Festigkeit und Dehnbarkeit konnten an dem kleinen Muster nicht bestimmt wer-

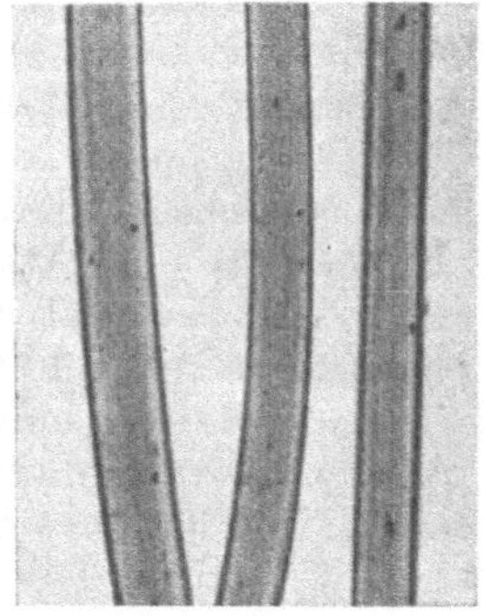

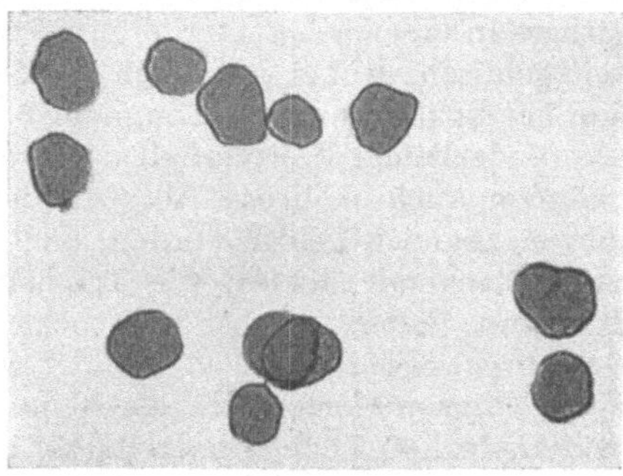

Abb. 84. Äthylzelluloseseide (naßgesponnen).
Vergr. 150.
   Abb. 85. Querschnittsformen naßgesponnener Ätherseide. Vergr. 200.

den, doch ist in Anbetracht des bedeutenden Abbaus des Zellulosemoleküls keine Überlegenheit gegenüber der Azetatseide anzunehmen. Hingegen liegt eine solche in dem Verhalten gegenüber verdünnten Säuren oder Alkalien vor, die ganz anders als bei der Azetatseide, auch beim Erhitzen keine spaltende Wirkung ausüben. Was das **Färben** der Ätherseide anlangt, so ist eine solche, die aus einem bei jeder Temperatur in Wasser unquellbaren Zelluloseäther besteht, mit wässerigen Farbstofflösungen nicht färbbar. Wohl könnte man den Farbstoff bereits der Spinnlösung beimengen oder der wässerigen Farbstofflösung solche organische Flüssigkeiten (Essigsäure, Azeton, Alkohol, Pyridin usw.) beimischen, die auf die Fäden quellend wirken, doch kommen diese Auswege für die Praxis nicht in Betracht. Daher stellt Lilienfeld[1]) neuerdings die Ätherseide aus solchen Äthylzellulosen her, die in kaltem Wasser (unter 10⁰) quellbar sind. Die Quellung der Seide erfolgt entweder in einem besonderen Vorbad von entsprechend kaltem Wasser,

---

[1]) D. R. P. 403,778, 1922.

das auch verschiedene Zusätze, wie Seife, Türkischrotöl oder Säuren enthalten kann, oder in dem vorher genügend abgekühlten Farbbad selbst. Benutzt man ein eigenes Quellbad, so kann man die Seide entweder in die kalte Farbflotte bringen und diese langsam zum Sieden erhitzen oder man kann auch gleich in die kochende Farbstofflösung eingehen. Ersteres entspricht mehr den gebräuchlichen Vorschriften der Baumwollfärberei, an die man sich im allgemeinen zu halten hat. In Betracht kommen hauptsächlich die subjektiven Baumwollfarbstoffe, weniger die basischen, Küpen- und Schwefelfarbstoffe. Unter Umständen empfiehlt sich noch eine Nachbehandlung mit Gerbstoffen, um die Widerstandsfähigkeit der Seide gegen kaltes Wasser zu erhöhen. Kunstseide, die aus einem Gemisch von Zelluloseäther und Zelluloseazetat besteht, kann wie Azetatseide gefärbt werden, indem man vor oder während dem Färben durch Einwirkung von Ätznatron einen Teil der Essigsäure abspaltet (Verseifung), worauf dann die regenerierte Zellulose den Farbstoff annimmt; natürlich ist mit diesem Verfahren eine Verminderung der Naßfestigkeit verbunden.

Zum Schluß sei noch das Verhalten des oben erwähnten Ätherseidenmusters zu verschiedenen Reagenzien und organischen Lösungsmitteln angeführt, wobei sich gegenüber der Azetatseide mannigfache Unterschiede ergaben. Konzentrierte Schwefelsäure bewirkt in einigen Minuten Lösung. Mäßig verdünnte Schwefelsäure (1 Raumteil Säure $+ 2$ Teile Wasser, 48 Gew.-%) übt eine stärker quellende Wirkung aus als bei Azetatseide; wird aber erwärmt, so löst sich diese klar auf, während die Ätherseide spröde wird und in Bruchstücke zerfällt. Konzentrierte Salpetersäure (1,4) hat bei gewöhnlicher Temperatur starkes Aufquellen zur Folge, das auch beim Erwärmen in keine eigentliche Lösung übergeht, während sich Azetatseide schon in der Kälte in wenigen Minuten klar auflöst. Konzentrierte Salzsäure (1,19) bewirkt starkes Aufquellen der Fasern, beim Erwärmen tritt Zerfall, aber keine eigentliche Lösung ein. Heiße Zinkchloridlösung bewirkt Quellung, bei Azetatseide hingegen Lösung. Starke Natronlauge (z. B. 18%ig) wirkt erst beim Kochen kaum merklich erweichend auf die Fasern, während Naturseide gelöst wird und die übrigen Kunstseiden, besonders die Azetatseide, mehr oder weniger morsch werden. Die Laugenbeständigkeit der Ätherseide ist also ganz hervorragend. Von rasch wirkenden organischen Lösungsmitteln seien genannt: Chloroform, Pyridin, α-Pikolin, Chinolin, Ameisensäure, Benzylalkohol, Essigsäure, Methylformiat, Anilin, Eugenol, Ameisensäure-Phosphorsäuregemisch, $\alpha\alpha'$-Dichlorhydrin, Piperidin, Nikotin, Milchsäure, Epichlorhydrin, Äthyltartrat, Benzylazetat und Rizinusölfettsäure (die 5 letztgenannten im heißen Zustand); ferner im geschmolzenen Zustand: Phenol, Naphthalin, Monochloressigsäure und Kampfer. Von organischen Quellungsmitteln seien genannt: Tetrachloräthan (fast lösend), Methyl-, Äthyl- und Propylalkohol, Azeton, Methyläthylketon, Methylazetat, Äthylazetat, Äthylformiat, Amylazetat, Isobutylazetat, Isobutylalkohol, Trichloräthylen, Äthylenchlorid, Nitrobenzol, Benzol, Toluol, Triazetin, Triphenylphosphat, Äthyläther, p-Kresolmethyläther, Methyl- und

Äthylbenzoat, Ligroin, Tetralin, Tetrachlorkohlenstoff, heiße fette Öle, wie Olivenöl, Leinöl, Rizinusöl, Ölsäure, Türkischrotöl. Geringe oder gar keine quellende Wirkung haben u. a.: Schwefelkohlenstoff, Glyzerin, Terpentinöl, Paraffinöl.

Auf die Zelluloseäther, bzw. Gebilde daraus, beziehen sich u. a. folgende englische Patente Lilienfelds: 149318, 149320 (1919), 163016 (1918), 177810 (1920), 181391—181395 (1921), 200815, 200816, 200827, 200834 (1922), 203347 und 203349 (1921). Von anderen Zelluloseätherpatenten wären noch zu erwähnen: D. R. P. 322586 (1920), (O. Leuchs-Bayer & Co., schon 1912 eingereicht), die englischen Dreyfus-Färbepatente 196952, 196953, 196954 und 199281, 1921, das E. P. 225862, 1924, von Bayer & Co. (Monoazofarbstoffe für Ätherseide), das D. R. P. 408342, 1922 (E. Tempel), und eine größere Anzahl amerikanischer Patente der Eastman Kodak Company, die sich auf die Herstellung plastischer Zelluloseäthermassen für Filme beziehen.

IX. Prüfung der Kunstseide.

Es dürfte wohl kaum einen andern Textilrohstoff geben, bei dem für den Verbraucher eine Kontrolle der Lieferungen so angezeigt ist wie bei der Kunstseide. Nicht nur, daß die einzelnen Fabriken sehr verschiedenartige Ware liefern, kommt es auch nicht selten vor, daß Kunstseide derselben Herkunft große Qualitätsschwankungen aufweist. Die Prüfung der Kunstseide geschieht z. T. auf Grund der nur durch Sinnenprüfung feststellbaren Eigenschaften wie Farbe, Glanz und Griff, was große Übung und Erfahrung voraussetzt, z. T. aber auch durch geeignete Apparate, sowie durch chemische Untersuchung. Letztgenannte Untersuchungen werden gegen eine entsprechende Gebühr von den hiezu befugten Seidentrocknungsanstalten vorgenommen, die dann rechtsgültige Bescheinigungen darüber ausstellen. Die nachfolgenden Ausführungen beziehen sich im besonderen auf die Prüfungsmethoden der Elberfeld-Barmer Seidentrocknungsanstalt, doch arbeitet auch die Krefelder Anstalt fast ganz gleich. Es werden folgende Untersuchungen übernommen: Bestimmung des Nettogewichts, des Handelsgewichts (Kondition), des Titers, der Festigkeit und Dehnung, der Drehung und der Identität von Kunstseiden.

Die Bestimmung des Handelsgewichts erfordert die Ermittlung des Feuchtigkeitsgehalts. Zu diesem Zweck werden zwei Durchschnittsmuster (250—750 g) in besonderen Apparaten mittels bewegter trockener Luft von 140° C (Krefeld 120°) getrocknet. Der Unterschied in den Gewichtsverlusten der beiden Probebündel darf $^1/_2 \%$ (bei echter Seide $^1/_3 \%$) nicht überschreiten, sonst muß auch ein drittes Probebündel getrocknet werden. Ist N das Nettogewicht, p der Gewichtsverlust

(= Wassergehalt) in Prozenten, so ist das Trockengewicht $T = N - \dfrac{N\,p}{100}$

$= \dfrac{N\,(100 - p)}{100}$. Daraus ergibt sich das legale Handelsgewicht $H =$ Trokkengewicht $+ 11\,^0/_0$ davon; also $H = T + \dfrac{11\ T}{100} = 1{,}11\ T = 0{,}0111\ N$ **(100 — p)**. Ist z. B. das Nettogewicht 500 kg, der Feuchtigkeitsgehalt $12\,^0/_0$ (d. h. 100 kg Seide enthalten 12 kg Wasser), so ist $H = 0{,}0111 \times 500\ (100 - 12) = 488{,}4$ kg. Will man wissen, wieviel kg Wasser auf 100 kg trockene Seide entfallen, so ist die Formel $P = \dfrac{100\ p}{100 - p}$.

Zur Feststellung des Titers (vgl. S. 23) werden durch einen Haspel von 112,5 cm Umfang 20 Probesträhnchen zu je 450 m Länge (400 Umdrehungen) hergestellt und deren Gewicht in g genau bestimmt. Da aber bei der Titrierung die Gewichtseinheit das Denier (0,05 g) ist, muß man die erhaltenen Zahlen noch mit 20 multiplizieren und erhält so 20 Werte für den legalen Titer, die um so mehr übereinstimmen, je gleichmäßiger die Kunstseide ist. Zur Bestimmung des Mitteltiters bedient man sich des durch gemeinsames Abwägen aller 20 Probesträhnchen direkt gefundenen Gesamtgewichts, das übrigens von dem durch Zusammenzählen der 20 Einzelwerte ermittelten nicht über $0{,}5\,^0/_0$ abweichen darf. Die Grammzahl des direkt bestimmten Gesamtgewichts ist natürlich zugleich der Mitteltiter. Im allgemeinen wird im Handel eine Abweichung von $5\,^0/_0$ vom Mitteltiter nach oben oder unten zugelassen. Für die Verbraucher von Kunstseide wäre es vorteilhaft, wenn der Titer wie bei der Naturseide in Form von Grenzwerten angegeben würde (z. B. 117/123). Die Nitroseiden sind weniger gleichmäßig als die Viskose- oder Kupferseiden. Da ein Garn um so schwerer ist, je mehr Feuchtigkeit es enthält, so kann man zur Erzielung von höchster Genauigkeit den direktgefundenen Titer auf den der Ware von normaler Feuchtigkeit entsprechenden umrechnen und erhält so den kon-ditionierten Titer. Ist T der direkt ermittelte Titer für Seide von $p\,^0/_0$ Feuchtigkeit, so ist der konditionierte Titer $T_c = T\ (100 - p) \times 0{,}0111$. Für $T = 250$ dn und $p = 12$ wäre $T_c = 244$ dn.

Da die von den Untersuchungsanstalten angewendete Art der Titerbestimmung[1]) eine verläßliche analytische Wage erfordert, kommt für den Händler und Verbraucher nur die schon S. 23 beschriebene Titrierwage in Betracht. Im Notfall kann man sich auch einer beliebigen Garnwage bedienen, indem man genau nach der betreffenden Vorschrift gewissermaßen die Nummer des Kunstseidengarns bestimmt und aus dieser durch Umrechnung oder mittels Tabellen den Titer ermittelt. Hat man z. B. eine Garnwage für englische Baumwollnumerierung [Nummer gleich Zahl der Strähne zu 840 Yards (768,01 m), die auf 1 engl. Pfund (453,6 g) gehen], so ist der legale Titer $= \dfrac{5314{,}94}{\text{engl. Nummer}}$. Für Werte über 150 ds ist das Verfahren aber schon zu ungenau, weil die Differenzen zwischen den englischen Nummern kleiner werden. Für eine Garnwage mit metrischer Numerierung (Nummer gleich Zahl der Meter auf 1 g) wäre die Umrechnung: Titer $= \dfrac{9000}{\text{metr. Nummer}}$.

---

[1]) Über A. Herzogs mikroskopische Titerbestimmung siehe S. 136.

Zur Prüfung der Kunstseide auf Festigkeit und Bruchdehnung bedient man sich derselben Apparate (Serimeter, Dynamometer), wie sie für andere Garne verwendet werden. Eine kritische Beschreibung solcher Apparate, vom einfachsten Taschenkraftmesser in Uhrform bis zum vollkommensten Schopperschen Festigkeitsprüfer mit Wasserantrieb und selbsttätiger Aufzeichnung des Zerreißdiagramms, findet sich in dem früher erwähnten Werk Dr. Heermanns.[1]) Für technische Zwecke genügt übrigens vollauf der durch Abb. 86 veranschaulichte Apparat. Er ist zum Aufstecken von Gleitspulen (Kopsen) und Laufspulen (z. B. Kreuzspulen) eingerichtet und gestattet eine Veränderung der Einspannlänge. Der Antrieb erfolgt durch gleichmäßiges Drehen der Kurbel, die Festigkeit wird auf der unteren, die Dehnung auf der oberen Skala abgelesen.

Die durch die Festigkeitsprüfer erhaltenen Zahlen sind von verschiedenen Umständen abhängig. Rasche Steigerung der Belastung gibt größere Werte als langsame. Eine den Verhältnissen der praktischen Verwendung entsprechende größere Einspannlänge führt zu kleineren Festigkeitszahlen, weil die Wahrscheinlichkeit, daß eine besonders schwache Stelle im Faden vorhanden ist, höher ist als bei kürzeren Fadenstücken. Daß die relative Luftfeuchtigkeit[2]) von Einfluß auf die Festigkeit und Bruchdehnung ist, wurde schon früher gesagt. Das in jeder Beziehung führende Materialprüfungsamt in Groß-Lichterfelde bei Berlin besitzt daher zur Vornahme von Festigkeitsproben an Textilerzeugnissen einen besonderen Raum, der durch entsprechende Vorrichtungen immer auf

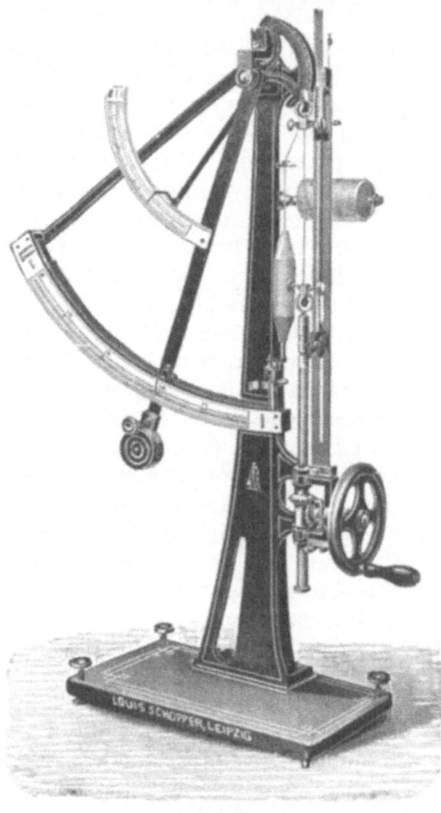

Abb. 86.
Schopper'scher Garnfestigkeitsprüfer.

---

[1]) Heermann, P., Mechanisch- und physikalisch-technische Textiluntersuchungen. 2. A. Berlin: Julius Springer 1923.

[2]) Man versteht darunter das prozentische Verhältnis der in der Luft tatsächlich vorhandenen Menge von Wasserdampf zu der größten Menge, die die Luft bei der gleichen Temperatur und dem gleichen Druck (Barometerstand) überhaupt enthalten kann. Zur Messung dienen Hygrometer.

derselben relativen Luftfeuchtigkeit von $65\,^0/_0$ gehalten wird. Die zu prüfenden Garne und Gewebe müssen vorher mehrere Stunden in diesem Raum liegen, damit sich zwischen ihrer Feuchtigkeit und der der Luft ein gewisser Gleichgewichtszustand einstellt. Die Frage, welcher zahlenmäßige Zusammenhang eigentlich zwischen der Festigkeit bzw. Bruchdehnung und dem durch die relative Luftfeuchtigkeit bedingten Wassergehalt der verschiedenen Zelluloseseiden besteht, könnte nur durch ein derart reich ausgestattetes Materialprüfungsamt einwandfrei gelöst werden. Die Zahl der Zerreißproben, aus deren Ergebnissen man das Mittel zieht, soll mindestens 10 betragen. Je ungleichmäßiger die gefundenen Werte sind, desto mehr Proben müssen gemacht werden, unter Umständen bis 200. Aus den einzelnen Werten kann man sich dann genau so wie beim Titer die für die Verarbeitung sehr wichtige Ungleichmäßigkeit berechnen. Es seien z. B. die gefundenen Festigkeitswerte: 200, 185, 200, 195, 200, 205, 230, 185, 220 und 200 g, so ist der 10. Teil der Summe das Mittel = 202 g. Nun bestimmt man das Mittel aller Zahlen, die unter dem gefundenen Mittel liegen, das

sogenannte Untermittel, hier $\dfrac{200+185+200+195+200+185+200}{7}$

$= 195$. Die Ungleichmäßigkeit ist dann $\dfrac{(\text{Hauptmittel}-\text{Untermittel})\,100}{\text{Hauptmittel}}$

hier also $3{,}46\,^0/_0$.

Es ist klar, daß sonst fehlerfreie Kunstseiden bei gleichmäßigem Titer auch gleichmäßige Festigkeitsverhältnisse aufweisen werden. Will man bei einer ungleichmäßigen Kunstseide mit verhältnismäßig wenig Festigkeitsbestimmungen einen verläßlichen Durchschnittswert bekommen, so ist es vorteilhaft, wenn man vor der Entnahme eines neuen Fadenstückes von der Kunstseidenspule erst eine bestimmte Menge ablaufen läßt, die man nicht verwendet, oder daß man die Fadenstücke in beliebiger Weise einem Probestrang von wenigstens 450 m Länge entnimmt; allerdings erfordert dieses Verfahren mehr Versuchsmaterial. Die Bestimmung der Festigkeit der Kunstseide im nassen Zustand ist entschieden eine etwas heikle Sache. Gewiß soll man auch hier sich den Verhältnissen der Praxis möglichst annähern versuchen, indem man die Seide z. B. 1 Stunde lang in eine $60\,^0$ warme $2\,^0/_0$ige Seifenlösung einlegt, mit kaltem Wasser wäscht und noch naß zur Untersuchung verwendet. Bei feinen Titers ist aber das Hantieren mit den so leicht verletzbaren Fäden ziemlich schwierig. Man kann daher, wenn es sich nur um vergleichende Prüfungen handelt, auch so vorgehen, daß man die Fadenstücke im trockenen Zustand in den Festigkeitsprüfer einspannt, mittels eines in Wasser getauchten weichen Pinsels sorgfältig benetzt, das Wasser eine halbe Minute einwirken läßt, nochmals benetzt und dann die Festigkeit des durch die Quellung beträchtlich verlängerten und vorher unten neu eingespannten Fadens bestimmt. Azetat- oder Ätherseide muß man aber vor der Prüfung unbedingt auf wenigstens 20 Minuten in $10\,^0/_0$iges Glyzerinwasser einlegen. Das Glyzerin verhindert das Austrocknen der Fäden während der Prüfung.

Um den Drall oder Zwirnungsgrad (Zahl der Drehungen auf 1 m) eines Kunstseidengarns zu bestimmen, bedient man sich der auch für andere Garne üblichen Drallmesser oder Torsiometer. Ein Fadenstück, z. B. 25 cm lang, wird zwischen einer unbeweglichen und einer drehbaren Klemme eingespannt und letztere mittels einer Kurbel solange gedreht, bis die Einzelfasern (bzw. bei einem Zwirn Garnfäden) parallel liegen, was man mittels einer durch den Faden gesteckten Nadel feststellt. Die auf dem Zählrad des Apparats abgelesene Drehungszahl wird dann auf 1 m Garnlänge umgerechnet.

Sehr empfehlenswert sind auch die zur Prüfung auf die Reinheit und Gleichmäßigkeit der Garne dienenden Garngleichheitsprüfer, bei denen das Garn auf eine mit schwarzem Samt überzogene Blechtafel (z. B. 20×30 cm) derart aufgewickelt wird, daß sich die regelmäßigen Windungen nicht berühren; infolgedessen heben sich alle Ungleichmäßigkeiten, wie Knötchen, Flusen u. dgl. von dem schwarzen Untergrund sehr deutlich ab. Schließlich sei noch erwähnt, daß man neuestens auch eine Vorrichtung erdacht hat, um die Deckkraft von Schußgarnen zahlenmäßig zu bestimmen (Journ. Scient. Instruments B. 2, S. 299).

Chemische Prüfung[1]). Diese kommt in Betracht für die Bestimmung der Art einer etwaigen, allerdings kaum vorkommenden Erschwerung und bei Nitroseide für die Prüfung der Lagerfestigkeit. Von den chemischen Reaktionen, die man zur Unterscheidung der drei Zelluloseseiden herangezogen hat, hat sich nur die zuerst von Süvern für diesen Zweck vorgeschlagene Diphenylamin-Reaktion zur Erkennung von Nitroseide als vollkommen zuverlässig bewährt. Sie beruht darauf, daß jede Kollodiumseide trotz dem Denitrieren noch eine geringe Menge an chemisch gebundener Salpetersäure enthält (S. 22), die eben durch die an sich schon lange bekannte Diphenylamin-Reaktion nachgewiesen wird. In ein kleines, etwa 50 cm³ fassendes Fläschchen, dessen Glasstöpsel in einen spitzen Glasstab übergeht, gibt man zunächst reine konzentrierte Schwefelsäure und dann einige Messerspitzen voll Diphenylamin [$NH(C_6H_5)_2$, weiße Kristallschuppen], das sich beim Schütteln auflöst. Bringt man nun auf eine kleine Probe der zu untersuchenden Kunstseide mittels des Glasstabes etwas von diesem Reagens darauf, so bemerkt man ein Aufquellen der Fäden und im besonderen bei Nitroseide eine starke Blaufärbung, während bei Kupfer- und Viskoseseide nur eine Gelb- bis Braunfärbung eintritt. Es ist vorteilhaft, statt reiner Schwefelsäure ein Gemisch von etwa 2 Raumteilen Schwefelsäure und 1 Teil Eisessig (stärkste Essigsäure von etwa 99 %) zu verwenden, weil durch dieses die Kunstseide nicht so rasch aufgelöst wird. Das Reagens ist nur beschränkte Zeit haltbar und muß erneuert werden, wenn es eine dunkle Färbung angenommen hat. Diese Reaktion kann auch für gefärbte Kunstseide benutzt werden, nur muß man sie bei dunklen Farbtönen vorher durch Chlorkalk- oder Natriumhyposulfitlösung bleichen. Um ein rasches Ausbleichen oder wenigstens eine wesentliche Aufhellung

---

[1]) Die Mikroskopie der Kunstseide wurde bereits S. 79 behandelt.

der Farbe zu erzielen, kann man die Bleichflüssigkeit in ziemlich konzentriertem Zustand verwenden, da ja die Festigkeitsverminderung hier keine Rolle spielt. Nach einiger Zeit setzt man einige Tropfen Salzsäure zu, doch nicht so viel, daß eine stürmische Entwicklung von Chlorgas erfolgt. Nach genügender Aufhellung wäscht man die Probe mit Wasser etwas aus[1]), preßt zwischen Filtrierpapier oder mittels eines saugfähigen Gewebes möglichst trocken und führt die Reaktion durch. Auch Natriumhydrosulfit (Blankit, Rongalit, $Na_2S_2O_4$) kann als Bleichmittel angewendet werden; selbst bei eintägiger Einwirkung tritt keine Reduktion der Salpetersäure ein.

Zur Unterscheidung der Kupferseiden von den Viskoseseiden sind mehrere Reaktionen vorgeschlagen worden, die alle auf dem Umstand beruhen, daß das Zellulosehydrat der Viskoseseiden normalerweise mehr reduzierende Stoffe enthält (höherer Gehalt an Oxyzellulose) als das der Kupferseiden. Noch mehr Oxyzellulose enthalten die Nitroseiden. Schwalbe fand als Kupferzahl bei Glanzstoff 1,5, bei Viskoseseide 2,6 und bei Nitroseide 4,1. Infolge der sehr verschiedenen Herstellungsverfahren können aber auch Abweichungen von obiger Regel eintreten, so daß diese Reaktionen nicht immer ganz zuverlässig sind. Besonders ist auf den Einfluß des Bleichens hinzuweisen, das unter Umständen einen erhöhten Gehalt an Oxyzellulose zur Folge haben kann. Eine der besten chemischen Prüfungsmethoden ist die von dem bekannten Zelluloseforscher C. Schwalbe herrührende, die sich der Fehlingschen Lösung (S. 8) bedient. Man erwärmt mit Hilfe des Wasserbades in Probegläschen gleiche Mengen (etwa 0,2 g) der Kunstseiden mit gleichen Mengen (4 cm³) Fehlinglösung etwa 10 Minuten lang und füllt dann mit Wasser auf. Man kann auch die Fehlingsche Lösung vorher mit der gleichen Menge destilliertem Wasser verdünnen. Die zu beobachtenden Erscheinungen beziehen sich einerseits auf die Farbe der Flüssigkeit, andererseits auf das Aussehen der Kunstseide. Hat die Flüssigkeit ihre reinblaue Farbe behalten, so liegt Kupferseide vor, wurde die Farbe blaugrün bis grün, Viskose- oder Nitroseide. Diese Art der Unterscheidung ist aber sehr schwierig, weil es sehr auf das richtige Mengenverhältnis von Flüssigkeit zu Seide ankommt. Viel zuverlässiger ist es, nach dem Abgießen der Flüssigkeit und vorsichtigem einmaligen Abspülen das Aussehen der Kunstseide zu beobachten. Hat diese ein leicht bläulichgrüne Färbung (infolge Kupfernatronzellulosebildung), so zeigt dies Kupferseide an, hat sich ein rötlichgelber Belag auf den Fasern abgelagert, so weist dies auf Viskoseseide hin, während ein rotbrauner Belag der Nitroseide entspricht. Bei zahlreichen Nachprüfungen fand ich, daß sich die Nitroseiden stets normal verhielten, daß aber manche Kupferseiden (z. B. St. Pöltener „Superseide" 1913) wie Viskoseseide reagieren und umgekehrt manche Vis-

---

[1]) Das Chlor bewirkt keine Blaufärbung des Diphenylamins, wohl aber freie Chlorsäure, die durch die Salzsäure aus dem als Verunreinigung des Chlorkalkes in geringen Mengen vorkommenden chlorsauren Kalk [$Ca(ClO_3)_2$] in Freiheit gesetzt wird.

koseseiden [z. B. Küttnerseide 1913[1])] das Verhalten von Kupferseide aufweisen können. Trotzdem wird man sich, besonders wenn nur bestimmte Kunstseiden in Betracht kommen, der Schwalbeschen Methode mit Vorteil bedienen können. Von demselben Forscher stammt auch die Chlorzinkprobe. Das Reagens wird bereitet, indem man 20 g Zinkchlorid (in Stangenform) in 10 cm³ Wasser auflöst und dazu die Auflösung von 2 g Kaliumjodid und 0,1 g Jod in 5 cm³ Wasser gibt. Man läßt absetzen, und verwendet den klaren Teil der Lösung. Man taucht kleine Proben der Kunstseiden etwa eine halbe Minute in das Reagens ein und spült sie dann mit kaltem Wasser ab. Kupferseide erscheint hierbei farblos, Viskoseseide bläulichgrün. Natürlich ergeben sich auch hier Ausnahmen. Das gleiche gilt von P. Marschners[2]) Schwefelsäureprobe. Übergißt man kleine Kunstseidenproben in Probegläschen mit konzentrierter Schwefelsäure, so tritt allmählich Lösung ein. Nitroseide bleibt dabei farblos oder wird nur schwach gelblich und das gleiche gilt von der entstandenen Lösung. Kupferseide wird vor dem Lösen bräunlichgelb, die Lösung nach etwa 40 Minuten hellbraun. Viskoseseide wird gelbbraun und die Lösung rotbraun. In Färbereien bedient man sich zur Unterscheidung der Kunstseiden des verschiedenen Verhaltens zu gewissen Farbstoffen (z. B. Naphthylaminschwarz 4 B von Cassella), doch kommen selbstverständlicherweise auch hier Abweichungen von der Regel vor. Besonders zur Unterscheidung von Küttnerseide 1913 und den andern Viskoseseiden fand ich ein Gemisch von 2 Raumteilen konzentrierter Ameisensäure und 1 Teil Phosphorsäure vom spez. Gewicht 1,7 sehr brauchbar. Übergießt man Viskoseseide mit diesem Reagens, so quellen die Fäden auf und es tritt nach etwa 1 Stunde Lösung ein. Während aber bei der Küttnerseide 1913 die Faserstruktur nach 20 Minuten noch gut sichtbar ist (weniger abgebaute Zellulose!), ist dies bei allen andern Viskoseseiden nicht mehr der Fall. Küttnerseide 1920 hat übrigens normale Löslichkeit, eine Folge des geänderten Herstellungsverfahrens. Unvollständig entschwefelte Seiden geben trübe Lösungen. Auch die andern Kunstseiden, sowie die echte und die wilden Seiden sind in diesem Reagens löslich, während Wolle selbst beim Erwärmen unlöslich ist und Pflanzenfasern nur etwas aufquellen. Solche Lösungen von Kunstseidenabfällen wurden seinerzeit von den Vereinigten Glanzstoff-Fabriken zur Erzeugung von Formiatseide vorgeschlagen (F. P. 424621).

Die Menge und Zusammensetzung der Asche hängt stark von der Beschaffenheit des Waschwassers ab, da das Zellulosehydrat darin gelöste Stoffe (z. B. Kalzium- und Eisenverbindungen) durch Absorption aufnehmen kann. Am gleichmäßigsten erwiesen sich bezüglich des Aschengehalts die Viskoseseiden (lufttrocken 0,25—0,35 % Asche); bei den Kupferseiden wurden selbst bei Mustern gleicher Herkunft manchmal sehr verschiedene Werte gefunden, so daß sich ebenfalls keine sichere Unterscheidung darauf gründen läßt.

---

[1]) Küttnerseide 1920 verhält sich normal.
[2]) Kunststoffe 1911, S. 112 (Referat).

Die untersuchten Nitroseiden hatten mit wenigen Ausnahmen einen 1 %/₀ übersteigenden Aschengehalt, der für die einzelnen Handelssorten ziemlich gleichbleibend war, so daß er neben den anderen Unterscheidungsmerkmalen (Querschnittsformen) ganz

Kupferseide	Asche in %
Hanauer Seide	0,32
	0,51
	0,73
alter Glanzstoff	1,50
„ 1913	0,37
	0,16
Berliner Glanzfäden 1913	0,22
„Adlerseide" 1913	0,77
Hölkenseide 1922	0,39
„Sirius" (Kunstroßhaar)	0,15
„Excelsior" (Kunstroßhaar)	0,27

gut zur Erkennung herangezogen werden kann. Ob der manchmal sehr hohe Aschengehalt auf die Zusammensetzung des Denitrierbades oder auf eine absichtliche Tränkung zwecks Verminderung der Brennbarkeit zurückzuführen ist, konnte nicht festgestellt werden.

Übrigens kann manchmal auch das mikroskopische Aussehen der nicht zu hoch erhitzten Asche einen Fingerzeig geben; z. B. sind Obourg- und Tubizeseide so unterscheidbar. Mittels der von Beutel[1]) zuerst angegebenen Mikrodestillation kann man die Zelluloseseiden von Aze-

Nitroseide, lufttrocken	mittl. Aschengehalt in %
„Perlseide".	0,20
„Silkin"	0,30
Schwetzingen 1923	0,65
„Meteor" (Kunstroßhaar)	0,90
Frankfurt a. M..	1,00
Plauen	1,15
Jülich	1,30
Tubize	1,30
Sárvár.	1,30
Obourg extra filé	2,00
Obourg, gewöhnlich	2,20

tat- und Naturseide leicht unterscheiden, da die letzteren bei Beginn der Zersetzung schmelzen.

Eine alte Streitfrage ist es, ob man die Kupferseide durch den Nachweis von zurückgebliebenen Kupferspuren von Viskoseseide unterscheiden könne. K. Lang[2]) glaubt, bei Benutzung der auf Katalyse beruhenden Kupferreaktion nach L. Hahn und G. Leimbach[3]) diese Frage bejahen zu können. Ristenpart und Petzold[4]) fanden bei Nachprüfung dieser Methode, daß auch in manchen Viskoseseiden Stoffe vorkommen, die diese Reaktion ergeben. Auch meine eigenen ausgedehnten Ver-

---

1) Morphologie einiger Textilfasern bei ihrer trockenen Destillation. Kunststoffe Bd. 10. 1913 und Herzog, A.: Die mikroskopische Untersuchung der Seide und Kunstseide. S. 100 u. 104.

2) Ein Nachweis von Kupferoxydammoniak-Kunstseide. Melliands Textilber. Bd. 4. 1923.

3) Eine eigenartige katalytische Reaktion als Nachweis und Bestimmungsverfahren für kleinste Kupfermengen. Berichte der Deutschen chemischen Gesellschaft Bd. 3, S. 3070. 1922.

4) Melliands Textilber. Bd. 5. 1924.

suche[1]), bei denen größere Kunstseidenproben verascht und die Asche nach Spacu[2]) auf Kupfer geprüft wurde, führten zu dem Ergebnis, daß die Erkennung von Kupferseide auf Grund des Nachweises geringer Kupfermengen eine unsichere Sache ist. Vor allem muß man sich kupferfreies destilliertes Wasser und kupferfreie Reagenzien herstellen, bzw. beschaffen, was immerhin umständlich ist. Wohl war die Reaktion bei Veraschung von etwa 15 g Kupferseide immer stark positiv[3]) (ganz besonders bei altem Glanzstoff und bei Kunstroßhaar), aber andererseits wiesen auch sämtliche untersuchten Viskose- und Nitroseiden einen allerdings meist schwächeren Kupfergehalt auf. Bei Viskoseseide kann das Kupfer entweder schon im Zellstoff[4]) enthalten gewesen sein oder es stammt aus den Chemikalien, dem Kondenswasser, von Messing- oder Bronzearmaturteilen oder den Kupferwalzen der Lüstriermaschine.

Der Spacusche Kupfernachweis beruht darauf, daß eine neutrale Kupfersalzlösung, wenn sie mit etwas Rhodanammonium und einigen Tropfen Pyridin versetzt wird, einen hellgrünen Niederschlag von der Zusammensetzung: $Cu(C_5H_5N)_2(SCN)_2$ gibt, der sich bei geringen Mengen durch Ausschütteln mit einigen Tropfen Chloroform, das sich hiedurch grün färbt, gut sichtbar machen läßt. Der Pyridinüberschuß soll möglichst gering sein, weil der Niederschlag darin löslich ist. Die Reaktion ist so empfindlich, daß man mit 5 cm³ einer Kupfervitriollösung mit insgesamt 0,00001 g Kupfer noch eine deutliche Grünfärbung von 0,5 cm³ Chloroform erhält. Bei der Prüfung von Kunstseide auf Kupfer wurden Proben von 8—50 g (meist 16 g) in einer Platinschale oder einem Porzellantiegel bei möglichst niedriger Temperatur verascht; da nach G. Bertraud[5]) von den gebräuchlichen Messingbrennern Kupfer in der gasförmigen Zwischenform von Kupferkarbonyl in die zu veraschende Substanz gelangen kann, ist es zweckmäßig, sich eines Porzellanbunsenbrenners oder eines elektrischen Ofens zu bedienen. Die meist rötlichgraue Asche wird durch Erwärmen mit 0,5 cm³ konzentrierter Salzsäure in Lösung gebracht und auf dem Wasserbad zur Trockne eingedampft. Der durch Eisenchlorid gelb, bei größeren Kupfermengen grüngelb gefärbte Rückstand wird zur Zersetzung der basischen Salze mit einigen Tropfen konzentrierter Salzsäure versetzt und in etwa 5 cm³ Wasser gelöst. Ein geringer weißer Rückstand hat keine Bedeutung. Man spült das Ganze in ein Schleuderröhrchen, so daß man etwa 8—10 cm³ Flüssigkeit erhält. Jetzt gibt man 0,5 cm³ einer 10 %igen Rhodanammoniumlösung hinzu, wodurch infolge des nie fehlenden Eisengehalts eine mehr oder weniger starke Rotfärbung eintritt. Hierauf gibt man tropfenweise reines Pyridin hinzu, bis die Rotfärbung verschwindet. Zu der infolge Ausscheidung von rötlichgelbem Eisenhydroxyd stark ge-

<hr>

[1]) Noch unveröffentlicht.
[2]) Chem. Zentralblatt IV, S. 737. 1922.
[3]) Bei Berliner Glanzfäden (wasserfrei) etwa 0,0004% Kupfer.
[4]) Klein, A.: Prüfung gebleichter Zellstoffe. Zellstoff u. Papier 1924, Nr. 5.
[5]) Comptes Rendus Bd. 177, S. 997. 1923.

trübten Flüssigkeit setzt man 0,25 cm³ Chloroform oder Tetrachloräthan[1]) zu und schüttelt kräftig durch. Nach einigen Minuten Stehenlassen kann man meistens die Grünfärbung des in der Spitze des Gläschens befindlichen Tetrachloräthans erkennen. Manchmal bilden sich aber auch Emulsionen, die durch Abschleudern auf einer Laboratoriumszentrifuge getrennt werden müssen. Das Tetrachloräthan bildet dann die unterste Schicht, darüber befindet sich fester Niederschlag, der von einer klaren wässerigen Schicht überdeckt wird. Der Ersatz des Pyridins durch ähnlich zusammengesetzte Stoffe, wie α-Pikolin, Lutidin oder Nikotin bietet meines Erachtens keinerlei Vorteile.

Hingegen muß noch erwähnt werden, daß in etwa der Hälfte der Fälle statt der Grünfärbung des Tetrachloräthans bzw. des Chloroforms eine verhältnismäßig viel stärkere Rotviolettfärbung auftrat oder daß die anfängliche Grünfärbung, oft schon nach einigen Minuten, in Violett umschlug. Es scheint, daß die von Spacu entdeckte Kupferrhodanid-pyridin-Verbindung in zwei ineinander umwandelbaren stereoisomeren Formen von grüner und violetter Farbe vorkommt und daß in vielen Kunstseidenaschen Stoffe vorhanden sind, die die Bildung der violetten Form begünstigen. Da manchmal beide Formen nebeneinander auftreten, wodurch infolge der Komplementärfarbenwirkung die Tetrachloräthanschicht fast farblos erscheinen kann, ist es ratsam, alles in die grüne[2]) Form überzuführen. Zu diesem Zweck hebert man nach dem Abschleudern mittels einer Pipette die wässerige Schichte so weit als möglich ab, füllt, ohne den meist ein dichtes Scheibchen bildenden Niederschlag aufzurühren, destilliertes Wasser nach und wiederholt dies einige Male, bis die ursprüngliche wässerige Schichte durch reines Wasser ersetzt ist. Hierauf wird kräftig durchgeschüttelt, was die Umwandlung in Grün zur Folge hat und neuerdings abgeschleudert. Die Umwandlung der violetten Form in die grüne durch kurzes Erwärmen der Probe im Wasserbad ist weniger sicher und dauerhaft.

Bestimmung des Kunstseidengehalts in Mischgeweben. Durch heiße Natron- oder Kalilauge wird Kunstseide stark angegriffen; daher ist es nicht möglich, in einem Gemisch von Kunstseide bzw. Stapelfaser (S. 137) und Wolle den Gehalt an letzterer durch Bestimmung des Gewichtsverlusts nach dem Kochen mit verdünnter Natronlauge zu bestimmen, weil sich nicht nur die Wolle auflöst, sondern auch die Zellulosefaser 6—7 % an Gewicht verliert. P. Krais und K. Biltz[3]) haben daher eine auf der Löslichkeit der Kunstseide in Kupferoxydammoniak beruhende Trennungsmethode ausgearbeitet. Zur Herstellung des Reagens wird ein Stöpselglas halb mit Kupferdrehspänen und nicht ganz bis zur Hälfte mit konzentriertem Ammoniak gefüllt. Unter öfterem Umschütteln und Einblasen von Luft[4]) läßt man

---

[1]) Wegen seiner geringeren Flüchtigkeit ziehe ich dieses selbstgefundene Lösungsmittel vor.

[2]) Eigentlich wäre die violette Form wegen ihrer etwa 2—3 mal größeren Farbintensität vorteilhafter, doch müssen erst ihre Existenzbedingungen festgestellt werden.

[3]) Textile Forsch. Bd. 2, S. 24. 1920.

[4]) Ein übermäßiges Einblasen von Luft setzt aber infolge von zu großer Ammoniakverflüchtigung das Lösungsvermögen für Zellulose wieder herab.

drei Tage stehen, wodurch sich die dunkelblaue Kupferoxydammoniaklösung mit etwa $1\,^0/_0$ Kupfer und dem spez. Gew. 0,925 bildet. Von
dem zu untersuchenden Mischgarn oder Mischgewebe werden 0,2—0,5 g
in einer Porzellanschale mit einem Porzellanpistill eine halbe Stunde
lang geknetet, worauf die entstandene Zelluloselösung abgegossen und
der Rückstand noch einmal wie die frische Probe behandelt wird. Die
zurückbleibende Wolle wird dann einmal mit konzentriertem Ammoniak,
einmal mit $10\,^0/_0$igem Ammoniak und dreimal mit Wasser ausgewaschen.
Zur Entfernung von absorbiertem Kupfer wird der Rückstand 1 Stunde
mit $10\,^0/_0$iger Salzsäure behandelt, dann mit solcher Säure und zum
Schluß mit kaltem und heißem Wasser bis zur neutralen Reaktion gewaschen. Dann wird der Rückstand (Wolle) zwischen Filtrierpapier
abgepreßt und bei 110^0 getrocknet. Infolge unvermeidlicher Verluste
muß man das Gewicht der gefundenen Wolle um $0,3\,^0/_0$ erhöhen.

X. Die Stapelfaser.

Die Kunstseide war trotz der großen Hoffnungen, die man anfangs
auf sie gesetzt hatte, nicht imstande, der während der Kriegszeit und
in der ersten Nachkriegszeit bei den Mittelmächten vorhandenen Not
an Faserstoffen wesentlich abzuhelfen. Denn die Nitroseidenfabriken
mußten ihren Betrieb auf die Herstellung von Schießbaumwolle um-
stellen, während die erzeugte Kupfer- und Viskoseseide vielfach von
den Militärverwaltungen für die Herstellung von Kartuschbeutelstoffen
in Beschlag genommen wurde. Später litt die Kunstseidenfabrikation
sehr unter dem Mangel an geschulten Arbeitern und notwendigen Hilfsstoffen, wie besonders Schwefelkohlenstoff, ganz abgesehen von der
Kohlenknappheit. Aber wenn man auch Kunstseide in beliebigen Mengen
hätte erzeugen können, so wäre damit nicht viel erreicht gewesen, weil
die daraus hergestellten Gewebe und Wirkwaren sich infolge ihrer Glätte
und geringen Wärmehaltigkeit wenig für Alltagskleider eignen. Da
kam nun eine von Girard in Lyon schon im Jahre 1912 gemachte Erfindung (F. P. 438 131 mit Zus.-P. 15 399) zu Ehren, die Herstellung
der Stapelfaser. Dieses Erzeugnis wäre eigentlich richtiger als Kunst-
(baum)wolle zu bezeichnen, wenn diese Namen nicht schon für die aus
Lumpen und Abfällen wiedergewonnenen Fasern vergeben wären. Während die Kunstseide ähnlich wie die gehaspelte Naturseide praktisch aus
endlosen Einzelfädchen besteht, bildet die Stapelfaser künstliche Fäden
aus Zellulose oder Zelluloseverbindungen, die wie die Baumwolle, Wolle
oder Schappeseide eine bestimmte Länge, eben den Stapel aufweisen.
Während aber die Kunstseide von den Fabriken bereits in verwebbarer
Form geliefert wird, muß die von der Kunstseiden- bzw. Stapelfaserfabrik hergestellte Stapelfaser erst in besonderen Fabriken, meist Kamm-
garnspinnereien, zu einem Stapelfasergarn versponnen werden. Dieses
wird sich also von einem Kunstseidengarn dadurch unterscheiden, daß
es aus Einzelfädchen von bestimmter Länge, z. B. 10 cm, besteht, die
durch das beim Spinnen erfolgte Zusammendrehen ihren gegenseitigen,
auf der Reibung beruhenden Halt bekommen haben. Da besonders

beim Krempeln unvermeidlicherweise ein Teil der Fasern zerrissen wird, sind auch kürzere Fasern vorhanden. Dadurch, daß bei dem Stapelfasergarn die Fasern nicht so parallel und dicht aneinander liegen wie bei der Kunstseide und überall Faserenden hervorstehen, wird ein weicher, voller Griff, eine größere Dehnbarkeit (Elastizität) und eine gewisse Rauhigkeit erzielt, während zugleich der Glanz stark herabgemindert wird. Er erinnert bei manchen Stapelfasergarnen etwa an Mohärkammgarn. Die Dämpfung des Glanzes ist auch eine Folge der durch die verschiedenen mechanischen Einwirkungen beim Spinnen veränderten Oberfläche der Einzelfasern, die, wie man bei mikroskopischer Beobachtung (Abb. 87) sehen kann, zahlreiche Knickungen und

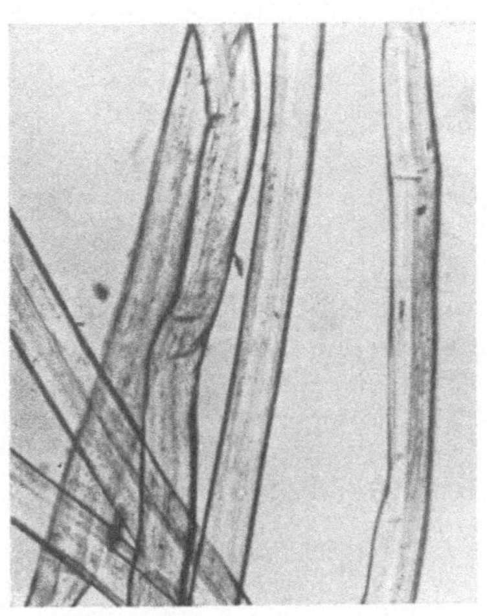

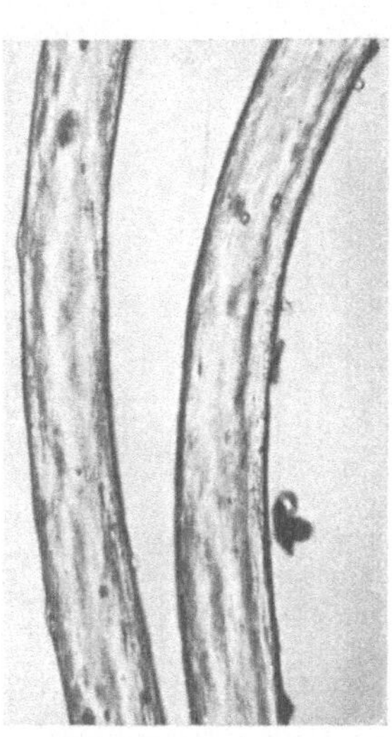

Abb. 87. Küttners Viskosestapelfaser. Vergr. 130.

Abb. 88. Berliner Kupferstapelfaser. Vergr. 150.

Quetschstellen aufweisen. Da der Glanz beim Stapelfasergarn nicht notwendig ist und die ihn verursachende Glätte der Einzelfädchen die Reibung und somit auch die Festigkeit vermindert, — was allerdings durch einen stärkeren Drall auf Kosten der Weichheit des Garns ausgeglichen werden kann —, brachten manche Fabriken, wie die Berliner Glanzfäden A.-G. (Abb. 88 und 89) und Küttner eine mattglänzende Stapelfaser auf den Markt. Die Verminderung des Glanzes wird nach dem D.R.P. 312304, 1917 (Glanzfäden A.-G.) dadurch bewirkt, daß die auf einen Haspel gesponnenen Strähne (Kupferoxydammoniak- oder Viskoseverfahren) von den in ihnen enthaltenen Lösungs- und Spinnbadchemikalien durch Traufenbäder befreit werden, deren lebendige Kraft gerade jene mittlere Spannung der Fäden hervorruft, die für den milden Glanz günstig ist. Eine stärkere Spannung würde nach der Patentschrift den nichtgewünschten gleißenden Kunstseidenglanz, das Fehlen jeder Spannung blinde und brüchige Fäden ergeben. Wenn

man die obige Kupferstapelfaser mit ihren Längsrinnen und oberfläch-
lichen Zerklüftungen näher betrachtet und mit dem glatten Aussehen
der Kupferseide (Abb. 45) vergleicht, erscheint es
kaum erklärlich, daß die genannten Traufenbäder
allein eine so tiefgreifende Formveränderung zur
Folge haben könnten, so daß die Annahme nahe
liegt, daß doch auch die Zusammensetzung der
Spinnlösung oder des Fällbads von der bei der
Kupferseidenfabrikation üblichen abweicht. Jedenfalls gilt die Behauptung der Patentschrift, daß
beim Auswaschen ohne Spannung ein vollkommen
mattes und mürbes Produkt erhalten werde, durchaus nicht für die Viskosestapelfaser. Abb. 90—91
zeigen die Querschnittsformen der vorerwähnten
Stapelfaserarten.

Einen so befriedigenden Eindruck nun ein
Stapelfasergarn auch äußerlich macht, seine Zellulosenatur kann es trotzdem nicht verleugnen; es
fehlt ihm der elastische Griff und besonders im
nassen Zustand die Festigkeit der Wolle. Dem
kann man aber z. T. dadurch abhelfen, daß man
die Stapelfaser gemischt mit Wolle oder Kunstwolle
(besonders Shoddy) versponnt (Wostagarne, Abb. 92).
Auch gegenwärtig werden noch solche als „Seiden-
wolle" bezeichnete Mischgarne (Streichgarne oder
Kammgarne), die gefärbt einen eigenartigen Farben-
schiller aufweisen, für Handarbeiten und Maschinen-
strickerei verwendet.

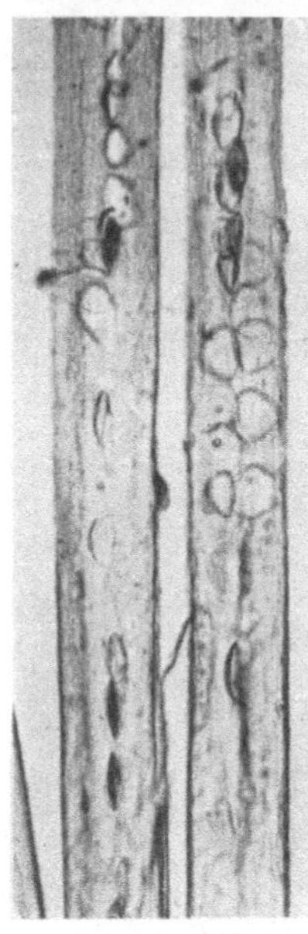

Abb. 89.   Berliner
Viskosestapelfaser.
Vergr. 150.

Abb. 90.   Berliner Kupferstapelfaser. (Querschnitt).

Abb. 91.   Berliner Viskosestapelfaser. (Querschnitt).

Was die Erzeugung der Stapelfaser selbst anlangt, so ist sie ganz
analog der Kunstseidenfabrikation, abgesehen von gewissen Abweichungen einzelner Fabriken, um einen schwächeren Glanz zu erzielen.
Wohl hat Beltzer[1]) 1911 ein Verfahren beschrieben, bei dem keine ge-

---

[1]) Kunststoffe 1911, S. 86.

ordneten endlosen Einzelfädchen entstehen, sondern ein Gewirr von mehr oder weniger kurzen Einzelfädchen, doch ist von einer praktischen Anwendung dieses Verfahrens nichts bekannt geworden. Das gleiche gilt auch von Feßmanns Erfindung (D.R.P. 319280, 1918), wonach

die durch eine Düse ausge-spritzten Fäden nach Errei-chen einer bestimmten Länge durch rotierende Schlaglei-sten losgerissen werden, wo-bei im Gegensatz zur ge-schnittenen Stapelfaser Fa-sern mit spitzen Enden er-halten werden. Abgesehen von der Glanzfäden A.-G., die übrigens auch Viskose-stapelfaser erzeugte, arbeitete in Deutschland nur noch die Bemberg A.-G. nach dem Kupferoxydammoniak-verfahren, wobei aber Sulfit-zellulose als Rohstoff diente.

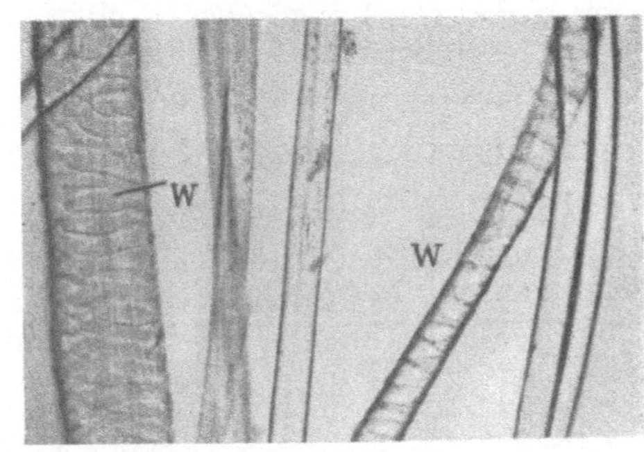

Abb. 92. Mischgarn aus gleichen Teilen Kunst-wolle und Kupferstapelfaser (Bemberg). W = Wolle. Vergr. 250.

Meistens wurde das Viskoseverfahren angewendet. Die Herstellung der Spinnlösung, die Zusammensetzung und Temperatur des Fällbads und die Abzugsgeschwindigkeit entsprechen bei denjenigen Produkten, die sich mikroskopisch von den entsprechenden Kunstseiden (z. B. Sydowsaue, St. Pölten) nicht unterscheiden, ganz deren Fabrikation. Hingegen wendeten Küttner und die Glanzfäden A.-G. etwas abwei-chende Verfahren an, über die nichts Näheres bekannt geworden ist. Um die Spinnmaschinen besser ausnützen zu können, verwendet man bei der Stapelfasererzeugung größere Brausedüsen mit viel mehr Öff-nungen als bei der Kunstseide. Zur Vermeidung des Übelstands, daß die aus den zentral gelegenen Spinnlöchern der Düse austretenden Fäden nur mit schon teilweise abgeschwächtem Fällbad in Berührung kom-men, werden die Düsenflächen nicht gleichmäßig mit Löchern versehen, sondern radiale Streifen ohne Bohrungen derart ausgespart, daß die Fällflüssigkeit durch die sich ergebenden Zwischenräume im Faden-bündel in dessen Mitte gelangen kann (Köln-Rottweil A.-G., D.R.P. 319444, 1919). Man spinnt gewöhnlich direkt auf einen Haspel, von wo die Strähne von Zeit zu Zeit nach vorherigem Durchschneiden ab-genommen werden. Die Vollendungsarbeiten sind dieselben wie bei der Kunstseide, doch geschieht das Entschwefeln und Bleichen der auf-geschnittenen Stränge nicht an Stöcken hängend, sondern die Stapel-faser geht in Form eines sogenannten „offenen Butzens", auf einem Holzrost liegend, durch die betreffenden Traufenbäder. Getrocknet wird wieder auf Stöcken, hier natürlich ohne Spannung; der vermin-derte Glanz ist ja erwünscht. Mit Hilfe einer Packpresse bringt man dann die Stapelfaser in die Form von länglichen Paketen von 5 oder 10 kg Gewicht, wo die einzelnen Fasern ziemlich parallel zueinander liegen.

Das Zerschneiden in die einzelnen Stapel geschieht also nicht in der Stapelfaserfabrik, sondern in der Spinnerei. Der zulässige Wassergehalt beträgt wie bei der Kunstseide 11 %.

Die Bestimmung des Titers von unversponnener Stapelfaser (das fertige Garn wird metrisch numeriert) geschieht am besten nach der von A. Herzog[1]) angegebenen mikroskopischen Methode. Bedeutet F die Querschnittsfläche der Einzelfaser in μ^2 ($1\,\mu^2 = 0{,}00000001$ cm²) und s das spez. Gew. der Fasersubstanz, so ist das Gewicht einer

450 m langen Faser (der Titer) gleich $20 \cdot 450 \cdot 100 \cdot \dfrac{F}{100000000} \cdot s = 0{,}009$ $\cdot F \cdot s$ Deniers. Da s für Zelluloseseide im Durchschnitt zu 1,52 angenommen werden kann, so ist der Titer $= 0\,01368\,F$ Denier. Man stellt von der betreffenden Stapelfaser Querschnittspräparate her und

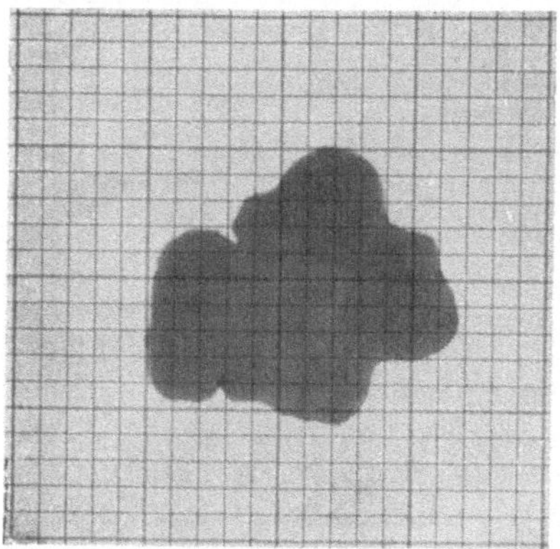

Abb. 93[2]). Messen eines Faserquerschnitts von Viskoseseide mittels des Herzogschen Deniermeters.

mißt die Flächen von etwa 25—30 Querschnitten mit Hilfe des von Herzog konstruierten, wie ein Okularmikrometer zu handhabenden Deniermeters aus. Da die Werte aber etwas zu hoch ausfallen, sind sie noch mit dem von Herzog empirisch gefundenen Korrektionsfaktor 0,93 zu multiplizieren, oder man berechnet den Titer gleich nach der Formel $0{,}01272 \cdot F$. Für Azetatseide vom spez. Gew. 1,26 g wäre dann der Titer $= 0{,}01134 \cdot F$, bzw. bei Annahme des gleichen Korrektionsfaktors $0{,}01055 \cdot F$ Denier. Abb. 93 zeigt den in Kanadabalsam eingebetteten Querschnitt einer Viskoseseidenfaser und das Deniermeter, dessen kleine Quadrate einer Feinheit von je $^{1}/_{10}$ Denier entsprechen. Da der Faserquerschnitt von 82 Quadraten gedeckt wird, beträgt die Feinheit der Faser 8,2 Denier.

Was das Färben der Stapelfaser anlangt, so geschieht dies wie bei der Kunstseide, nur daß hier das Färben von Mischgarnen aus Wolle und Stapelfaser eine besondere Rolle spielt. Die von den einzelnen Farbenfabriken herausgegebenen Musterbücher geben hierüber erschöpfende Auskunft. Die Stapelfaser kann wie die Wolle in folgenden Formen gefärbt werden: 1. als loses Material, 2. als Kammzug, 3. als fertiges Garn (bzw. Zwirn) in Strangform, 4. als Gewebe. Nach einer Anleitung der Farbenfabrik L. Cassella & Co., in Frankfurt a. M. ist beim Färben der Stapelfaser folgendes besonders zu beachten. Lose Stapelfaser wird in Kufen ähnlich wie Baumwolle gefärbt, wobei zur

<hr>

[1]) Die Bestimmung des Titers von Kunstseide auf mikroskopischem Wege. Textile Forsch. 1922, H. 1; Referat: Dt. Faserst. u. Spinnpfl. 1922, Nr. 11/12.

[2]) Aus Herzog, A.: Die mikroskopische Unterscheidung der Seide und der Kunstseide. S. 37.

Vermeidung von Klumpenbildung fortwährend hantiert werden soll. Die Ursache für das Zusammenkleben der Fäden ist oft darin zu suchen, daß das Material zu feucht in die Schneidemaschine kommt und unter zu großem Druck geschnitten wird. Gegebenenfalls ist die Stapelfaser vor dem Schneiden etwas zu trocknen. Das Trocknen nach dem Färben und Spülen soll bei nicht zu hoher Temperatur erfolgen, während andererseits das getrocknete Material vor feuchten Dämpfen zu schützen

ist, um die Weiterverarbeitung nicht zu erschweren. Stapelfaserkammzug wird wie Wolle in Bobinenform mittels mechanischer Apparate gefärbt. Stapelfaser in Strangform wird wie Kunstseide, im Gewebe auf der Haspelkufe oder dem Jigger gefärbt. Helle Töne können auch durch Pflatschen hergestellt werden. Am gebräuchlichsten für die Stapelfaser sind die direkt ziehenden Diaminfarben und die Diaminechtfarben, für besondere Echtheitsansprüche Algol-, bzw. Indanthren-, Immedial- oder Hydronfarben (Küpenfarbstoffe). Das Färben der mit Wolle gemischten Stapelfaser geschieht wie bei Halbwolle; eigene Musterbücher der Farbenfabriken geben hiezu genaue Anleitungen.

Wenn man vom Papiergarn absieht, so beherrsch-

Abb. 94. Viskosestapelfaser aus einem cheviotartigen Gewebe. Vergr. 150.

ten zur Zeit des fast vollständigen Mangels an Baumwolle oder Wolle die aus Lumpen und Hadern wiedergewonnenen Fasern, wie Kunstwolle (Shoddy, Tibet, Mungo), Kunstbaumwolle (Effilochés), Leineneffilochés und Seidenshoddy das Feld. Die z. T. ja sehr hochwertigen Fasern aus einheimischen Pflanzen, wie Brennessel und Ginster, waren leider nicht in genügender Menge zu beschaffen. Die aus Lumpen wiedergewonnenen Faserstoffe haben natürlich, vom Shoddy abgesehen, nur eine geringe Länge, so daß sich nur grobe und hartgedrehte Garne daraus erzeugen lassen. Hier konnte nun die in beliebiger Länge herstellbare Stapelfaser helfend einspringen, weil sie, in entsprechender Menge beigemischt, den kurzen Abfallfasern einen größeren Halt verleiht. Die Stapelfaser diente daher, gemischt mit Kunstwolle, aber auch für sich allein, hauptsächlich zur Herstellung cheviot- und tuchartiger Kleidungsstoffe (Abb. 94). Reines Stapelfasergarn eignet sich besonders für Wirkwaren, wo die geringere Elastizität weniger in Erscheinung tritt. Es ist auch zu beachten, daß nicht alle Stapelfaserarten gleich gut verspinnbar sind. Feine Fäden mit unregelmäßigem Querschnitt sind leichter zu verarbeiten als grobe zylindrische. Ein Nachteil ist auch die Empfindlichkeit der Stapelfaser gegen die Feuchtigkeit des vor dem Krempeln zuzusetzenden Spickmittels (Öl-Seifenemulsion).

Was die wirtschaftliche Bedeutung der Stapelfaser betrifft, so wurde diese anfangs ganz gewaltig überschätzt. Unmittelbar nach dem Krieg, wo die Stapelfaser trotz ihrer Unvollkommenheit eine größere Rolle hätte spielen können, war es aus verschiedenen Gründen (geringe Zahl der bestehenden Anlagen, Mangel an Rohstoffen, Hilfsstoffen und Kohle) schlechterdings unmöglich, wirklich ansehnliche, den übergroßen Bedarf halbwegs deckende Mengen zu erzeugen. Die neugegründeten Stapelfaserfabriken mußten, soweit sie den Betrieb überhaupt schon aufgenommen hatten, sich auf die Erzeugung von Kunstseide werfen, weil sich bereits anfangs 1921 Wolle billiger stellte als die künstliche Faser. Hingegen hat die Kunstseidenindustrie eine gesicherte Zukunft, da sie einen fertigen, in der Weberei oder Wirkerei ohne weiteres zu verarbeitenden Faden liefert, während die Stapelfaser mit den Kosten des Verspinnens belastet erscheint. Nur die nach dem Minckschen Verfahren (z. B. D.R.P. 389394, 1918; 402405, 1918; 403845, 1918; 405002, 1918) aus ungereifter Viskose gesponnene Stapelfaser der Köln-Rottweil A.-G. hat sich bis jetzt zu halten vermocht. Sie kommt in drei Arten in den Handel: 1. als „Vistraschappe", mit einem Titer der Einzelfädchen von 1,5—1,75 dn; sie wird auf Garne bis Nr. 120 (metrisch) versponnen, die für feine Trikotstoffe, Samte und Plüsche (besonders Hutplüsche und Krimmerimitationen) verwendet werden; 2. „Vistrawolle I", Titer der Einzelfädchen 4 dn, für Vorhang- und Möbelstoffe und Tischdecken. 3. „Vistrawolle II", 6 dn. Dieses Erzeugnis wird besonders in der Teppichfabrikation viel verwendet und in Mengen bis 10 Tonnen täglich hergestellt. Das mikroskopische Aussehen der Einzelfädchen dieser drei Arten ist gleich, nur die Dicke ist verschieden. Kennzeichnend sind die auch bei der „Vistraseide" vorhandenen, mit Luft gefüllten Hohlräume (Abb. 95 und 96), die das spez. Gew. der Faser verringern, ohne ihrer Festigkeit besonderen Abbruch zu tun. A. Herzog fand bei der Untersuchung von fein- und grobfädigen Vistrawollen folgende Zahlen:

	I	II
mittlere Breite in μ	18	33,7
mittlere Dicke in μ.	15	27
mittlerer Durchmesser in μ	16,6	30,6
mittlere Querschnittsfläche μ^2	204	675
Völligkeit	81	76
Feinheit in Deniers	2,6	8,6

Eine ähnliche Viskosestapelfaser wird unter dem Namen „Lanofil" von den Lanofil-Spinnstoffwerken nach Patenten von E. Schülke hergestellt. Dieser Faserstoff ist nach A. Herzog weich und mattglänzend, dabei fein (mittlerer Durchmesser 15 μ) und wollartig gekräuselt.

Die jährliche Erzeugung Deutschlands an Stapelfaser wurde 1919 auf 10 000 t geschätzt. Hingegen betrug in den Jahren vor dem Krieg Deutschlands Einfuhrüberschuß an Wolle und Kunstwolle rund 190 000 t und die eigene Wollproduktion etwa 16 000 t. Vor dem Kriege kostete in Berlin 1 kg gewaschene Kapwolle mittlerer Güte etwa 4 M., 1 kg Rohseide 40—50 M. und 1 kg Kunstseide 12—14 M. Wenn man diese relativen Zahlen miteinander vergleicht und außerdem bedenkt, daß gute Naturalwolle mindestens die doppelte Festigkeit und die dreifache Haltbarkeit der Stapelfaser besitzt, wird man kaum geneigt sein, an eine besondere Zukunft der Stapelfaserindustrie zu glauben.

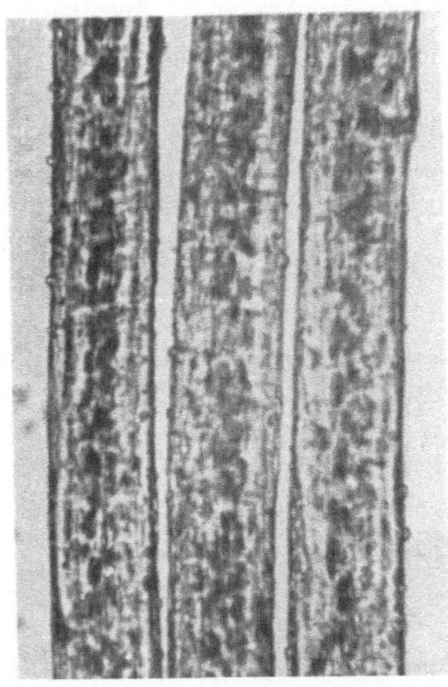

Abb. 95. Vistrawolle II.
Vergr. 150.

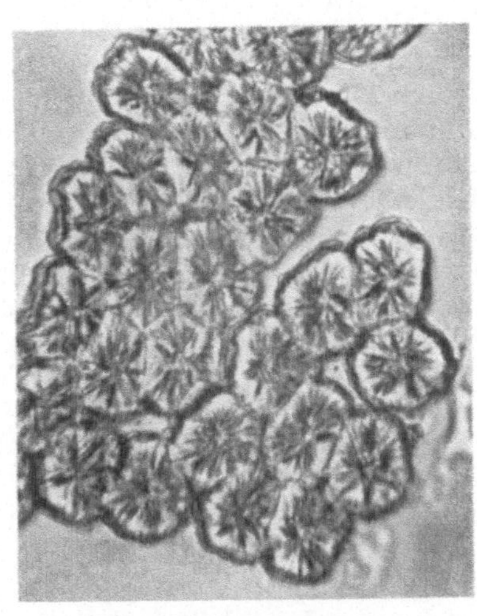

Abb. 96. Vistrawolle II, Querschnitt (Vergr. 150).

XI. Verwendung der Kunstseide.

Anfangs wurde die Kunstseide (Chardonnetseide) hauptsächlich zur Herstellung von Posamenteriewaren und Besatzartikeln verwendet. Nun hängt aber der Verbrauch dieser Erzeugnisse [Litzen[1]), Borten, Tressen, Fransen, Quasten, Bordüren, Spitzen usw.] sehr von der Mode ab und daher war es für die Kunstseidenfabriken von größter Bedeutung, daß die in ihren Eigenschaften verbesserten künstlichen Seiden allmählich auch in die Weberei Eingang fanden. Dort bediente man

---

[1]) Schmitz, W.: Die Verwendung der Kunstseide in der Litzenfabrikation. Dt. Faserst. u. Spinnpfl. 1924, S. 6.

sich des neuen Rohstoffes zunächst zur Erzeugung von solchen Geweben. bei denen es mehr auf ein schönes, bestechendes Aussehen als auf Haltbarkeit oder gar Waschbarkeit ankommt, wie dies z. B. bei den Krawattenstoffen der Fall ist. Die Krawattenstoffweberei verbrauchte in immer steigendem Maße Kunstseide als Schußmaterial, wobei als Kette meist ein schwarzer Baumwollzwirn verwendet wird. In Atlasbindung verwebte, lebhaft gefärbte Kunstseide gibt natürlich einen grellen, aufdringlichen Effekt. Durch Anwendung geeigneter Muster und Färbungen lassen sich aber auch sehr geschmackvolle Krawattenstoffe herstellen, besonders wenn als Kette Naturseide mitverwendet wird. Diese ist bei besseren Damenkleiderstoffen sogar unentbehrlich, weil sie sich sonst infolge der geringen Elastizität der Zelluloseseiden (Azetatseide ist in dieser Beziehung schon besser) zu sehr verknittern. Nach dem Bericht 1912 des Kgl. Materialprüfungsamtes zu Berlin-Lichterfelde wird nicht selten echte Seide mit künstlicher zusammen verzwirnt. Bemerkenswert ist, daß für Krawattenstoffe noch immer fast ausschließlich Nitroseide verwendet wird. Diese und die Kupferseiden eignen sich aber wenig als Kettmaterial und sind besonders nässeempfindlich; hingegen hat man die Viskoseseide im geschlichteten (gelatinierten) Zustand auch für die Kette als brauchbar befunden und da viele Marken von Viskoseseide eine verhältnismäßig gute Naßfestigkeit aufweisen, haben sich der künstlichen Seide auf dem großen Gebiet der Textilindustrie einige weitere Verwendungsmöglichkeiten[1]) eröffnet. So kann man z. B. mittels Viskoseseide waschbare Blusenstoffe aus Baumwolle, Wolle oder Halbwolle mit Effektstreifen versehen. Auch kunstseidene Samte und Plüsche (Fellimitationen) werden jetzt viel erzeugt, desgleichen Plüschteppiche. Für Vorhangstoffe, Portieren, Tapeten, Wandteppiche, Möbelstoffe und Gewebe für Lampenschirme wird die Kunstseide schon lange verwendet, wobei besonders auf lichtechte Färbung zu achten ist. In Verbindung mit merzerisierter Baumwolle als Kette werden sogar kunstseidene Futterstoffe angefertigt. Ferner wird die Kunstseide in der Bandweberei (Hutbänder usw.) und in der Gummiweberei (Gummibänder, Hosenträger usw.) viel benutzt. Nach E. Ullrich[2]) sind bei den Vorarbeiten der Weberei (Winden, Schußspulen, Scheren, Bäumen) die Arbeitsmaschinen im allgemeinen um $^1/_5$—$^1/_4$ langsamer laufen zu lassen als bei Naturseide. Auch empfiehlt es sich, besondere, der Eigenart der Kunstseide angepaßte Maschinen zu verwenden. Zu feuchte Luft erhöht merklich die Zahl der Fadenbrüche infolge Festigkeitsverringerung, zu trockene Luft macht feinfädige Kunstseide leicht flusig. Die Kettengarne haben meist 150—250 und die Schußgarne 100—120 Drehungen auf 1 m. In der Wirkwarenindustrie hat die Kunstseide, speziell die Viskoseseide, besonders festen Fuß gefaßt. Man erzeugt

---

[1]) Brough, Th.: The uses of artificial silk. The Manchester Guardian Commercial, 5. III. 1925. — T. M.: Die Eigenart kunstseidener Stoffe, besonders in webtechnischer Beziehung. Die Kunstseide 1925, Nr. 7—12. — Bruckhaus, W.; Die Kunstseide und ihre Schwierigkeiten beim Verarbeiten. Die Kunstseide, Nr. 12, 1925.

[2]) Die Kunstseide in der Weberei. Mellilands Textilberichte 1921, Nr. 5, 6, 7 u. 10.

z. B. Kragenschoner, entweder aus Viskoseseide allein oder in Verbindung mit merzerisierter Baumwolle, die vor den echtseidenen sogar den Vorzug haben, weniger leicht Schmutz anzunehmen; sie ertragen auch eine mehrmalige vorsichtige Wäsche mit warmem Seifenwasser und erhalten durch Bügeln wieder ihren ursprünglichen Glanz. Ferner macht man Theatertücher, Schals, Cachenez, Schultertücher (Echarpes), Nackenschützer, Handschuhe, Strümpfe und besonders gestrickte Krawatten aus Kunstseide, die in besseren Qualitäten von ausgezeichneter Haltbarkeit sind. Einen sehr gangbaren Artikel bilden auch gestrickte Blusen, Jacken, Westen, Jumper und Kasaks aus Kunstseide. Kunstseidene Trikotwäsche wird besonders in den Vereinigten Staaten und in England in großen Mengen hergestellt und verbraucht.

Kunstseidene Spitzen werden durch Klöppeln (Hand- oder Maschinenarbeit) erzeugt. Auch zur Herstellung von Luftspitzen ist die Kunstseide geeignet. Das meist übliche sogenannte Trockenbeizverfahren besteht dem Wesen nach darin, daß ein mit Aluminiumsulfat imprägniertes Baumwollgewebe (Stickuntergrund) in der Weise mit Kunstseide und Baumwolle bestickt wird, daß ein zusammenhängendes Spitzenmuster entsteht; hierauf wird die Ware karbonisiert, d. h. 15—20 Minuten auf 120° erhitzt, wodurch der baumwollene Untergrund mürbe wird (vgl. S. 7) und dann durch das darauffolgende Klopfen mittels der Klopfmaschine als Staub entfernt werden kann. In einer sehr gründlichen Studie über „Schadhafte Kunstseide-Luftspitzen“ macht Stadlinger[1]) besonders auf folgende Umstände aufmerksam: 1. Die zu verwendende Kunstseide ist vorher zu prüfen, ob sie das Erhitzen auf 120° ohne Schaden aushält, was besonders bei Nitroseiden nicht immer der Fall ist. 2. Zum Färben der Kunstseide dürfen nur karbonisierechte Farbstoffe verwendet werden; manche verursachen ein vollständiges Morschwerden der Seide. Auch dürfen in der gefärbten Kunstseide keine Reste von unausgewaschener Mineralsäure (Schwefelsäure) zurückbleiben. 3. Liegenlassen der Stickereien in feuchten Räumen bewirkt, daß das hygroskopische Aluminiumsulfat Wasser anzieht und z. T. in die ebenfalls feuchtwerdende Kunstseide eindringt, wodurch auch diese beim Karbonisieren zerstört wird. 4. Die Karbonisiertemperatur darf 120° nicht übersteigen (Thermoregulatoren, elektrische Kontaktthermometer). 5. Ungeeignete Klopfmaschinen können ebenfalls Luftspitzenschäden hervorrufen.

Sehr beliebt ist die Kunstseide auch für häusliche Stickerei- und Häkelarbeiten geworden, wobei meist höhere Titer zur Anwendung kommen.

Bezüglich der Ausrüstung von Geweben, die ganz oder teilweise aus Kunstseide bestehen, sei vor allem auf einen Aufsatz Hampels[2]) hingewiesen, der besonders hervorhebt, daß die nasse Ware beim Hindurchgehen durch die Appreturmaschinen keiner zu großen Spannung ausgesetzt werden darf und daß jede stärkere Reibung ein Zerschaben der Kunstseide

---

[1]) Kunststoffe 1912, S. 281.
[2]) Über das Veredeln kunstseidener Gewebe. Kunststoffe 1913, S. 264.

bewirkt. Auch R. Frank[1]) weist darauf hin, daß Druck und Temperatur nicht zu hoch genommen werden dürfen, da sonst eine Deformation (Plattdrücken) der Einzelfasern eintritt, wodurch Festigkeit und Glanz geschädigt werden. Langes Behandeln der Ware mit heißen alkalischen Bädern vermindert den Glanz und gibt der Kunstseide ein totes, bleiernes Aussehen. Beim Sengen ist nicht außer acht zu lassen, daß die Kunstseide etwas leichter entzündbar ist als die Baumwolle. Die fertig gesengte Ware ist nach Hampel sofort weiter zu verarbeiten, weil ein längeres Liegenlassen an zugigen Stellen leicht zur Selbstentzündung führen könne. Bezüglich des Bleichens von Wolle-Kunstseidenwaren, das ja hauptsächlich auf das Bleichen der Wolle hinausläuft, da die Kunstseide schon im gebleichten Zustand verwendet wird, redet Hampel der Verwendung der allerdings etwas teuren sauerstoffabgebenden Bleichmittel, wie Natriumsuperoxyd (Na_2O_2) und Natriumperborat ($NaBO_3$), das Wort; ein Nachbleichen der mit einem schwefelechten Violett gebläuten Ware in der Schwefelkammer soll ein besonders reines Weiß (Kreideweiß) ergeben. Große Erfahrung erfordert das Färben und Bedrucken kunstseidenhaltiger Waren, da ja Baumwolle und besonders Wolle sich den Farbstoffen gegenüber anders verhalten als die Kunstseide. Baumwolle-Kunstseidenwaren werden in einem Bade gefärbt, wobei aber die Schwierigkeit zu überwinden ist, daß die Kunstseide mehr Farbstoff aufnimmt und dunkler als die Baumwolle wird, während eher das Gegenteil erwünscht ist. Bei den Wolle-Kunstseidenwaren wird zunächst durch Anwendung geeigneter Farbflotten (saure Wollfarbstoffe) die Wolle gefärbt und dann durch ein zweites Bad die Kunstseide. Der Farbflotte für das Färben der Wolle darf nicht, wie sonst üblich, Schwefelsäure zugesetzt werden, da diese die Kunstseide angreift; nach den Färbevorschriften der Farbenfabriken Bayer & Co.[2]) setzt man dafür $10\,^0/_0$ Glaubersalz und $3\text{—}4\,^0/_0$ Ameisensäure hinzu. Nach dem Färben der Wolle wird die Ware gründlich gespült und die Kunstseide, falls sie nicht weiß bleiben soll, in einem kalten Bad von Benzidinfarbstoffen, das $20\text{—}40\,^0/_0$ Glaubersalz und $0,5\,^0/_0$ kalz. Soda enthält, nachgefärbt. Bei Auswahl geeigneter Farbstoffe kann man Wolle und Kunstseide auch in verschiedenen Farben färben, z. B. erstere grün und letztere rot. Bezüglich des Färbens von kunstseidenhaltigen Halbwollgeweben sei auf die Vorschriften der genannten[3]) und der andern großen deutschen Farbenfabriken verwiesen; es lassen sich geradezu staunenswerte Effekte erzielen. Hampel empfiehlt, die Woll- bzw. Halbwollkunstseidenwaren nach dem Scheren, Pressen und Dekatieren mit einer Leimlösung zu tränken, der zur Erhaltung des Glanzes etwas Glyzerin zugesetzt ist. Die dann bei nicht zu hoher Temperatur getrocknete Ware soll dadurch einen besseren Griff erhalten.

Im Gegensatz zur echten ist bei der künstlichen Seide ein Beschweren (Erschweren) nicht üblich, wenn auch gelegentlich eine nicht zu billigende Imprägnierung mit Magnesiumchlorid vorkommen mag, das

<hr>

[1]) Untersuchungen über Kunstseide. Wollen- und Leinenindustrie 1921, S. 23.
[2]) Musterbuch Nr. 2045, Wollstoffe mit Kunstseide.
[3]) Musterbuch Nr. 2069, Halbwollstoffe mit Kunstseide.

nicht nur infolge seines Wasseranziehungsvermögens das Gewicht vermehrt, sondern auch später eine Zermürbung der Kunstseide zur Folge haben kann. Eine unschädliche, aber teure Erschwerung der Zelluloseseiden mittels Zinn-, Zirkon- oder Lanthansalzen ist der Deutschen Gasglühlicht-Auer Ges. m. b. H. durch die D.R.P. 403990, 1920, und 411265, 1917, geschützt. Für das Wasserdichtmachen von Kunstseidengeweben können im allgemeinen die für Baumwoll- und Leinengewebe üblichen Verfahren (Imprägnieren mit Aluminiumhydroxyd, fettsaurem Aluminium, Stearin, Spermazet, Japanwachs, Paraffin, Kautschuk usw.) verwendet werden; vgl. das E.P. 227527, 1923.

Außer auf dem Gebiet der Textilindustrie findet die Kunstseide auch noch für einige andere Zwecke Verwendung. Da ist in erster Linie die Erzeugung der sogenannten stoßfesten Glühkörper[1]) zu nennen. Während man früher die Leuchtsalze (Thorium- und Zeriumverbindungen) gleich den Spinnlösungen beimengte, was zu verschiedenen Schwierigkeiten führte, wird jetzt die möglichst aschefreie Viskoseseide genau so wie das sonst verwendete Ramiegarn zu Schläuchen verstrickt, die mit den Leuchtsalzen getränkt werden. Hier wird die sonst unangenehme Quellung der Kunstseide zum Vorzug. Im übrigen sei darauf hingewiesen, daß die weitere Behandlung der Kunstseidenschläuche von der der Ramieware mehr oder weniger abweicht. Die Überlegenheit des Kunstseidenglühkörpers steht jedenfalls außer allem Zweifel. Nach Naß hält ein guter Ramieglühkörper nach einer Brenndauer von 10 Stunden auf der Stoßmaschine von Drehschmidt 100 Stöße aus, während Kunstseidenglühkörper der Berlin-Anhaltischen Maschinenbau A.-G. nach 500 Stunden Brennen noch 600 Stöße ertrugen.

Weniger Bedeutung hat die Kunstseide für die Herstellung von künstlichen Federn und von Menschenhaarimitationen in Form von Zöpfen und Perücken. Für letztgenannten Zweck ist der allzu hohe Glanz der Kunstseide störend; nach dem Verfahren von R. Freericks (D.R.P. 137461) soll er sich dadurch mildern lassen, daß man die Kunstseide mit einem dünnflüssigen, eventuell mit etwas Alkohol versetzten, nichttrocknenden Öl (Sesamöl, Erdnußöl, Olivenöl) behandelt und dann mit einem indifferenten feinen Pulver (Federweiß) bestäubt. Eine neuere, aber nur für Kupferseide verwendbare Methode besteht darin, daß man dem heißen, stark alkalischen Fällbad gewisse alkalilösliche Schwermetallverbindungen, wie Bleihydroxyd (giftig), Zinkhydroxyd oder zinnsaures Natrium (Präpariersalz) zusetzt; es können auch die noch kupferhaltigen Kunstfäden vor dem Entkupfern mit solchen Lösungen behandelt werden (Borzykowski, D.R.P. 262253).

Um Kunstseide (Zelluloseseide) zu kräuseln, behandelt man sie nach dem D.R.P. 406506, 1922, zuerst mit quellend wirkenden Flüssigkeiten (Lösungen von Ätznatron, Zinkchlorid oder Kalziumrhodanid) und bewirkt hierauf Schrumpfung durch wasserentziehende Mittel (z. B. konzentrierte Salzlösungen), worauf ohne Spannung getrocknet wird.

---

[1]) Böhm, Dr. R.: Die Bedeutung des Kunstseideglühkörpers und seine Fabrikation. 1912.

Über die Verarbeitung von Kunstseidengeweben in der Kartonnagen-, Etui-, Lederwaren-, Papierverarbeitungsindustrie und ähnlichen Gewerben berichtet R. Schreiter in Kunststoffe 1914, S. 336.

Zum Schluß sei noch der Verwendung der Kunstseide in der Elektrotechnik gedacht, wo man sie zum Umflechten von bereits mit Kautschuk oder Baumwolle isolierten Leitungsschnüren benutzt; sie wird also auf Isolierfähigkeit selbst nicht beansprucht. Hingegen könnte die Azetatseide auch als Isoliermaterial verwendet werden, wenn sie im Preis den Wettbewerb mit der meistbenutzten Tussahseide aushalten könnte.

Auch die bei der Fabrikation und Verarbeitung der Kunstseide sich ergebenden Abfälle[1]) finden je nach ihrer Beschaffenheit eine entsprechende Verwertung. Ein Teil wird zur Herstellung von Fransen, Quasten, Troddeln, Knopfüberzügen und sonstigen Posamenteriearbeiten benützt. Ein anderer Teil dient dazu, um nach den Methoden der Florettspinnerei eine Kunstseidenschappe zu erzeugen, die für die Florgewebe und Wirkwaren Anwendung finden soll. Diese Erzeugnisse waren die Vorläufer der Stapelfasergarne. Auch hat man versucht, geeignete Kunstseidenabfälle nach einer entsprechenden Vorbehandlung (Kardieren usw.) mit andern Fasern, wie Baumwolle, Wolle und Abfallseide, gemeinsam zu verspinnen. Kunstseidenhaltiges Kammgarn kann dann so gefärbt werden, daß durch das Weißbleiben der Kunstseide ein Effektgarn entsteht.

Künstliches Roßhaar und Bastbänder, die sowohl glänzend als matt, weiß und gefärbt in den Handel kommen, werden hauptsächlich für verschiedene Flechtarbeiten (Sparteriewaren) benutzt. Viel künstliches Roßhaar wird bei der Herstellung von Damenhüten verwendet. Aus matten Fäden macht man eine Reiherimitation. Dicke und elastische Fäden können in der Bürstenerzeugung Verwendung finden.

XII. Wirtschaftliches.

Die erste von Chardonnet 1890 bei Besançon errichtete Kunstseidenfabrik konnte erst nach 8 Jahren, nachdem das Herstellungsverfahren bedeutend verbessert worden war, eine Dividende (6,25 %) erzielen, die im Jahre 1904 die gewaltige Höhe von 150 % erreichte, 1905 60 %, 1906 und 1907 noch 30 % betrug, um schon im Jahre 1908 auf Null zu sinken. Auf ähnlicher, zunächst auf- und dann absteigender Linie bewegten sich die Erträgnisse der andern Nitroseidenfabriken, die daher zum großen Teil entweder den Betrieb eingestellt haben (wie Jülich und Plauen in Deutschland) oder zum Viskoseverfahren übergegangen sind (alle französischen Fabriken, Frankfurt a. M.). Nur ganz große Fabriken, wie Tubize und Obourg in Belgien, die billigen Spiritus zur Verfügung haben und sich den Äther selbst herstellen, arbeiten noch mit gutem Gewinn. Daß übrigens die schon oft totgesagte Nitro-

---

[1]) Dulitz: Kunstseidenabfälle und ihre Verwertung. Kunststoffe 1911, S. 107.

seidenfabrikation ein recht zähes Leben hat, ergibt sich aus verschiedenen in der Nachkriegszeit erfolgten Neugründungen (Tubize Artificial Silk Comp. of America in Hopewell mit einer Tageserzeugung von 10000 Pfund, die von dem greisen Chardonnet gebaute Fabrik in Rennes). Natürlich muß hier die Wiedergewinnung der Lösungsmittel eine fast vollkommene sein, um einen wirtschaftlichen Betrieb zu ermöglichen. Wegen der besonderen Art ihres Glanzes und ihrer großen Deckkraft wird die Chardonnetseide besonders in der Krawattenstoffweberei bevorzugt und erzielt infolgedessen höhere Preise.

Vor dem Krieg arbeiteten in Deutschland, nachdem Plauen 1912 liquidiert hatte, nur noch die Kunstseidenabteilung der Rheinisch-Westfälischen Zelluloidfabrik (Mannheim)[1] und die 1902 vom Generalsyndikat Deutscher Sprengstoff- und Pulverfabriken gegründete „Kunstfäden-Gesellschaft m. b. H." in Jülich nach dem Nitrozelluloseverfahren (Trockenspinnen). Jülich erzeugte eine ganz besonders schöne Seide von unerreichter Festigkeit. Die deutschen Nitroseidenfabriken waren gegenüber den belgischen sehr im Nachteil. Denn sie mußten für den Spiritus den von der Deutschen Spirituszentrale festgesetzten Preis bezahlen (1912 79 M.), während ihn die Belgier zum Weltmarktspreis (Mai 1912 32,35 M.) bezogen. Außerdem bot der geringe Zollsatz von 30 M. für 100 kg rohe Kunstseide keinen wirksamen Schutz[2]. Eine nach dem Naßspinnverfahren arbeitende Nitroseidenfabrik in Pilnikau (Böhmen) mußte, nachdem sie vorübergehend Viskoseseide erzeugt hatte, 1913 liquidieren. Trotz alldem ist nach dem Krieg auch in Deutschland die Nitroseidenfabrikation wieder aufgenommen worden und zwar in Schwetzingen, wo besonders feinfädige Garne, von 40 dn aufwärts, erzeugt werden. Überaus günstig wäre es, wenn es gelänge, statt der teuren ausländischen Linters auch hier Sulfitzellulose zu verwenden. Die bei deren Gewinnung abfallende Sulfitablauge bildet übrigens einen billigen Rohstoff für Spiritus, da sie 1 % Zucker enthält, der durch Gärung in Alkohol verwandelt und durch Destillation als solcher gewonnen werden kann. Auf 1 t Zellstoff entfallen 10 m³ Ablauge, die 50—60 Liter Spiritus für technische Zwecke ergeben. Deutschland könnte jährlich bei 300000 hl Sulfitsprit erzeugen, doch bildet das Spiritussteuergesetz ein großes Hindernis. Für Länder mit billiger Wasserkraft käme vielleicht der sogenannte Mineral- oder Karbidspiritus in Betracht, der, ausgehend von Kalkstein und Koks, über Kalziumkarbid und Azetylen durch Einwirkung von Wasserstoff auf Azetaldehyd hergestellt wird; 1 kg Karbid soll 1/2 kg Spiritus ergeben.

Von den Kupferseiden, die selbst bei gleichem Rohstoff (Linters) billiger hergestellt werden können als die Nitroseiden, hatte besonders der „Glanzstoff" eine größere Bedeutung erlangt. Die „Vereinigte Glanzstoff-Fabriken, A.-G., Elberfeld" ist die größte Kunstseidenfirma Deutschlands, deren Dividende sich vor dem Krieg zwischen 30 und 40 % bewegte. Ihre Werke, sowie die der ausländischen Tochtergesellschaften sind aber schon vor dem Krieg alle zum Viskoseverfahren übergegangen.

---

[1] Fabrik in Schwetzingen.
[2] In Frankreich betrug der Zoll schon vor dem Krieg 970 F.

Auch die „Glanzfäden A.-G., Berlin“, deren Kupferseide („Superba“) einen guten Ruf hatte, stellt jetzt nur noch Viskoseseide („Vistraseide“) her, während die Hanauer Kunstseidenfabrik 1913 liquidiert wurde. Es scheint, daß die Kupferseide nur noch in ihrer nach dem Streckspinnverfahren hergestellten feinfädigen Form existenzfähig ist („Adlerseide“ der Bemberg A.-G. und „Hölkenseide“).

Die „Vereinigte Kunstseidefabriken A.-G., Frankfurt a. M.“ brachte nach dem Aufgeben des Nitrozelluloseverfahrens zuerst eine als „Lunaseide“ bezeichnete Viskoseseide auf den Markt, arbeitete aber dann gegen Entrichtung einer Lizenzgebühr nach dem Viskoseverfahren der Glanzstoff-Fabriken. Ein etwas abweichendes Verfahren benutzt in Deutschland u. a. auch die Viskoseseidenfabrik Küttner in Pirna a. E., deren Erzeugnis („Kasemaseide“) wegen ihrer guten Wasserfestigkeit sehr geschätzt ist. Doch ist auch Küttner in eine gewisse finanzielle Abhängigkeit von der Elberfelder Gesellschaft geraten. Diese bildete nämlich mit einer Reihe ausländischer Fabriken das Viskosesyndikat, dessen Machtstellung, abgesehen von den rein finanziellen Vorteilen des trustähnlichen Zusammenschlusses an und für sich, besonders auf der Ausnützung des im Jahre 1925[1]) abgelaufenen Patents über das Säuresalzspinnverfahren beruhte. Die meisten französischen und einige ausländische Kunstseidenfabriken haben sich dann zu dem „Comptoir des Textiles artificiels“ in Paris zusammengeschlossen, das die Erzeugung und die Verkaufspreise regelt. Eine sprunghafte Entwicklung hat infolge der günstigen Produktionsbedingungen (z. T. einheimische Rohstoffe und billige Arbeitskräfte) die Kunstseidenindustrie in Italien genommen. An der Spitze der europäischen Erzeugung steht aber England mit Courtaulds, Ltd.[2]), die nur von ihrer Tochtergesellschaft, der „American Viscose Co.“ überragt wird. Selbst Japan besitzt schon einige Kunstseidenfabriken, deren anwachsende Erzeugung aber von geringer Güte ist; bessere Kunstseide wird aus Europa eingeführt (1922 etwa 90000 kg).

Was die erzeugten Mengen von Kunstseide anlangt, so sind alle diesbezüglichen Angaben, oft von beteiligter Seite stammend, mit großer Vorsicht aufzunehmen. Tatsache ist, daß gegenüber der Vorkriegszeit, wo die Welterzeugung auf etwa 7000000 kg geschätzt wurde, die Kunstseidenindustrie eine ganz gewaltige Entwicklung genommen hat, so daß schon seit 1923 mehr künstliche (44000000 kg) als natürliche Seide (34000000 kg) auf den Markt kommt. Trotzdem bilden übrigens beide Fasern zusammen der Menge nach noch nicht 1 % des Weltverbrauchs an Textilfasern. Abgesehen von den der Kunstseide günstigen Modeströmungen ist es vor allem die verbesserte Beschaffenheit des Garns und die Verbilligung der Erzeugung, die diesen glänzenden Aufschwung bewirkt haben. In den letzten Jahren überstieg die Nachfrage meist das Angebot, was zu zahlreichen Neugründungen führte. Doch

---

[1]) Eigentlich war es schon 1920 erloschen, doch sind die grundlegenden Viskosepatente mit Rücksicht auf die durch den Krieg geschaffenen wirtschaftlichen Verhältnisse durch das Deutsche Reichspatentamt um 5 Jahre verlängert worden.

[2]) 1924 betrug der Gewinn £ 22019421.

muß es früher oder später zu einer Überproduktion kommen und der entbrennende Konkurrenzkampf wird wohl manchen finanziell schwächeren Unternehmungen das Leben kosten.

Für das Jahr 1923 wurden folgende schätzungsweise Angaben gemacht:

Vereinigte Staaten[1]	14	Mill. kg
England	7	„ „
Deutschland	6	„ „
Italien	4,6	„ „
Frankreich	3,5	„ „
Belgien	2,8	„ „
Schweiz	1,7	„ „
Holland	1,2	„ „
übrige Staaten	3,3	„ „
jährliche Weltproduktion	44,1 Mill. kg.	

Deutschland[2] führt noch immer mehr Kunstseide (besonders belgische Nitroseide) ein als aus; gegenwärtig ist infolge der allgemeinen Wirtschaftskrise ein Rückgang der Erzeugung zu verzeichnen. Eine schwierige Aufgabe wird es sein, die Zollverhältnisse derart zu regeln, daß einerseits die einheimische Kunstseidenindustrie genügend geschützt, andererseits aber auch den Interessen der Verbraucher Rechnung getragen werde.

Während die Kunstseide anfangs sogar teurer als Naturseide war, kostet sie jetzt nur etwa den 3. Teil von Grège (Rohseide). Azetatseide (Celanese) ist natürlich teurer und kostet etwa das 1,5fache der Viskoseseide[3]. Für 100 kg ungebleichte Viskoseseide mit $10\,\%$ Feuchtigkeitsgehalt braucht man etwa 130 kg Zellstoff (wasserfrei), 180 kg Ätznatron, 50 kg Schwefelkohlenstoff, 250 kg Schwefelsäure (66^0 Bé) und 250 kg Natriumbisulfat. Auf 100 kg Viskoseseide täglich rechnet man 50 Arbeiter(innen).

Im nachstehenden sei eine Zusammenstellung der wichtigsten Kunstseidenfabriken gegeben; wo nichts bemerkt, handelt es sich um Viskoseseide (V), während Nitroseide durch N., Kupferseide durch K. und Azetatseide durch Az. bezeichnet ist. Die mit einem † versehenen Gesellschaften gehören zum „Comptoir des Textiles artificiels"[4].

Deutschland: „Vereinigte Glanzstoff-Fabriken A.-G." Fabriken in Oberbruch bei Aachen, Obernburg a. M., Sydowsaue u. Köpenick (für Filme). Kunstseidenfabrik Küttner in Pirna a. E. „Vereinigte Kunstseidenfabriken A.-G. Frankfurt a. M." F. in Kelsterbach a. M. „Glanzfäden A.-G. Berlin". F. in Petersdorf i. Riesengeb. „Bemberg A.-G. Barmen-Rittershausen." F. in Oehde bei Barmen u. in Barmen-Rittershausen. (K.) „Hölkenseide A.-G." F. in Barmen. (K.) „Köln-Rottweiler A.-G." F. in Bobingen bei Augsburg u. Premnitz (Sa.). „Kunstseidenfabrik Schwetzingen" bei Heidelberg. (N.) „Spinnfaser A.-G." in Elsterberg (Sa.). „Stapelfaserfabrik Jordan & Co." in Sydowsaue bei Stettin. „Aktien-Gesellschaft für Anilinfabrikation", Berlin. „Kunstseidenfabrik Borvisk & Co." F. in Herzberg a. Harz. „Viskose A.-G. in Arnstadt." „Spinnfaserfabrik Zehlen-

---

[1]) Schätzungen für 1925 und 1926 25, bzw. 33 Millionen kg.

[2]) Königsberger, C.: Die deutsche Kunstseiden- und Kunstseidenfaserindustrie in den Kriegs- und Nachkriegsjahren und ihre Bedeutung für unsere Textilwirtschaft. Berlin: W. de Gruyter 1925.

[3]) In den Vereinigten Staaten betrug Ende 1924 der Preis für die Qualitäten A, B und C 2, 1,80 und 1,50 Dollars.

[4]) Paris, 16, Rue de Louvre.

dorf-Berlin.“ „Herminghaus & Co.“ in Vohwinkel bei Elberfeld. „Zellstoffver-
wertungs A.-G.“ in Pirna. (K.)

Österreich: „Erste österr. Glanzstoff-Fabrik A.-G.“ F. in St. Pölten.

Ungarn: „Sárvári Müselyemygár Részvénytársaság“ in Sárvár. (N.)

Schweiz:] „Société Suisse de la Viscose“ †. F. in Emmenbrücke (Luzern) u.
in Widnau bei Heerbrugg. „Borvisk Kunstseidenwerke.“ F. in Arbon.

Belgien: „Soie Artificielle de Tubize“ Soc. Anon. F. in Tubize. (N. u. V.) „Soie
Art. d’Obourg“ †. F. in Obourg les Mons. (N.) „Société Générale de Soie Art.
par le Procédé Viscose“ †. F. in Alost. „Société Anon. des Soieries de Maransart“ †.
F. in Couture-St.-Germain. „Textiles Belges“, Soc. Anon. in Obourg les Mons.
„Société Anversoise de Soie Art.“ in Antwerpen. „La Soc. Industrielle de la
Cellulose.“ F. in Gent.

Frankreich: „La Soie Artificielle“ †. F. in Givet (Ardennes). „Société Fran-
caise de la Viscose“ †. F. in Arques la Bataille (Seine Inférieure). „Société Ardè-
choise pour la Fabrication de la Soie de Viscose“ †. F. in Vals-les-Bains (Ardèche).
„Soie Artificielle du Sud-Est“ †. F. in La Voulte (Ardèche) u. Lyon. „Soc. de la
Soie Art. d’Izieux“. F. in Izieux (Loire). „Soie de St. Chamond. Soc. Anon. pour
la Fab. de la Soie Art.“ F. in St. Chamond (Loire). „Soc. Anon. des Crins Art.“
F. in St. Just bei Beauvais. „Soie Art. de Besançon.“ F. in Besançon. „Soie
de Valenciennes.“ F. daselbst. „Soc. Nouv. de Soie Art.“ F. in St. Aubin (Seine
Inf.). „Soc. Italienne de la Viscose“ †. F. in Albi (Tarn). „Allègre Moudou & Cie.“
F. in Valence (Drome). „Cie Nouvelle des Applications de la Cellulose.“ F. in
Gauchy (Aisne). „Soie Art. Française, Paris.“ (N.) F. in Rennes. „Celanèse
Française“ †. (Az.) F. in Venissieux bei Lyon. „Rhodioseta (Usines du Rhône)“ †.
(Az.) F. in Roussillon (Isère). „Soie Art. d’Alsace“ †. F. bei Colmar. Im Bau:
„Soieries de Strasbourg.“ F. daselbst. „Soc. Lyonnaise de Soie Art.“ F. in De-
cines (Isère). „Société Borvisk Française.“ F. in Nevers. „Soc. de la Soie de
Compiégne“. F. in Aubenton u. Claire-Voix.

England: “Courtaulds, Ltd.“ F. in Coventry u. Flint (North Wales).
„British-Celanese Co., Ltd.“ (früher: Brit. Cellulose and Chemical Manufacturing Co., Ltd.). (Az.) F. in Spondon bei Derby. „Mandleberg & Co., Ltd.“ F.
in Pendleton (bei Blackburn). „Kemil Ltd. Celta Works“ † in Peterborough. Ferner
noch kleinere Fabriken in Bradford, Great-Yarmouth, Wolston, Kent, Gloucester
und Apperley Bridge.

Italien: „Società Snia Viscosa.“ F. in Pavia, Venaria Reale bei Turin, Ce-
sano Maderno bei Mailand. „Soc. Generale Italiana Viscosa.“ F. in Padua, Rom
u. Neapel (im Bau). „Unione Italiana Fabriche Viscosa“ †. F. in Venaria Reale
bei Turin. „Viscosa di Pavia“ †. F. daselbst. „La Soie de Châtillon, Soc. Anon.“
F. in Châtillon (Aostatal) u. in Ivrea. „Seta di Varedo.“ F. daselbst.

Holland: „Naamloze Vennootschaap Nederlandsche Kunstzijdefabrik.“ F.
in Arnheim und Ede. „Hollandsche Kunstzijde Industrie.“ F. in Breda. — Spanien:
„Sociedad Anónima de Fibres Artificiales.“ F. in Blanes (Prov. di Gerona). —
Polen: Fabriken in Sokhatschew, Tomaszów (N.) u. Myszkow (K.). — Schwe-
den: „A. B. Svensk Konstsilke“ in Boras. — Tschechoslovakei: „Erste čecho-
slovak. Kunstseidenfabrik A.-G.“ F. in Theresienthal bei Arnau. „Vereinigte
Glanzstoff-Fabriken, Cechoslovakei A.-G.“ F. in Aussig.

Amerika: „American Viscose Co.“ (mit Courtaulds, Ltd. in Verbindung).
F. in Marcus Hook (Pennsyl.), Roanoke (Virg.), Lewistown (Penns.) u. Frankford
(Penns.). Tägliche Gesamterzeugung 40000 lbs. „Tubize Artificial Silk Co. of
America.“ (N.) F. in Hopewell (Virg.). „Du Pont Fiber Silk Co. Wilmington (De-
leware). F. in Buffalo (N. Y.) u. Nashville (Ten.). „Indu.trial Fiber Corporation
of America“. F. in Cleveland (Ohio). „Cupra Silk Co.“ (K.). F. in Athenia
(N. J.). „Lustron Co.“ (Az.) F. in Boston (Mass.). „Rayon Manufacturing Co.“
F. in Ashotead Surrey. „United States Rayon Corporation.“ F. in Dover (Del.).
Außerdem in den Vereinigten Staaten noch mehrere kleinere Fabriken. In Kanada:
Courtaulds & Co., Ltd. F. in Cornwall (Ontario). Japan: „Asahi Kenshoku
Kaisha.“ F. in Shiga-Ken (Zese-Cho)[1]. Société Anglo-Japanaise. F. in Hiros-
hima. — Ferner Fabriken in Aboshi u. Osaka.

[1]) Lizenz von der Deutschen Glanzstoff-Gesellschaft.

XIII. Andere seidenglänzende Fasern.

1. Wilde und andere tierische Seiden.

Im Anschluß an die Besprechung der künstlichen Seiden ist es vielleicht nicht ohne Interesse, einen kurzen vergleichenden Blick auf die übrigen seidenglänzenden Fasern zu werfen. Am nächsten stehen der Maulbeerseide die sogenannten wilden Seiden, die aus den Kokons von Schmetterlingen (Fam. der Saturniden) gewonnen werden, die im naturwilden Zustand leben. Bei uns wird am meisten die Tussahseide verwendet, die in Indien und China durch Abhaspeln der großen Kokons des indischen, bzw. chinesischen Tussahspinners erhalten wird. Die Tussahseide enthält nur wenig Seidenleim, dafür aber mineralische, fettartige und gerbstoffartige Verunreinigungen; die braune Farbe ist durch einen sehr widerstandsfähigen und mit dem Fibroin so fest verbundenen Farbstoff verursacht, daß er selbst durch Abkochen mit Sodalösung nicht entfernt werden kann. Das Bleichen der Tussahseide, das mit sauerstoffabgebenden Mitteln, wie Wasserstoffsuperoxyd oder Natriumperborat geschieht, ist sehr schwierig, so daß man sich mit stark gelblichem Weiß begnügt. Sonst stimmt die sehr feste Tussahseide in ihren Eigenschaften mit der echten Seide ziemlich überein, nur ist ihr Glanz merklich geringer. Mikroskopisch ist die Tussahseide, wie die

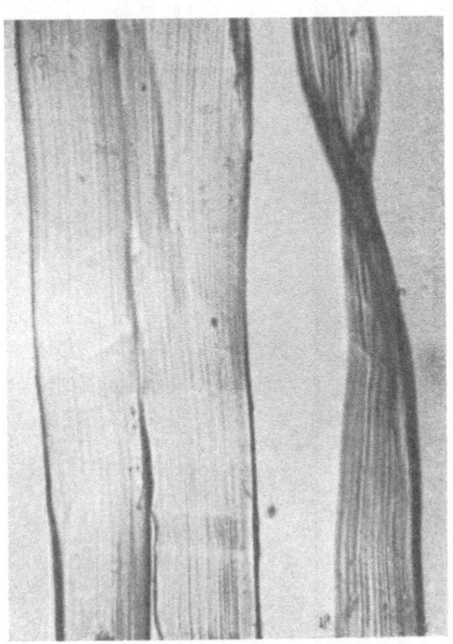

Abb. 97. Tussahseide. Vergr. 200.

meisten andern wilden Seiden, von der Maulbeerseide durch die größere mittlere Breite (30—40 μ) der bandartig gestalteten und deutlich längsgestreiften Fibroinfäden zu unterscheiden (Abb. 97). Gegen chemische Agenzien ist sie viel widerstandsfähiger als die echte Seide; diese löst sich z. B. in dem durch Auflösen von Nickelhydroxyd in Ammoniak hergestellten Nickeloxydammoniak schon bei gewöhnlicher Temperatur, während Tussahseide erst durch Kochen in Lösung geht. Nachstehend eine tabellarische Übersicht der wilden Seiden[1]).

Die Anapheseide wurde erst in den letzten Jahren vor dem Krieg in den Handel gebracht, nachdem an der Fachschule für Textilindustrie in Crefeld ein geeignetes Verfahren für das Verspinnen der aus Deutsch-Afrika stammenden Kokons ausgearbeitet worden war. Der Name Familienspinner leitet sich davon her, daß die Raupen, oft mehrere Hundert an der Zahl, ein gemeinschaftliches, etwa 30 : 12 cm großes

[1]) Nach Fiedler: Die Materialien der Textilindustrie, Jännecke-Leipzig.

Tabelle der wilden Seiden.

Bezeichnung der Seide	Schmetterling (Spinner)	Vorkommen	Gewinnung der Rohseide	Eigenschaften der Rohseide
Tussahseide	Tussahspinner (Antheraea mylitta) und chines. Eichenspinner (Antheraea pernyi)	Indien China	Haspeln, 3 Hauptsorten: Native T. rereeled „Filature"	hellgrau bis dunkelbraun, glasartiger Glanz, härter u. steifer als Maulbeerseide, sehr fest, schwer zu bleichen.
Wilde Maulbeerseide	Theophilia mandarina Rodontia mendiciana	Indien, China, Japan	Haspeln	weiß bis gelblich, sehr bastreich, sonst der echten Maulbeerseide sehr ähnlich.
Yamamayseide. . .	japan. Eichenspinner (Antheraea yamamay)	Japan, China, Indien	Haspeln	weiß, gelb, grün, feiner als Tussahseide.
Mugaseide	Mugaspinner = Moongaspinner (Antheraea assama)	Indien	Haspeln	grauweiß, gelb, rötlich; fest u. dauerhaft wie Tussah.
Fagaraseide	Atlasspinner (Attacus atlas) (Größter Schmetterling)	Ostindien	Schappespinnerei	Kokongröße 8:3 cm, hellbraun, tussahähnlich.
Eriaseide	Rizinusspinner (Attacus ricini)	Indien	Schappespinnerei	weiß, orange, rot u. braun.
Ailanthusseide . .	Ailanthusspinner (Attacus cynthia)	China	Schappespinnerei	ähnlich wie Eriaseide.
Nesterseide . . . . (Anapheseide)	Familienspinner	Zentralafrika	Schappespinnerei	rostbraun, weniger glänzend, aber feiner als Tussah, fest u. haltbar.

Nest spinnen, in welchem sich die Einzelkokons befinden. Früher wurden diese Nester wegen der Schädlichkeit der Raupen verbrannt. Wie Abb. 98 erkennen läßt, kann man die Anapheseide sowohl von der Maulbeer- als auch Tussahseide mikroskopisch leicht unterscheiden. Besonders charakteristisch sind die stärker lichtbrechenden Querstellen a (Lichtringe).

Die Dicke der Fibroinfäden beträgt 12—20 μ, im Mittel 16 μ, so daß die Anapheseide bezüglich der Feinheit sich mehr der echten als der Tussahseide nähert. Nach H. Zeisings[1]) ausführlichen Untersuchungen hat die Nesterseide u. a. folgende Eigenschaften. Jeder Kokonfaden besteht aus zwei Einzelfädchen mit korrespondierenden Lichtringen. Der Glanz ist geringer als bei echter Seide und metallisch schimmernd, der Griff weich und wollig. Das spez. Gew. beträgt nur 1,282, so daß dem Faden eine große Deckkraft zukommt. Bei 45 $^0/_0$ relativer Luftfeuchtigkeit und einer Temperatur von 20 ^{0} zeigte ein Anapheseidengarn Nr. 200/2 eine Trockenfestigkeit von 211,75 g, eine Dehnbarkeit von nur 7,75 $^0/_0$ und eine Naßfestigkeit von

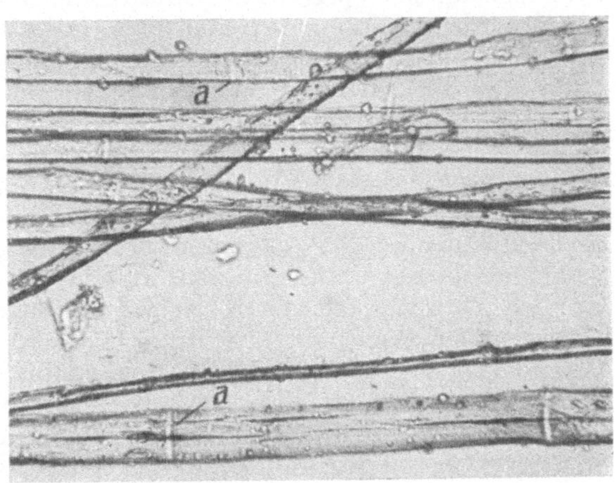

Abb. 98. Anapheseide mit den charakteristischen Lichtringen a. Vergr. 200.

128,5 g (Verlust 39,3 $^0/_0$!). Nach dem Trocknen stieg die Festigkeit wieder auf 212 g. Kupfer- und Nickeloxydammoniak bewirken keine Lösung. Ein gutes Bleichmittel ist Natriumperborat ($NaBO_3$). Man kann feinere Nummern spinnen als bei Tussahseide, nämlich bis zu Nr. 400 metrisch.

Eine Zeitlang ist auch Spinnenseide in den Handel gebracht worden. Das von einer auf Madagaskar vorkommenden Spinne (Nephila madagascariensis) gewonnene gelblichgraue, wenig glänzende Produkt besitzt aber derzeit keine Bedeutung.

Auch der Muschelseide kommt keine besondere Wichtigkeit zu. Sie wird aus dem 3—6 cm langen Faserbart der Steckmuschel (Pinna nobilis) gewonnen und bildet dunkelbraune, lebhaft glänzende Fasern von 10—100 μ Dicke (A. Herzog).

2. Merzerisierte Baumwolle[2]).

Über diesen Seidenersatz wurde bereits S. 7 das Wichtigste gesagt. Die merzerisierte Baumwolle steht zwar der Kunstseide an Glanz be-

---

1) Leipz. Monatsschr. Textilind. Bd. 8, 1910.
2) Vgl. Gardner: Merzerisation und Appretur. 2. Aufl. Berlin: Julius Springer 1912. Heermann: Chemische Veredelung der Gespinstfasern. Ullmanns Ency-

deutend nach, indem dieser nur den der Schappeseide erreicht, dafür
aber ist das Material von größter Festigkeit und Haltbarkeit. Die
Baumwolle wird entweder als gezwirntes Garn oder als Gewebe mer-
zerisiert; Versuche, die Baumwolle im losen Zustand als Kardenband
oder Vorgarn der Glanzmerzerisation zu unterziehen, haben wegen
der Schwierigkeit der Faserstreckung bisher noch keine praktischen Ergebnisse gezeitigt. Wie bekannt, eignet sich nicht jede Baumwolle gleich
gut zum Merzerisieren. Die besten Resultate erzielt man mit solchen
Sorten, die schon von Natur aus einen gewissen Glanz besitzen. Auch
ist die Art der Verspinnung nicht ohne Einfluß; Garne mit der Bezeichnung „gekämmt" (peigniert, combed), die also aus gekämmter, d. h.
von den kurzen Fasern befreiter Baumwolle gesponnen sind, erhalten
einen höheren Glanz als die „kardierten" Garne, bei denen die Baumwolle bloß ein- oder zweimal gekrempelt (kardiert) wurde. Eine zu
scharfe Drehung ist zu vermeiden, weil sie eine gründliche Durchtränkung mit der Merzerisierlauge erschwert. Die einen langen, feinen und
seidigen Stapel besitzende Sea-Islandbaumwolle kommt wegen ihres
hohen Preises für uns nur wenig in Betracht, hingegen wird die ägyp-
tische Makobaumwolle[1]) (Egyptian brown, frz. jumel) am meisten angewendet (Makoseide). Ihre Fasern sind etwas kürzer und dicker, aber doch
ziemlich glänzend; die von Natur aus bräunliche Färbung wird durch
Dämpfen der Garne dunkler, ist sehr waschecht, kann aber durch
Bleichen leicht zerstört werden. Gekämmte Louisianabaumwolle, die
auch viel verarbeitet wird, gibt schon einen weniger schönen Glanz. Vor
dem Merzerisieren, das nur mittels geeigneter Maschinen vorgenommen
werden kann, werden die Garne und Gewebe gesengt, d. h. die vor-
stehenden Fäserchen werden durch rasches Hindurchziehen durch Gas-
flammen abgebrannt. Bei Garnen erfolgt hierauf ein Entfetten durch
Auskochen mit verdünnter Sodalösung bei gewöhnlichem Druck, worauf
gespült und abgeschleudert wird; manchmal sieht man zur Vermeidung
des dabei auftretenden Gewichtsverlustes von etwa $3\,^0/_0$ davon ab und
behandelt die Strähne zur Erleichterung des Eindringens der Merzerisierlauge mit Türkischrotöl, wodurch aber die Lauge bald unverwendbar wird. Ferner hat es sich als vorteilhaft erwiesen, ein eventuelles
Bleichen erst nach dem Merzerisieren vorzunehmen. Auch die Gewebe werden meist mit Sodalösung ausgekocht, da sonst durch die
Schlichte der Kette eine besonders starke Verunreinigung der Merzerisierlauge stattfinden würde. Je niedriger die Temperatur, desto schwä-
cher kann die Lauge sein. Je stärker die Baumwolle gestreckt wird,
desto weniger Farbstoff nimmt sie auf. Ungleichmäßig gestreckte Baumwolle färbt sich daher ungleichmäßig an. Die Strangmerzerisierma-
schinen (Abb. 99) lassen daher die Lauge auf die nur mäßig gestreckten
Strähne einwirken und erst nach ihrer vollständigen Durchtränkung
wird die Spannung entsprechend erhöht. Das Garn darf auch nicht zu

---

klopädie der technischen Chemie, Bd. 6. Schwarz, Richard: Merzerisation in
Muspratts Chemie (Ergänzungsband).
[1]) Herzog, A.: Zur Unterscheidung von echter und imitierter Makobaumwolle. Kunststoffe 1913, S. 181.

dick auf den Walzen aufliegen, weil sonst die den Walzen anliegenden Teile weniger gestreckt und sich dann dunkler färben würden. Die Einwirkungszeit der Lauge beträgt etwa 3 Minuten, der ganze Vorgang vom Aufhängen bis zum Abnehmen der Strähne erfordert je nach dem Bau der Maschine etwa 10—12 Minuten. Nach dem Waschen wird mit verdünnter Schwefelsäure abgesäuert, wieder gewaschen, durch ein schwaches Marseillerseifenbad, ein Bad von sehr verdünnter Essig- oder Ameisensäure hindurchgezogen (gibt den krachenden Griff) und womöglich unter Spannung getrocknet. Merzerisierte Baumwolle ist als Zellulosehydrat empfindlicher gegen hohe Temperaturen als die rohe Faser, so daß 100⁰ nicht überschritten werden sollen. Ungleich-

mäßige Trocknung führt leicht zu unegaler Färbung, weshalb es ratsam ist, vor dem Färben noch einmal gleichmäßig und scharf zu trocknen. Schwefelfarbstoffe sind für merzerisierte Baumwolle weniger empfehlenswert, da durch die heiße alkalische Flotte der Glanz beeinträchtigt werden kann. Die zum Merzerisieren von Geweben dienenden Stückmerzerisiermaschinen bestehen aus drei Teilen: 1. Imprägnierfoulard oder Klotzmaschine zum Tränken der Gewebe mit Lauge. 2. Breitspannmaschine und 3. Waschmaschine. Der Imprägnierfoulard setzt sich hauptsächlich aus dem Laugentrog und mehreren eisernen Quetschwalzen (eine mit Gummi überzogen) zusammen, die so angeordnet sind, daß das Gewebe in voller Breite 2—3 mal durch die Lauge

Abb. 99. Einfache Garnmerzerisiermaschine (2 horizontale Streckwalzen, 1 gummiüberzogene Quetschwalze, verschiebbarer Laugentrog). (Zittauer Maschinenfabrik A.-G.)

hindurchgeht und jedesmal zwischen der Gummiwalze und einer Eisenwalze ausgepreßt wird. Nach dem Tränken mit Natronlauge läßt man das aufgerollte Gewebe einige Stunden liegen, bevor es durch die Breitspannmaschine gestreckt wird. Das Gewebe wird dabei in horizontaler Richtung weiterbewegt und durch kettenartig miteinander verbundene Kluppen an den Kanten (Leisten) erfaßt und gestreckt. Bei Kettensatin genügt die Streckung in der Längsrichtung, ebenso werden zarte Baumwollstoffe, wie Batiste, nur breit gehalten ohne eigentliche Streckung. Die anschließende Waschmaschine entfernt die Lauge durch Bespritzen mit Wasser. Bei dem scharfen Wettbewerb auf dem Gebiet der Textilindustrie ist die teilweise Rückgewinnung der zum Merzerisieren verwendeten Natronlauge eine wichtige Frage geworden. Ein Teil der Lauge wird durch bloßes Abquetschen der Strähne im unverdünnten Zustand gewonnen, ein anderer Teil geht in die Spülwässer über. Diese können durch Eindampfen wieder auf den richtigen Gehalt an Ätznatron gebracht werden. Da die Lauge aus der Luft Kohlendioxyd aufnimmt, wodurch sich das Natriumhydroxyd teilweise in unwirksame Soda umsetzt, muß diese durch Kaustizieren (Zusatz von gelöschtem Kalk) wieder in Ätznatron zurückverwandelt werden. Schwierigkeiten ergeben sich auch dadurch, daß die Lauge aus dem Merzerisationsgut, besonders aus unentschlichteten Geweben, organische Stoffe aufnimmt, die beim Eindampfen eine dicke, schwer filtrierbare Masse bilden. Für die Entlaugung von Geweben hat sich besonders die Rückgewinnungsanlage von Matter (J. P. Bemberg A.-G. in Barmen) bewährt, die unter Abschluß der Luft arbeitet und bis zu 97 % der vom Gewebe aufgenommenen Natronlauge als Lauge von 8—9° Bé wiederzugewinnen gestattet; bei etwas geringerer Ausbeute kann man auch eine 12gradige Lauge erhalten.

Beim Merzerisieren von Mischgeweben aus Baumwolle und Wolle, bzw. Seide muß zum Schutz der tierischen Fasern gegen die Lauge diese künstlich gekühlt werden; bei Seide und Zelluloseseide wird außerdem Glyzerin (4 l auf 100 l Lauge) zugesetzt; vgl. das D.R.P. 412164, 1924, von Courtaulds, Ltd. Durch verschiedene Kombinationen der Laugenmerzerisation und Behandlung mit schwach verdünnter Schwefelsäure (etwa 50° Bé) werden von der Heberlein & Co. A.-G.[1]) in Wattwil (Schweiz) Baumwollgewebe mit Transparent-, Opal-, Woll- oder Leineneffekten versehen, wovon man besonders in England und in den Vereinigten Staaten im größten Maßstab Gebrauch macht (Glasbatist, Opal und Hecowa). Vgl. die D.R.P. 290444, 292213, 294571, 295916, 340824, 389428, 391490; ferner H. Forster, D.R.P. 360326 und das A.P. 1509920, 1924 (J. Manning). Auch die quellende Wirkung von konzentrierten Rhodankalziumlösungen auf Zellulose wurde bereits in Verbindung mit der Laugenmerzerisation zur Veredelung von Baumwollgeweben herangezogen; vgl. die E.P. 196696, 228654 und 228655, 1923, sowie das D.R.P. 405517, 1923.

Mikroskopisch ist die glanzmerzerisierte Baumwolle daran zu erkennen, daß die vorher flachbandartigen, korkzieherartig gedrehten Haare durch Aufquellen mehr oder weniger zylindrisch geworden sind (entsprechend der echten Seide), die Drehung zum größten Teil verloren haben, während sich das Lumen so weit verengert hat, daß es meist nur noch als eine stellenweise unterbrochene Linie erscheint (Abb. 100). Einen schönen und waschechten Seidenglanz auf Baumwollgarnen und Geweben (am besten in Atlasbindung) kann man auch durch das Anthoxylonverfahren von Dr. Lilienfeld erhalten (engl. P. 216476 und 216477, 1923). Die Baumwolle wird zunächst einer merzerisierenden Vorbehandlung mittels kalter starker Natronlauge oder einer anderen quellend wirkenden Flüssigkeit, wie Zinkchloridlösung oder Pergamentschwefelsäure unterzogen, nach dem Auswaschen und Trocknen mit einer Lösung von Schwefelkohlenstoff in einem organischen Lösungs-

---

[1]) Die Kunstseide 1925, S. 206.

mittel (Benzol, Tetrachlorkohlenstoff) getränkt und hierauf im ge-spannten Zustand in eiskalte konzentrierte Natronlauge getaucht, wodurch sich auf den Baumwollfasern eine dünne Viskoseschicht bildet. Diese wird durch Behandeln der gestreckten Garne oder Ge-webe mit verdünnter Schwefelsäure koaguliert, worauf gewaschen und getrocknet wird.

Der Glanz merzerisierter Garne kann durch Lüstrieren mittels der Lüstriermaschine (S. 67), der von Geweben durch das Seidenfinishver-fahren noch weiter erhöht werden. Die früher allein übliche Behand-lung der Gewebe mittels Glättkalander oder Pressen steigert zwar den Glanz ganz beträchtlich, es wird aber eine Art Speckglanz daraus, der durch Dämpfen wieder gemildert werden muß. Dr. L. Schreiner fand nun auf Grund theore-tischer Erwägungen, daß sich ein seidenartiger Glanz erzielen läßt, wenn man das Gewebe mittels heißer Stahlwalzen preßt, in die äußerst scharfe Rillen (10—12 auf 1 mm) ein-graviert sind (D.R.P. 85368, 23. Juni 1894). Die zahllosen eingepreßten kleinen Flächen bewirken eben infolge ihrer regelmäßigen Anordnung eine andere Art der Zurückwer-fung des Lichts, als wenn das Gewebe eine ununterbrochene Fläche bildet. Das „Schrei-nern" erfolgt mittels eigener Riffelkalander oder Seiden-finishkalander, bei denen eine heizbare gravierte Stahlwalze unter einem Druck von 50000

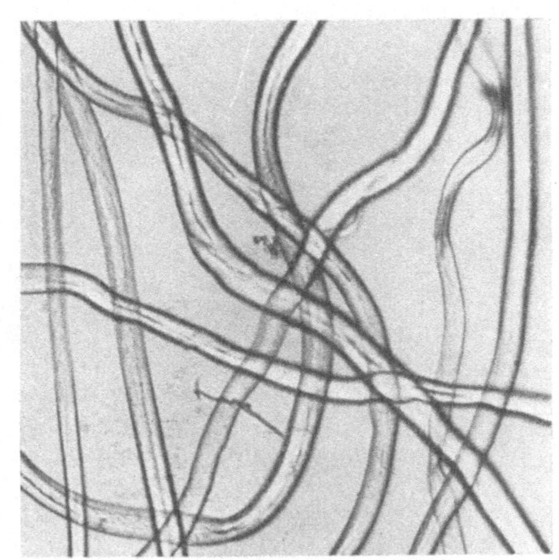

Abb. 100. Merzerisierte Baumwolle.
Vergr. 150.

kg mit einer Papierwalze zusammenarbeitet. Da der gewöhnliche Seiden-finish beim Waschen und Bügeln verlorengeht, suchte man nach verschie-denen Methoden, einen Permanentfinish zu erzeugen. Eine Reihe von Verfahren besteht im wesentlichen darin, die eingepreßten Rillen durch einen dünnen, durchsichtigen, wasserbeständigen Überzug von Nitrozellulose, Zelluloseazetat, koaguliertem Eiweiß oder formaldehydge-härteter Gelatine zu schützen. Ungleich wichtiger sind aber jene Per-manentfinishverfahren, die nur mit den billigen Agenzien Wasser, Wärme und Druck arbeiten. Der sogenannte „Radiumfinish" der Bemberg A.-G. ist hier zu nennen. Es ist infolgedessen nicht zu verwundern, wenn die verschiedenen hierhergehörigen Arbeitsweisen manches miteinander ge-mein haben. Eine für Interessenten sehr wertvolle klare Darstellung der daraus entstandenen Patentstreitigkeiten findet sich in dem vor-erwähnten Buch von Gardner.

3. Pflanzenseiden.

Endlich sei noch eines neueren Garnmaterials gedacht, das sich besonders zur Herstellung seidenähnlich glänzender Florgewebe eignet. Es sind das die sog. Kapokgarne der Chemnitzer Aktien-Spinnerei. Diese Garne werden aber nicht aus der eigentlichen Kapokfaser des Wollbaums (Eriodendron anfractuosum), einer hauptsächlich als Stopfmaterial dienenden Fruchtfaser, sondern durch Verspinnen gewisser, schon lange bekannten Pflanzenseiden hergestellt. Diese sind die seidenartig glänzenden Samenhaare verschiedener, meist exotischer Pflanzen. Die Pflanzenseiden sind weiß bis gelblich und haben eine Faserlänge (Stapel) von nur 20—25 mm; ihre Festigkeit und Elastizität ist geringer als die der Baumwolle. Dies findet seine Erklärung dadurch, daß die Pflanzen-

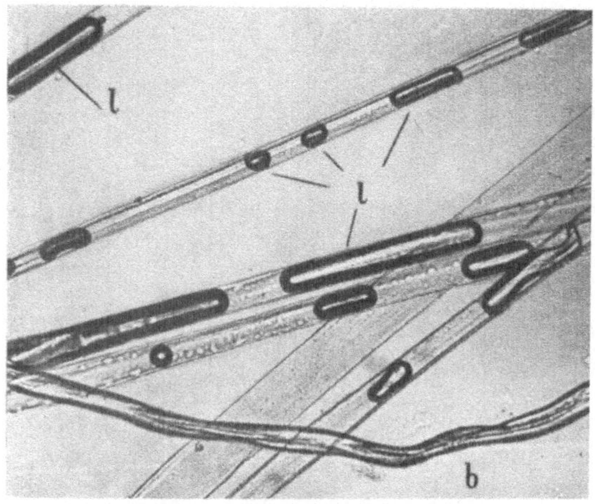

Abb. 101. Mischgarn aus Akon und Baumwolle (b).
l = Luftblasen. Vergr. 150.

seiden, wie man unter dem Mikroskop sieht, sehr dünnwandige [1], mit Luft gefüllte Röhren vorstellen, deren Zellulose ähnlich wie Jute von Ligninsubstanzen durchsetzt ist. Trotzdem ist es E. G. Stark gelungen, bestimmte, im Handel als Akon bezeichnete Pflanzenseiden (Calotropis procera, Calotropis gigantea und Ceiba pentandra) nach einer trotz der deutschen Patente Nr. 230 142, 230 143, 231 940 und 231 941 nicht näher bekannten Vorbehandlung, die den Fasern ihre Sprödigkeit und übermäßige Glätte nimmt, für sich allein oder gemischt mit Baumwolle zu verspinnen (Abb. 101). Die rohen Kapok-, bzw. Akongarne haben eine makobraune Farbe, ein auffallend geringes spez. Gew. und einen weicheren Griff als Baumwollgarn, womit sie nicht leicht verwechselt werden können. Eventuell betupft man ein Fadenstück mit alkoholischer Phlorogluzinlösung und Salzsäure, wodurch wie bei allen verholzten Fasern Rotfärbung eintritt. An Wasser geben sie etwa 10 % eines braunen, klebrigen Extrakts ab, der vor dem Verspinnen zur Verminderung des Gleitens der glatten Fasern zugesetzt wurde. Wegen des ziemlich kurzen Stapels der Fasern kommt ihr Glanz in dem scharf gedrehten Garn selbst verhältnismäßig wenig zum Ausdruck, die daraus hergestellten Florgewebe, wie z. B. Chenille-Doppelplüsche, überraschen durch ihre Brillanz. Die Garne lassen sich schwer bleichen, aber leicht färben.

[1] A. Herzog stellte fest, daß von der Querschnittsfläche dieser Fasern nicht ganz 25% auf die Zellwand entfallen.

Andere seidenglänzende Pflanzenfasern bringt die 1912 gegründete „Deutsche Faserstoff-Ges. m. b. H." in Berlin auf den Markt. Es sind dies die Bast- (Stengel-) Fasern verschiedener exotischer Pflanzen, die man durch Züchtung auf einen hohen Fasergehalt gebracht hat. Es wird zunächst auf den Pflanzungen mittels besonderer Maschinen die rohe Bastfaser (Hanfbast) gewonnen, die dann in der Fabrik in Fürstenberg (Mecklenburg) durch entsprechende Verarbeitung, ähnlich wie Ramie, in lose Einzelfasern umgewandelt wird, die sich schneeweiß bleichen lassen. Den größten Glanz weist nach den Angaben der Gesellschaft die Calotropa Pflanzenbastseide (Calotropis procera) auf, die eine Faserlänge von 10—20 cm und große Zugfestigkeit besitzt. Diese Faser ist besonders für Strickgarne geeignet. Ihr ähnlich, aber kürzer (8 bis 14 cm) ist die Cellonia-Pflanzenseide. Leider sind von beiden Fasern die verfügbaren Mengen noch gering. Wichtiger ist die allerdings weniger

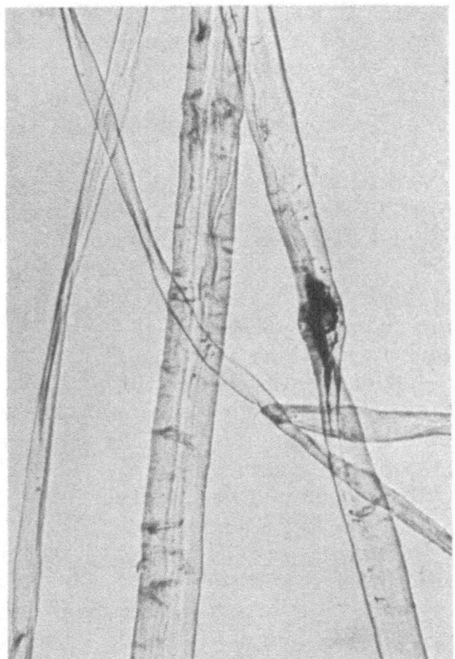

Abb. 102. Solidoniafaser in Paraffinöl. Vergr. 150.

glänzende Solidoniafaser (Phantasiename[1]), die eine Länge von 6 bis 15 cm erreicht und hauptsächlich auf Kammgarn verarbeitet wird (Abb. 102). Die Deutsche Faserstoffgesellschaft erzeugt übrigens auch wollähnliche Fasern, wie Fibronia-, Lanella- und Lanamarpflanzenwolle. Die zwei letztgenannten sind aber keine Bastfasern, sondern werden aus einer Seetangart (Posidonia oceanica) der Südsee gewonnen.

---

[1] Über das Färben dieser Fasern berichtet O. Berthold in den Leipz. Monatsschr. Textilind. 1914.

Berichtigungen und Nachträge.

S. 42. Regenerierung der Merzerisierlauge. Man versetzt die Lauge unter Rühren mit schwefelsaurem Kupfer, wodurch die β- und γ-Zellulose ausgefällt wird. Der durch Kammerpressen abfiltrierte Schlamm wird entweder getrocknet und verkauft oder auf schwefelsaures Kupfer verarbeitet. Vgl. auch das D.R.P. 419665, 1924.

S. 48. Bestimmung des Reifegrades der Viskose. Unter dem Salzpunkt einer Viskose versteht man die Konzentration einer Kochsalzlösung, die gerade ausreicht, um einen einfallenden Tropfen Viskose zur Koagulation zu bringen.

S. 61. Weiterverarbeitung der Fadenkuchen. Einige Fabriken waschen die Spinntopfkuchen direkt und trocknen sie unter Spannung.

S. 62. Viskosefällbad. Nach dem D.R.P. 416670, 1922, von Courtaulds, Ltd., setzt man dem Viskosefällbad zum Schutz der Zellulose ein schwefelsaures Gemisch von Dextrin und Stärkezucker zu, das man durch Erwärmen eines Gemisches von Stärke und verdünnter Schwefelsäure auf höchstens 65⁰ erhalten hat.

S. 65. Waschen der Viskoseseide. P. Krais[1]) berichtet über günstige Erfahrungen mit der neuen WKT-Kunstseiden-Waschmaschine (W. Kaufmanns Textilwerke in Dresden), bei der die Viskoseseide von den Spinnspulen auf schmale Einzelhaspel aufgewickelt und dabei gezwirnt und in 90 Minuten säurefrei gewaschen wird, wobei für je 1 kg Seide von 180 dn nur 1300 l Wasser verbraucht werden. Zum Trocknen wird die Seide auf den Haspeln in die Trockenapparate gebracht.

S. 66. Lüstrieren der Viskoseseide. Gegenwärtig wird nur durch das Färben stumpf gewordene Kunstseide lüstriert.

S. 74. Baykogarne. Diese werden jetzt von der Firma ,,Baykogarn G. m. b. H., Schlebusch-Manfort (Rhld.)'' hergestellt.

S. 77. Feinfädige Viskoseseide. In Frankreich erzeugt man solche vom Titer 80—100 dn mit 40—45 Einzelfädchen. Besonders für Crèpe de chine verwendet.

S. 95. Färben der Kunstseide mit Schwefelfarbstoffen. Nach einem Verfahren der Höchster Farbwerke wird im Farbbad das die Kunstseide angreifende Schwefelnatrium durch Natriumhydrosulfit ($Na_2S_2O_4$) ersetzt.

S. 99. Sthenosage. H. Karplus (E. P. 234618, 1925) behandelt die Zelluloseseide mit Formaldehyd und alkalischen Mitteln, wie Ätz-

---

[1]) Eine neue Kunstseidenwaschmaschine. Die Kunstseide 1925, Nr. 10.

natron, Soda, Borax, schleudert ab und trocknet in heißer Luft oder inerten Gasen (90—170⁰); die Seide soll dabei weich bleiben und sich gleichmäßig färben lassen.

S. 104. **Azetatseide.** Nach L. A. Levy („Apexseide“, E.P. 240624 1925) erhält man durch Azetylieren von lufttrockener Zellulose mit einem Gemisch von Eisessig, Essigsäureanhydrid und Schwefelsäure bei Zugabe eines Katalysators (essig- oder schwefelsaures Kupfer, Vanadium, Chrom, Nickel und Kobalt) in etwa 18 Stunden direkt ein azetonlösliches Zelluloseazetat.

S. 108. **Essigsäuregehalt der Celanese.** Nach einer freundlichen Privatmitteilung beträgt er bei der jetzt erzeugten Seide $53,6^0/_0$.

S. 109. **Färben der Azetatseide.** Die teilweise Verseifung der Azetatseide durch alkalische Mittel wurde schon von H. S. Mork 1910 angegeben (E.P. 20672).

S. 139. **Stapelfaser.** Die Snia Viscosa erzeugt jetzt eine als Sniafil bezeichnete Viskosestapelfaser.

S. 147. **Weltproduktion an Kunstseide.** Sie wird für 1924 auf 62 und für 1925 auf rund 70 Millionen kg geschätzt, wobei Italien mit 15 Millionen kg schon an 2. Stelle steht.

S. 147. **Preisverhältnisse:** Viskoseseide von 300 dn ist um etwa $40^0/_0$ billiger als solche von 90 dn. Kettseide ist teurer als Schußseide.

Thiourethanseide.

L. Lilienfeld stellt diese neueste Kunstseide aus Zelluloseverbindungen her, die durch Einwirkung von Stickstoffbasen auf **Zellulosexanthogenfettsäuren** entstehen. Diese wieder bilden sich durch Einwirkung von Monohalogenfettsäuren (z. B. Monochloressigsäure) oder deren Salze auf zellulosexanthogensaures Natrium, bzw. durch Essigsäurezusatz neutralisierte Viskose:

$$C_{12}H_{19}O_9 \cdot O \cdot CS \cdot SNa \qquad + \qquad CH_2Cl \cdot COONa \quad =$$

zellulosexanthogensaures Natrium   monochloressigsaures Natrium

$$C_{12}H_{19}O_9 \cdot O \cdot CS \cdot S \cdot CH_2 \cdot COONa \quad + \quad NaCl$$

zellulosexanthogenessigsaures Natrium   Natriumchlorid

Die Zellulosexanthogenfettsäuren, bzw. deren Alkalisalze sind je nach den Reaktionsbedingungen entweder schon in warmem Wasser oder in verdünnten Lösungen von Alkalien oder organischen Basen löslich und können durch Säuren oder Salze wieder ausgefällt werden. Läßt man auf die Zellulosexanthogenfettsäuren Stickstoffbasen (z. B. Amine, wie Methyl- oder Äthylamin, Diäthylamin, Phenyläthylamin, Anilin, o-Toluidin usw.) einwirken, so entstehen neue Zelluloseverbindungen, von denen einige zur Herstellung von Kunstseide oder Filmen sehr geeignet sind. Diese Verbindungen sind als Thiourethane[1], bzw. Thiokarbaminsäureester der Zellulose zu bezeichnen, in denen wenigstens ein Wasserstoffatom der NH_2-Gruppe durch eine Alkyl-, Aryl- oder Aralkylgruppe ersetzt ist, sind also Alkyl-, Aryl- oder

---

[1] Thiourethane sind die Ester der Thiokarbaminsäure $NH_2 \cdot CS \cdot OH$.

Aralkylthiourethane der Zellulose. Z. B.

$$C_{12}H_{19}O_9 \cdot O \cdot CS \cdot S \cdot CH_2 \cdot COONa \; + \; C_6H_5 \cdot NH_2 \; =$$
zellulosexanthogenessigsaures Natrium   Anilin
$$C_{12}H_{19}O_9 \cdot O \cdot CS \cdot NH \cdot C_6H_5 \; + \; CH_2\,(SH) \cdot COONa$$
Phenylthiourethan der Zellulose   thioglykolsaures Natrium

Das Phenylthiourethan der Zellulose (Zellulosexanthogenanilid) ist wie die meisten analogen Zelluloseverbindungen unlöslich in Wasser, Alkohol und Äther, aber löslich in verdünnter Natronlauge und Ammoniaklösung, sowie in verschiedenen organischen Flüssigkeiten (z. B. a-Mono- und Dichlorhydrin, Pyridin). Aus den wässerig-alkalischen Lösungen können die Thiourethane der Zellulose durch Säuren oder Salze wieder abgeschieden werden. Hingegen können sie aus Lösungen in flüchtigen organischen Flüssigkeiten, wie Pyridin, sowohl durch Wasser oder Salzlösungen, als auch durch Verdunstenlassen der Lösungsmittel abgeschieden werden. Die Thiourethanseide kann also sowohl nach dem Naß- als auch nach dem Trockenspinnverfahren hergestellt werden. Sie enthält zum Unterschied von den bisher bekannten Kunstseiden auch Stickstoff und Schwefel als wesentliche Bestandteile. So sind im Zellulosexanthogenanilid ($C_{19}H_{25}NSO_{10}$) rund $3^0/_0$ Stickstoff und $7^0/_0$ Schwefel enthalten. Beachtenswerterweise läßt sich die Thiourethanseide, im Gegensatz zu den Zelluloseseiden (Viskose usw.), mit denselben Teerfarbstoffen färben wie die echte Seide, die ja auch Stickstoff ($18^0/_0$), aber keinen Schwefel enthält. Glanz, Feinheit, Griff und Deckkraft hängen natürlich wie bei jeder Kunstseide vom Spinnverfahren ab, während die hervorragende Festigkeit, auch im nassen Zustand, auf die chemische Zusammensetzung zurückgeführt werden muß. In letzter Zeit ist es auch gelungen, den Fehler der Empfindlichkeit gegen Alkalien zu beheben, die für manche Verwendungszwecke nachteilig wäre. Auf die Thiourethanseide, bzw. die Zellulosexanthogenfettsäuren beziehen sich u. a. folgende Patente Lilienfelds: die engl. Patente 231800, 231801, 231809, 231810 und 231811 und die belg. Patente 325270 und 325273, alle ab 1924.

Sachverzeichnis.

Die
mikroskopische Untersuchung der Seide

mit besonderer Berücksichtigung
der Erzeugnisse der Kunstseidenindustrie

Von

Prof. Dr. Alois Herzog

Vorsteher der Biologischen Abteilung am Deutschen Forschungsinstitut für Textilindustrie
und Dozent an der Sächs. Technischen Hochschule in Dresden

Mit 102 Abbildungen im Text und auf 4 farbigen Tafeln

206 Seiten. 1924. Gebunden RM. 15.—

Inhaltsverzeichnis:

Einteilung und Allgemeines über die wissenschaftliche und technische Prüfung der Seide. Mikroskopische Prüfungen. A. Untersuchungsmethoden. 1. Messung der Breite und Dicke der Fasern. 2. Zählung der Einzelfasern. 3. Prüfung der Querschnittverhältnisse. 4. Bestimmung des Titers von Kunstseide auf mikroskopischem Wege. 5. Lineare und quadratische Quellung. 6. Spezifisches Gewicht. 7. Drehung von Gespinsten. 8. Prüfung der Dicke, Einstellung und Bindung von Geweben. 9. Lichtbrechungsvermögen. 10. Untersuchungen im polarisierten Licht. 11. Glanz der Seide. 12. Ultramikroskopie. 13. Mikroskopische Zeichnung. 14. Mikrophotographie. 15. Sammlung von mikroskopischen Präparaten. 16. Verzeichnis der zu mikrochemischen Prüfungen nötigen Reagenzien. B. Spezielle Betrachtung der wichtigsten natürlichen und künstlichen Seiden. 17. Verfahren zur Unterscheidung von natürlicher und künstlicher Seide. (Gruppentrennung.) 18. Die wichtigsten natürlichen und künstlichen Seiden. I. Naturseide. II. Kunstseide. Anhang. Namenverzeichnis. Sachverzeichnis.

Die
Kunstseide auf dem Weltmarkt

Von

Dr. Martin Hölken jr.

Geschäftsführer der Hölken-Seide G. m. b. H. in Barmen

Mit 1 Diagramm im Text. 86 Seiten. 1926

RM. 3.90

Inhaltsverzeichnis:

A. Einleitung: Geschichte und Technik der Kunstseidenerzeugung und das Problem der Surrogierung der Naturseide durch Kunstseide. B. Die weltwirtschaftliche Bedeutung der Kunstseide. I. Überblick über Produktion und Handel mit Kunstseide vor dem Kriege. 1. Deutschland. 2. Die übrigen Länder. II. Der Kunstseidenmarkt nach dem Kriege. 1. Allgemeine Übersicht über die Produktionsziffern von Kunstseide. 2. Produktion und Handel des Auslandes. a) Frankreich. b) Belgien. c) Die Schweiz. d) Italien. e) England. f) Die Vereinigten Staaten von Amerika. 3. Produktion und Außenhandel Deutschlands. C. Schluß: Die Aussichten der Kunstseidenindustrie auf dem Weltmarkte unter besonderer Berücksichtigung Deutschlands. Literaturverzeichnis.

Die künstliche Seide, ihre Herstellung, Eigenschaften und Verwendung. Mit besonderer Berücksichtigung der Patent-Literatur. Bearbeitet von Geh. Regierungsrat Dr. **K. Süvern.** Fünfte Auflage. In Vorbereitung.

Die neuzeitliche Seidenfärberei. Handbuch für Seidenfärbereien, Färbereischulen und Färbereilaboratorien. Von Dr. **Hermann Ley,** Färbereichemiker. Mit 13 Textabbildungen. (166 S.) 1921. RM. 6.—

Bleichen und Färben der Seide und Halbseide in Strang und Stück. Von **Carl H. Steinbeck.** Mit zahlreichen Textfiguren und 80 Ausfärbungen auf 10 Tafeln. (278 S.) 1895. Gebunden RM. 16.—

Die Echtheitsbewegung und der Stand der heutigen Färberei. Von **Fr. Eppendahl,** Chemiker. (27 S.) 1912. RM. 1.—

Betriebseinrichtungen der Textilveredelung. Von Prof. Dr. **Paul Heermann,** Berlin-Dahlem und Ingenieur **Gustav Durst,** Fabrikdirektor in Konstanz a. B. Zweite Auflage von „Anlage, Ausbau und Einrichtungen von Färberei-, Bleicherei- und Appretur-Betrieben" von Dr. **Paul Heermann.** Mit 91 Textabbildungen. (170 S.) 1922. Gebunden RM. 7.50

Technologie der Textilveredelung. Von Prof. Dr. **Paul Heermann,** Berlin-Dahlem. Zweite Auflage. In Vorbereitung.

Mechanisch- und physikalisch-technische Textiluntersuchungen. Von Prof. Dr. **Paul Heermann,** Berlin-Dahlem. Zweite, vollständig umgearbeitete Auflage. Mit 175 Abbildungen im Text. (278 S.) 1923. Gebunden RM. 12.—

Färberei- und textilchemische Untersuchungen. Anleitung zur chemischen Untersuchung und Bewertung der Rohstoffe, Hilfsmittel und Erzeugnisse der Textilveredelungsindustrie. Von Prof. Dr. **Paul Heermann,** Berlin-Dahlem. Vereinigte vierte Auflage der „Färbereichemischen Untersuchungen" und der „Koloristischen und textilchemischen Untersuchungen". Mit 8 Textabbildungen. (380 S.) 1923. Gebunden RM. 15.—

Technik und Praxis der Kammgarnspinnerei. Ein Lehrbuch, Hilfs- und Nachschlagewerk.

Von Direktor **Oskar Meyer,** Spinnerei-Ingenieur zu Gera-Reuß, und **Josef Zehetner,** Spinnerei-Ingenieur, Betriebsleiter in Teichwolframsdorf bei Werdau i. S. Mit 235 Abbildungen im Text und auf einer Tafel sowie 64 Tabellen. (431 S.) 1923. Gebunden RM. 20.—

Neue mechanische Technologie der Textilindustrie.

Von Dr.-Ing. e. h. **G. Rohn,** Schönau bei Chemnitz. In drei Bänden nebst Ergänzungsband.

Erster Band: **Die Spinnerei in technologischer Darstellung.** Mit 143 Textfiguren. (198 S.) 1910. Vergriffen.

Zweiter Band: **Die Garnverarbeitung.** Die Fadenverbindungen, ihre Entwicklung und Herstellung für die Erzeugung der textilen Waren. Ein Hand- und Hilfsbuch für den Unterricht an Textilschulen und technischen Lehranstalten, sowie zur Selbstausbildung in der Faserstoff-Technologie. Mit 221 Textabbildungen. (184 S.) 1917. Gebunden RM. 5.—

Dritter Band: **Die Ausrüstung der textilen Waren.** Mit einem Anhange: Die Filz- und Wattenherstellung. Ein Hand- und Hilfsbuch für den Unterricht an Textilschulen und technischen Lehranstalten, sowie zur Selbstausbildung in der Faserstoff-Technologie. Mit 196 Textfiguren. (260 S.) 1918. Gebunden RM. 7.—

Ergänzungsband: **Textilfaserkunde** mit Berücksichtigung der Ersatzfasern und des Faserstoffersatzes. Ein Hand- und Hilfsbuch für den Unterricht an Textilschulen und technischen Lehranstalten, sowie für Textiltechniker, Landwirte, Volkswirtschaftler usw. Mit 87 Textfiguren. (104 S.) 1920. Gebunden RM. 3.—

Taschenbuch für die Färberei mit Berücksichtigung der Druckerei.

Von **R. Gnehm.** Zweite Auflage, vollständig umgearbeitet und herausgegeben von Dr. **R. v. Muralt,** Dipl.-Ing.-Chemiker, Zürich. Mit 50 Abbildungen im Text und auf 16 Tafeln. (227 S.) 1924. Gebunden RM. 13.50

Praktikum der Färberei und Druckerei. Für die chemisch-technischen Laboratorien der Technischen Hochschulen und Universitäten,

für die chemischen Laboratorien höherer Textil-Fachschulen und zum Gebrauch im Hörsaal bei Ausführung von Vorlesungsversuchen. Von Dr. **Kurt Brass,** a. o. Professor der Technischen Hochschule Stuttgart, an der Chemischen Abteilung des Technikums und des Forschungs-Instituts für Textil-Industrie, Reutlingen. Mit 4 Textabbildungen. (92 S.) 1924. RM. 3.30

Kenntnis der Wasch-, Bleich- und Appreturmittel.

Ein Lehr- und Hilfsbuch für technische Lehranstalten und die Praxis von Ing.-Chemiker **Heinrich Walland,** Professor an der Technisch-Gewerblichen Bundeslehranstalt, Wien I. Zweite, verbesserte Auflage. Mit 59 Textabbildungen. (347 S.) 1925. Gebunden RM. 16.50

Enzyklopädie der Küpenfarbstoffe. Ihre Literatur, Darstellungsweisen, Zusammensetzung, Eigenschaften in Substanz und auf der Faser. Von Dr.-Ing. **Hans Truttwin,** Wien. Unter Mitwirkung von Dr. R. Hauschka, Wien. (888 S.) 1920. RM. 42.—

Betriebspraxis der Baumwollstrangfärberei. Eine Einführung von **Fr. Eppendahl,** Chemiker. Mit 8 Textfiguren. (125 S.) 1920. RM. 4.—

Die Apparatfärberei der Baumwolle und Wolle unter Berücksichtigung der Wasserreinigung und der Apparatbleiche der Baumwolle. Von **E. J. Heuser.** Mit 191 in den Text gedruckten Figuren. (308 S.) 1913. Gebunden RM. 8.40

Die Mercerisation der Baumwolle und die Appretur der mercerisierten Gewebe. Von **Paul Gardner,** technischer Chemiker. Zweite, völlig umgearbeitete Auflage. Mit 28 Textfiguren. (200 S.) 1912. Gebunden RM. 9.—

Grundlegende Operationen der Farbenchemie. Von Dr. **Hans Eduard Fierz-David,** Professor an der Eidgenössischen Technischen Hochschule in Zürich. Dritte, verbesserte Auflage. Mit 46 Textabbildungen und einer Tafel. (283 S.) 1924. Gebunden RM. 16.—

Chemie der organischen Farbstoffe. Von Dr. **Fritz Mayer,** a. o. Hon.-Professor an der Universität Frankfurt a. M. Zweite, verbesserte Auflage. Mit 5 Textabbildungen. (272 S.) 1924. Gebunden RM. 13.—

Die Gaufrage. Das Einpressen von Mustern in Textilien, Papier, Leder, Kunstleder, Zelluloid, Gummi, Glas, Holz und verwandte Stoffe. Von **Wilhelm Kleinewefers.** Mit 59 Textabbildungen. (117 S.) 1925. Gebunden RM. 15.—

Die Chromlederfabrikation. Von **M. C. Lamb,** Mitglied der „Chemical Society", Chemiker und Sachverständiger für das Ledergewerbe, Direktor des „Light Leather Departement" und des „Leathersellers' Company's Technical College", London. Übersetzt und den deutschen Verhältnissen angepaßt von Dipl.-Ing. **Ernst Mezey,** Gerbereichemiker. Mit 105 Abbildungen. (278 S.) 1925. Gebunden RM. 20.—

Die praktische Chromgerberei und Färberei. Ratgeber für die Lederindustrie insbesondere für Fabrikanten, Leiter, Gerber, Färber und Zurichter. Von **C. R. Reubig,** Fabrikdirektor und Gerber. (80 S.) 1926. RM. 3.60